浙江省技工院校非计算机专业通用教材

计算机

应用基础项目化教程

（第三版）

主编　陈　春　何凤梅

浙江科学技术出版社

图书在版编目(CIP)数据

计算机应用基础项目化教程 / 陈春, 何凤梅主编.
—3 版. — 杭州 : 浙江科学技术出版社, 2020.7(2022.8 重印)
ISBN 978-7-5341-8984-5

Ⅰ. ①计… Ⅱ. ①陈… ②何… Ⅲ. ①电子计算机-教材 Ⅳ. ①TP3

中国版本图书馆 CIP 数据核字(2020)第 007758 号

书　　名	计算机应用基础项目化教程(第三版)		
主　　编	陈　春　何凤梅		
出版发行	浙江科学技术出版社 杭州市体育场路 347 号　邮政编码:310006 办公室电话:0571-85176593 销售部电话:0571-85176040 网　址:www.zkpress.com E-mail:zkpress@zkpress.com		
排　　版	杭州万方图书有限公司		
印　　刷	浙江超能印业有限公司		
开　　本	787×1092　1/16	印　张	17.25
字　　数	388 000		
版　　次	2020 年 7 月第 3 版		2022 年 8 月第 7 次印刷
书　　号	ISBN 978-7-5341-8984-5	定　价	42.00 元

责任编辑　莫亚元　**责任校对**　马　融
责任美编　金　晖　**责任印务**　崔文红

前　言

PREFACE

随着移动互联网、大数据、物联网等高新技术逐步应用到人们工作、生活等各个方面，计算机已经成为当今人们交流、学习和工作的工具。计算机基础知识与应用技术是当代专业技术人员学习现代科学的必备基础，同时也是技工院校学生进入现代社会所必须具备的重要技能与手段，技工院校开展计算机应用基础教育是现代职业教育的必要组成。

本教材是在浙江省技工院校非计算机专业通用教材《计算机应用基础项目化教程（第二版）》基础上进行升级改编，重点在软件版本更新、知识技能拓展等方面进行了提升、完善，同时强化了新技术应用方面的内容，旨在为我省技工院校非计算机专业学生提供一本既有一定的理论基础又有较强实践操作性的通用教材。

本教材继承了前两版教材的六个特色：一是项目驱动，即通过完成典型项目，激发学生的成就感；二是任务引领，即让学生在实现工作任务的过程中学习相关知识和技能，培养学生的综合职业能力；三是突出技能训练，即课程定位与目标、课程内容与要求、教学过程都围绕着职业能力的培养，体现职业教育课程的本质特性；四是内容适用性，即围绕项目任务来展开教学，并不一味强调知识的系统性，更注重教学内容的实用性和针对性；五是学做一体，即打破理论与实践的界限，以项目任务为核心，实现理论、实践的一体化教学；六是自我评价，即将每个项目任务中的关键技能作为考核点，让学生进行自我评价，同时通过提供的思考与练习，达到知识点的自查、积累和提高。

全书升级再版后共分六个单元：

第一单元　初识计算机和互联网，概述了计算机的相关基础知识，如何选购与组装计算机，互联网的基础知识及常规应用，如邮箱、云笔记、网盘等，此外还介绍了云计算、VR 等新技术。

第二单元　Windows 10 操作系统，概述了计算机操作系统的发展历史，操作系统的功能与作用，Windows 10 操作系统的安装、使用，特别是新特点和新功能的应用。

第三单元　Word 2016 文字处理，通过求职信、电子报刊、年会邀请函、毕业论文四个项目的制作过程，逐级分解知识点，展现了 Word 2016 在字体、段落、表格、样式、插图、页面布局等方面的应用。

第四单元　Excel 2016 电子表格，通过学生档案表、企业工资表、销售业绩表三个项目的制作过程，逐级分解知识点，展现了 Excel 2016 在数据运算、分析、函数使用、图表等方面的应用。

第五单元　PowerPoint 2016 演示文稿，通过主题项目“学校宣传演示文稿”和“主题班会演示文稿”的制作，逐级分解知识点，展现了 PowerPoint 2016 在图片、表格、多媒体、动画、超链接等方面的应用。

第六单元　计算机多媒体基础，从生活中常见需求出发，选取了 3 类 4 款常见软件，实现快速、简单处理照片和视频，以达到不同需求的视觉效果。以 Scratch 软件制作交互式动画，进行可视化编程，实现编程基本思维方式的应用。

参加本教材的编审人员均为技工院校、职业院校教学骨干，具有较丰富的教材编写经验。本版教材由陈春、何凤梅担任主编，季育立、沈月孟担任副主编，谢薇担任主审，孔正林担任本教材顾问。其中第一单元由兰文中、沈彩文编写，第二单元由王瑛、沈彩文编写，第三单元由汤海晨、黄亚飞、郭鹏编写，第四单元由陈春、潘树军、张铃艳编写，第五单元由严雄飞、江秀珍编写，第六单元由沈月孟、李雨潼编写，参与部分项目编写的还有连勤等。

本教材编写过程中得到了浙江交通技师学院、宁波技师学院、浙江商业技师学院、衢州技师学院、浙江工贸技师学院、绍兴技师学院、宁波第二技师学院、温州技师学院、杭州轻工技师学院、桐乡技师学院、嘉兴技师学院、萧山技师学院等学校的大力支持和帮助，在此一并表示衷心的感谢。由于编者水平有限，时间仓促，尽管我们尽了最大的努力，但书中仍难免有不妥之处，恳请读者批评指正。

浙江省技工院校计算机中心教研组

2020 年 7 月

目 录
CONTENTS

第一单元

01

初识计算机和互联网

第二单元

02

Windows 10 操作系统

第三单元

03

Word 2016 文字处理

第四单元

04

Excel 2016 电子表格

第五单元
05

PowerPoint 2016 演示文稿

第六单元
06

计算机多媒体基础

第一单元

初识计算机和互联网

单元介绍

当下，计算机已成为人们一个不可或缺的工具，无论是学习、工作，还是生活中，人们都离不开它。熟练使用计算机，了解、操作、选购与安装计算机已成为现代青年需要掌握的一项重要技能。

本单元将介绍计算机的基础知识与操作，通过“计算机初体验”“轻松驾驭计算机”“走进互联网”三个项目，将计算机的相关基础知识、如何选购与组装计算机、互联网应用等内容融入到实际的工作情境中去，通过任务的逐级分解训练，使同学们掌握相应的技能。

项目1-1
计算机初体验

学习目标

（1）了解计算机的概念。
（2）掌握计算机硬件系统的组成和工作原理。
（3）理解计算机的基础结构组成和功能。
（4）掌握计算机软件系统的组成。

项目描述

某顾客来到计算机销售公司商务部，要求购买一台计算机，用于家庭学习和娱乐。顾客对计算机不了解，经理要求你为顾客介绍计算机基础知识，让顾客对计算机系统有一个初步的了解。

任务1　认识计算机

任务描述

（1）了解计算机的概念。
（2）掌握计算机硬件系统的组成和工作原理。
（3）掌握计算机软件系统的组成。

任务实施

计算机俗称电脑，是一种能够按照事先存储的程序，自动、高速地对数据进行输入、处理、输出和存储的现代化智能电子设备。计算机由硬件系统和软件系统组成，没有安装任何软件的计算机称为裸机，常见台式计算机如图1-1-1所示。

图1-1-1　常见台式计算机

一、计算机硬件系统

计算机硬件系统由五大部分组成：控制器、运算器、存储器、输入设备和输出设备。其工作原理如图1-1-2所示。

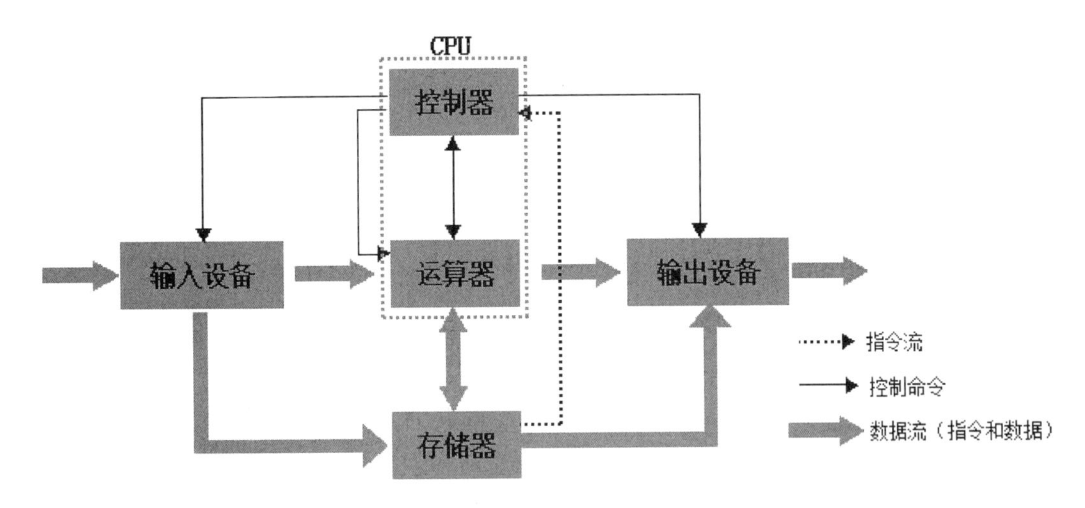

图1-1-2　计算机工作原理

（1）控制器是整个计算机的指挥中心，它取出程序中的控制信息，经分析后按要求发出操作控制信号，使各部分协调一致地工作。

（2）运算器是一个“信息加工厂”，数据的运算和处理工作就是在运算器中进行的。这里的“运算”，不仅有加、减、乘、除等基本算术运算，还包括若干基本逻辑运算。

（3）存储器是计算机中存放程序和数据的部件，并根据命令将数据提供给有关部件使用。存储器容量表示计算机存储信息的能力，以字节（byte）为单位，1个字节为8个二进制位（bit）。由于存储器的容量一般都比较大，尤其是外存储器的容量提高得非常快，因此又以2^{10}的倍数不断扩展单位名称，如千（K）、兆（M）、吉（G）、太（T）。

(4) 输入设备的主要作用是把程序和数据等信息转换成计算机能识别的数据输入内存,等待CPU进行处理。常见的输入设备有键盘、鼠标、扫描仪等。

(5)输出设备的主要作用是把计算机处理的数据、计算结果等内部信息按人们要求的形式输出。常见的输出设备有显示器、打印机、绘图仪等。

二、计算机软件系统

软件是计算机系统必不可少的组成部分。计算机软件系统分为系统软件和应用软件。一般常用的系统软件包括操作系统、语言编译程序、数据库管理系统等。应用软件是指为某一特定应用而开发的软件,如文字处理软件、表格处理软件、图像处理软件、财务管理软件等。

1. 系统软件

(1) 操作系统OS(Operating System)

为了使计算机系统的所有资源(包括硬件资源和软件资源)协调一致、有条不紊地工作,就必须有一个软件来进行统一管理和统一调度,这类软件称为操作系统。它的功能就是管理计算机系统的全部硬件资源、软件资源及数据资源,使计算机系统所有资源最大限度地发挥作用,为用户提供方便的、有效的、友善的服务界面。

(2) 语言编译程序

编写计算机程序所用的语言是人与计算机之间交换的工具,按语言对机器的依赖程度分为机器语言、汇编语言和高级语言。

(3) 数据库管理系统

数据库管理系统是一种操纵和管理数据库的大型软件,用于建立、使用和维护数据库,对数据库进行统一的管理和控制,以保证数据库的安全性和完整性。常见的数据库管理系统有Access、SQL Server、Oracle、MySQL等。

2. 应用软件

应用软件是为解决实际问题而专门编制的程序。应用软件必须有操作系统支持,才能正常运行。应用软件种类很多,有文字处理软件(如Word)、表格处理软件(如Excel)、图像处理软件(如PhotoShop)、辅助设计软件、信息管理软件、绘图软件、计算软件、机器维护软件、杀毒软件及其他工具软件等。

知识链接

1. 计算机发展趋势

当今世界计算机的性能越来越高,速度越来越快,渗透越来越广,朝着微型化、巨型化、智能化等方向不断发展。

根据目前计算机的应用现状以及科学技术的整体发展来看,未来计算机将会出现超导计算机、纳米计算机、光计算机、量子计算机、神经网络计算机、化学计算机、生物计算机等,并且其应用前景也相当广阔。

2. 计算机的特点

（1）运算速度快。

（2）计算精度高。

（3）存储容量大。

（4）具有逻辑判断功能。

（5）自动化程度高。

3. 计算机的分类

按照规模和功能不同,计算机可分为巨型机、大型机、小型机、工作站和微型机。

4. 计算机的应用

根据目前的使用情况,计算机的应用大致可划分为以下几个方面:

（1）科学计算。

（2）数据处理。

（3）计算机辅助工程,如CAD、CAM、CAI、CAT。

（4）过程控制。

（5）人工智能。

（6）网络应用。

自我评价

评价内容		评价等级		
		好	一般	尚需努力
知识技能评价	1. 了解计算机的含义			
	2. 理解计算机硬件系统的组成与工作原理			
	3. 理解计算机软件系统的组成			

项目 1-2
轻松驾驭计算机

学习目标

（1）了解计算机的主要配件及参数指标。

（2）了解计算机配件的主流品牌。

（3）能够正确连接计算机外部设备。

项目描述

顾客在对计算机基础知识有一定了解后，决定配置一台价格在4000元以内的台式计算机。经理要求你根据顾客需求列出相应的硬件配置清单。

任务1　选配计算机

任务描述

（1）能够识别计算机主要配件。

（2）了解计算机主要配件的重要参数指标、品牌。

（3）能够根据需求列出合理的配置清单。

任务实施

一、计算机主要配件

1. 中央处理器

中央处理器（Central Processing Unit，CPU）是计算机的核心部件，包含控制器、运算器，主要参数指标有主频、插槽类型、核心数量等，主要品牌有Intel、AMD等。目前主流型号有Intel 酷睿i7、AMD Ryzen 5、Ryzen 7系列等。如图1-2-1、图1-2-2所示为CPU的正面和背面示意图。

图1-2-1　CPU正面

图1-2-2　CPU背面

我们可以使用CPU检测工具软件“CPU-Z”来测试CPU各个参数，如图1-2-3所示。

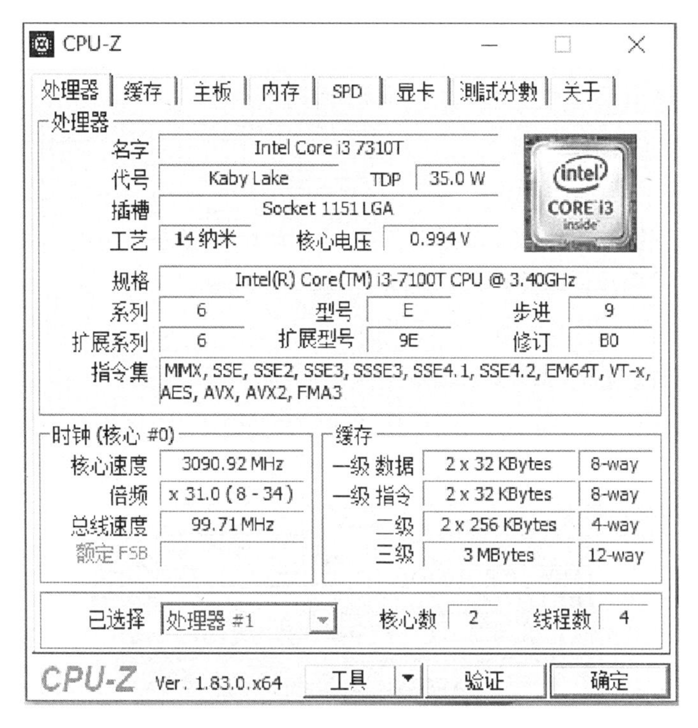

图1-2-3　CPU检测工具软件

（1）主频，即CPU的时钟频率，就是CPU的工作频率，目前一般为3.2GHz、3.4GHz、4.2GHz等。（2）插槽，指CPU和主板连接的接口，其类型主要有Slot和Socket两类。（3）核心数量，即CPU内核的数量。

2. 内存条

内存条简称内存(Memory)，用于暂时存放CPU中的运算数据以及与硬盘等外存储器交换的数据，属于存储范畴，如图1-2-4所示。其特点是存取(读写)速度快，主要参数有容量、类型、主频等，主要品牌有现代(Hynix)、金士顿(Kingston)、勤茂(TwinMos)、胜创(Kingmax)等。

图1-2-4　内存条

(1)容量，通常是指随机存储器(RAM)的容量，是内存条的关键性参数，目前主要容量有8GB和16GB。(2)类型，常用类型有SDRAM、DDR SDRAM和RDRAM三种。(3)主频，代表着该内存所能达到的最高工作频率，通常以兆赫兹(MHz)为单位来计量。

3. 显卡

显示接口卡或显示适配器简称显卡(Graphic card)，如图1-2-5所示。显卡负责将所接收到的影像资料处理成显示器可以识别的格式，再发送到显示屏上形成影像，是连接显示器和电脑主板的重要元件，是"人机对话"的重要设备之一。显卡分为集成显卡和独立显卡两类，对图形输出要求较高的选择独立显卡，主要参数有显卡芯片、核心频率、显卡内存等。主要品牌有七彩虹(Colorful)、影驰、微星、盈通、小影霸、丽台等。

图1-2-5　显卡

4. 主板

主板(Mainboard)，是计算机最基本的也是最重要的部件之一，如图1-2-6所示。主板一般为矩形电路板，上面安装了组成计算机的主要电路系统，主要有BIOS芯片、I/O控制芯片、键盘和面板控制开关接口、指示灯插接件、扩充插槽等元件。主板性能影响计算机系统整体性能。主要品牌有华硕、技嘉、微星、七彩虹、磐正等。

小贴士

(1)芯片组,北桥芯片(North Bridge)是主板芯片组中起主导作用的最重要的组成部分,一般来说,芯片组的名称就是以北桥芯片的名称来命名的,例如英特尔 845E芯片组的北桥芯片是82845E。(2)CPU插座,CPU采用的接口方式有引脚式、卡式、针脚式等,目前CPU的接口都是针脚式接口,不同类型的CPU具有不同的CPU插槽,因此选择CPU,就必须选择带有与之对应插槽类型的主板。(3)内存类型,不同的主板所支持的内存类型是不相同的,目前常见的内存有DDR3、DDR4等。

图1-2-6 主板

5. 硬盘

硬盘驱动器简称硬盘(Hard Disk),是计算机主要的存储媒介之一,如图1-2-7所示。硬盘按原理分为机械硬盘(HDD)、固态硬盘(SSD)、混合硬盘(HHD)。硬盘容量以千兆字节(GB)或太字节(TB)为单位,其换算关系为:1GB=1024MB,1TB=1024GB。主要参数有容量、缓存、转速等。主要品牌有希捷(Seagate)、西部数据(Western Digital)、东芝(Toshiba)、三星(Samsung)等。

小贴士

(1)容量,硬盘内部由单个或多个盘片构成,所以说硬盘容量=单碟容量×碟片数,单位为GB或TB,硬盘容量当然是越大越好了,可以装下更多数据。(2)缓存,是硬盘控制器中的内存芯片,具有极快的存取速度,它是硬盘内部存储和外界接口之间的缓冲器,缓存的大小与速度直接关系到硬盘整体性能。(3)转速,是硬盘内电机主轴的旋转速度,也就是硬盘盘片在1分钟内所能完成的最大转数,硬盘转速以每分钟多少转来表示,单位表示为RPM(转/分钟)。

除以上主要配件，台式计算机还需要声卡、光驱、机箱、电源、网卡、显示器、音箱、鼠标、键盘等配件，在此不一一细述。

配置一台计算机，除了要根据应用需求选择合理的价格区间外，配件之间要均衡合理适配，避免造成性能的浪费。表1-2-1所示的配置单，适用于购买该价格计算机顾客的配置需求。

图1-2-7　硬盘

表1-2-1　计算机配置单

配置	品牌型号	数量	参考价格(元)
CPU	Intel 酷睿i3 3220(盒)	1	660
主板	微星B75A-G41	1	499
内存	金士顿骇客神条 4GB DDR3 1866(KHX1866C9D3/4G)	1	259
硬盘	希捷Barracuda 500GB 7200转 16MB SATA3 (ST500DM002)	1	299
显卡	翔升GTX650+金刚版 2G D5	1	899
声卡	主板集成		
机箱	大水牛A0707	1	99
电源	金河田省师傅3000	1	99
散热器	超频三旋风F-92	1	16
显示器	AOCE2250SWd	1	659
键鼠套装	罗技MK100键鼠套装	1	75
音箱	漫步者R10U	1	65
光驱	明基DD18SA	1	89
合计			3718

说明：参考价格会随着时间的变化而变化。

知识链接

1. 常见的移动存储

(1)闪存卡。

(2)U盘。

(3)移动硬盘。

2. 一体台式机

一体台式机是指将传统分体台式机的主机集成到显示器中,从而形成一体台式机。这一概念最先由联想集团提出。一体台式机具有简约无线、节省空间、超值整合、节能环保等优势。

自我评价

评价内容	
知识技能评价	1. 能够识别计算机主要配件 2. 了解计算机主要配件的重要参数指标、品牌 3. 能够根据需求列出合理的配置清单

思考与练习

(1)请查找资料,写出以下计算机品牌标志的中文名称。

方正科技

lenovo

Hasee

PHILIPS

Haier

SAMSUNG

(2)请查找资料,写出以下计算机硬件品牌标志的中文名称。

（3）调研市场行情，配置一台适合做平面设计的计算机，约10000元左右，填写表1-2-2的配置单。

表1-2-2　平面设计需求计算机配置单

配置	品牌型号	数量	单价
CPU			
主板			
内存			
硬盘			
显卡			
声卡			
机箱			
电源			
散热器			
显示器			
键鼠套装			
音箱			
光驱（R/W）			
	合计		

任务2　连接外部设备

任务描述

（1）识别主机箱外部接口。

（2）了解主机箱外部接口功能。

（3）掌握外部设备的正确连接。

任务实施

一、主机箱接口

计算机主机箱通过各种特定接口与其他外部设备连接，常见主机箱外部接口，如图

1-2-8所示。

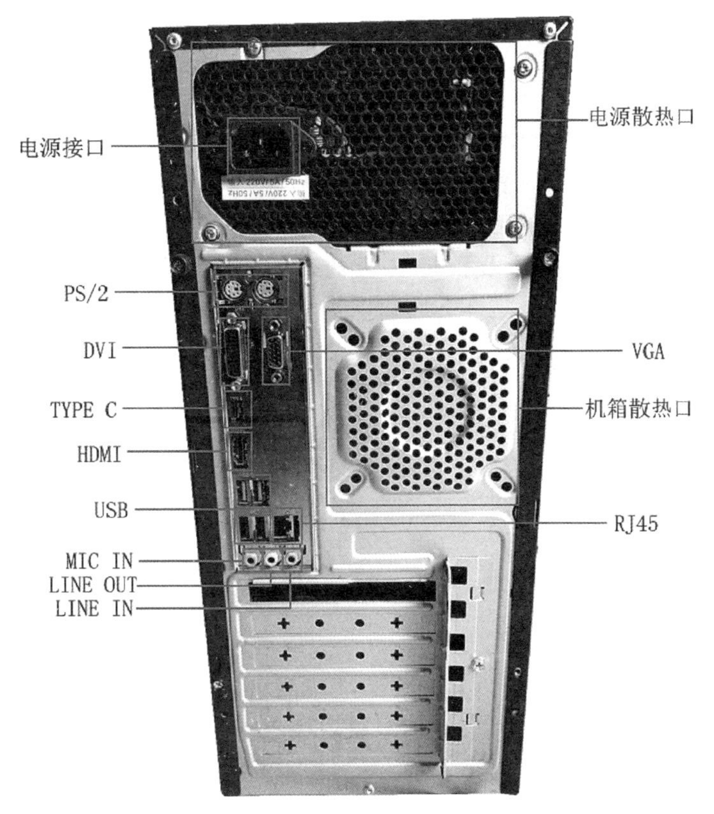

图1-2-8　常见主机箱外部接口

(1)电源接口,用于连接220V市电的接口。

(2)电源散热口,主机变压器散热扇的出风口,为了保证散热,出风口应与墙面保持10厘米以上的间隙。

(3)机箱散热口,主机箱散热风扇的出风口。

(4)USB(Universal Serial Bus),一个外部总线标准,用于规范电脑与外部设备的连接和通讯。USB接口支持设备的即插即用和热插拔功能。主流打印机、扫描仪、鼠标、键盘以及摄像头、U盘、移动硬盘都使用这种接口。按照版本可分为USB1.1、USB2.0、USB3.0、USB3.1,其最大数据传输率分别是12Mbps(兆位/秒)、480Mbps、5Gbps和10Gbps。

小贴士

USB接口可用于连接多达127种外部设备,是在1994年底由英特尔、康柏、IBM、Microsoft等多家公司联合提出的,自1996年推出后,已成功替代串口和并口,并成为当今个人电脑和大量智能设备必配的接口之一。USB设备安装不同于一般设备,应先软后硬,需要用户先安装驱动,然后再插入USB设备,如果搞错了安装顺序,容易造成设备无法工作。

（5）PS/2接口，用于连接PS/2接口的鼠标和键盘，紫色是键盘接口，绿色是鼠标接口。该接口不支持热插拔，目前主流台式机已经逐渐淘汰这种接口，转为使用USB接口。

（6）VGA（Video Graphics Array）接口，中文称为“视频图形阵列接口”，该接口是主机箱最主要的接口之一，用于连接主机箱和显示器。

小贴士

VGA接口，是IBM于1987年提出的一个使用模拟信号的计算机显示标准。这个标准对于现今的个人计算机市场已经十分过时。即使如此，VGA仍然是最多制造商所共同支持的一个标准，个人计算机在加载自己的独特驱动程序之前，都必须支持VGA的标准。

（7）DVI（Digital Visual Interface）接口，中文称为“数字视频接口”，通过数字化的传送来强化显示器的画面品质。目前广泛应用于LCD、数字投影机等显示设备上。

小贴士

DVI接口，是由1998年9月在Intel开发者论坛上成立的数字显示工作小组（Digital Display Working Group，简称DDWG）发明的一种高速传输数字信号的技术，有DVI-A、DVI-D和DVI-I三种不同的接口形式。DVI-D只有数字接口，DVI-I有数字和模拟接口，目前应用主要以DVI-I（24+5）为主。

（8）TYPE-C接口，是USB接口的一种连接介面，不分正、反两面，均可插入，大小约为8.3mm×2.5mm，支持USB标准的充电、数据传输、显示输出等功能。

（9）HDMI（High Definition Multimedia Interface）接口，中文称为“高清晰度多媒体接口”，是一种数字化视频/音频接口技术，适合影像传输的专用型数字化接口，可同时传送音频和影像信号，最高数据传输速度为48Gbps（2.1版）。

（10）RJ45接口，通常用于数据传输，最常见的应用为网卡接口。RJ45是布线系统中信息插座（即通信引出端）连接器的一种，连接器由插头（接头、水晶头）和插座（模块）组成。

小贴士

RJ45插头，又称为RJ45水晶头（RJ45 Modular Plug），用于数据电缆的端接，实现设备、配线架模块间的连接及变更。RJ45插头是铜缆布线中的标准连接器，它和插座（RJ45模块）共同组成一个完整的连接器单元。

（11）LINE IN接口，用于将未经芯片放大的模拟音频信号输入到计算机中，主要连接电吉他、电子琴、合成器等外部设备。

（12）MIC IN接口，用来连接麦克风录音使用，这个接口和LINE IN的区别在于它有前置放大器，由于麦克风本身输出功率小，因此必须要有一个外部的放大设备来放大音频信号。

（13）LINE OUT接口，用来输出未经放大芯片放大的模拟音频信号，主要连接耳机等外部设备。

小贴士

电吉他、合成器这类音频设备万不可直接连接到MIC IN上录音，因为这种连接轻则录音时信号会严重削顶失真，重则损毁声卡这类硬件设备。

二、外部设备连接

1. 主机箱与显示器的连接

（1）信号线：首先观察主机箱上是否有独立显卡接口。如果有，则将显示器的信号线与之连接；如果没有，则连接到主机箱的集成显卡接口。

（2）电源线：正确连接显示器的电源线，注意电源线两端要插紧，避免使用过程中出现插头松动，造成显示器断电情况。

2. 主机箱与键盘、鼠标的连接

（1）区分主机箱上键盘与鼠标的接口类型。

（2）PS/2接口鼠标键盘：根据颜色找到对应的鼠标、键盘接口，将插头插入接口，注意接口上的缺口方向。

（3）USB接口鼠标键盘：可以连接到主机箱上的任意一个USB接口。

3. 主机箱与音箱的连接

声卡一般有3个插孔：LINE IN（线路输入）蓝色、MIC IN（麦克风输入）粉红色、LINE OUT（扬声器）绿色。根据实际使用连接相应接口。

4. 主机箱与其他外部设备的连接

在计算机使用过程中，用到打印机、扫描仪等外部设备，用户须正确安装驱动程序后，方可使用。

知识链接

1. 连接外部设备注意事项

（1）外部设备连接之前切勿通电，主机箱及外部设备应处于断电状态。

（2）注意观察主机箱接口及外部设备接口的形状及颜色，使之对应。

（3）连接过程中，无法接上时，切不可用蛮力，应及时观察接口是否对应，并查看说明书或咨询专业人员。

（4）确保连接正确后方可通电。

2. 通电检测

（1）如果听到“嘀”的一声，并且显示器上显示自检信息，计算机能够正常运行，说明主机箱与外部设备已正确连接。

（2）如果发出报警声，应立刻切断电源，并根据报警的声音检查内存条、显卡或者其他设备的连接是否正确。

（3）如果无报警声，则检查各部件连接是否正常。可能存在某个插头或接口松动的情况。

思考与练习

请写出如图1-2-9所示主机箱接口中各个接口的名称，并指出它们分别可以连接哪些设备。

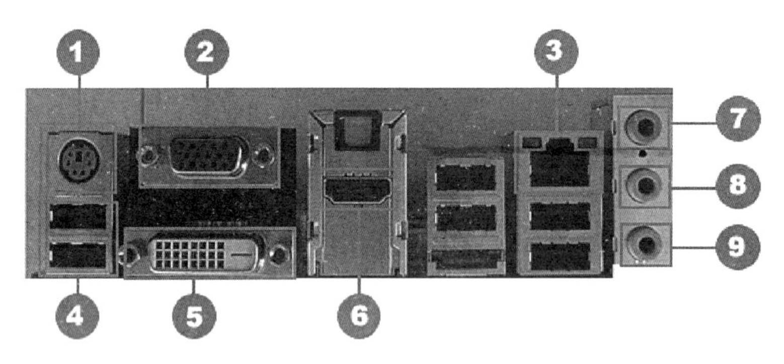

图1-2-9　主机箱接口

自我评价

评价内容		评价等级		
		好	一般	尚需努力
知识技能评价	1. 识别主机箱外部接口			
	2. 了解主机箱外部接口功能			
	3. 掌握外部设备的正确连接			

项目1-3 走进互联网

学习目标

（1）了解互联网的由来。
（2）能进行简单互联网应用。
（3）掌握QQ邮箱的应用。
（4）学会用麦客软件收集通讯录。
（5）掌握有道云笔记的使用。
（6）掌握百度网盘的使用。

项目描述

小李被同学们称为网络应用达人，因为他在网上学会了很多实用的小软件，并把它们应用到自己的学习、生活中。在交友过程中，他使用QQ邮箱来管理与朋友之间的邮件，用麦客软件高效地收集朋友的通讯信息。在学习过程中，他用百度网盘作为存储工具，用有道云笔记来有效管理知识笔记，成为班级学习的佼佼者。

任务1　了解互联网

任务描述

（1）了解互联网的由来。
（2）了解当前互联网发展状况。

任务实施

一、互联网的由来

互联网（Internet），又叫作国际互联网，是目前世界上影响最大的国际性计算机网络。

它遵从TCP/IP网络协议将各种不同类型、不同规模、位于不同地理位置的物理网络连接成一个整体,融合了现代通信技术和现代计算机技术,集各个部门、领域的各种信息资源为一体,从而构成网上用户共享的信息资源网。

1969年,美国国防部高级研究计划局开始建立一个命名为ARPANet的网络,人们普遍认为这就是Internet的雏形。它最初主要用于军事研究,随着科技、文化和经济的发展,Internet的应用从军事领域向教育、商业、工业、文化、政治、新闻、体育、娱乐及服务等领域渗透。

1995年10月24日,“联合网络委员会”通过了一项关于“互联网定义”的决议。“互联网”指的是全球性的信息系统:通过全球唯一的网络逻辑地址在网络媒介基础之上逻辑地链接在一起。这个地址是建立在“互联网协议”(IP)或今后其他协议基础之上的;可以通过“传输控制协议”和“互联网协议”(TCP/IP),或者今后其他接替的协议或与“互联网协议”(IP)兼容的协议进行通信;让公共用户或者私人用户享受现代计算机信息技术带来的高水平、全方位的服务,这种服务是建立在上述通信及相关的基础设施之上的。

小贴士

TCP/IP协议(Transmission Control Protocol/Internet Protocol),称为传输控制/网际协议,是Internet最基本、最重要的协议。TCP/IP 定义了电子设备如何连入因特网,以及数据如何在它们之间传输的标准。IP地址(Internet Protocol Address),是指由IP协议提供的一种统一的地址格式,它为互联网上的每一个网络和每一台主机分配一个逻辑地址,以此来屏蔽物理地址的差异。IP地址采用分层结构,由网络地址和主机地址组成。目前,正处于IPv4地址向IPv6地址过渡时期。

二、当前互联网发展状况

当前全球正处于新一轮科技革命和产业革命突破爆发的历史交汇期,以互联网为代表的信息技术和人类生产生活深度融合,成为引领创新和驱动转型的先导力量,正在加速重构全球经济的新版图。美国、中国、英国、新加坡和瑞典互联网发展名列全球前五名。

随着全球经济一体化以及信息技术的迅速发展,Internet目前的用户已经遍及全球。据2018年 We Are Social和Hootsuite的最新全球数字报告显示,全球使用互联网的网民数量已经超越了40亿,而同期的全球人口数量大约为76亿。得益于近十几年移动网络与智能设备的发展,在这40亿网民中,有大约一半使用智能手机上网。社交媒体的使用量也在迅速增长,目前全球有30亿人使用社交媒体联系彼此,其中,每10人中会有9人通过移动设备来使用社交媒体软件。

截至2018年6月，我国网民规模为8.02亿，上半年新增网民2968万人，较2017年末增加3.8%，互联网普及率达57.7%。

2. 互联网网站情况

截至2018年12月，全球约有19.4亿个网站。世界上的第一个网站是1991年8月6日由英国物理学家Tim Berners-Lee推出的。51.8%的互联网流量来自机器人，只有48.2%的互联网流量来自人类。谷歌是全球访问量最大的网站，其次是YouTube和Facebook。中国的百度是全球第四大访问量的网站。每天有超过 90000个网站被黑客攻击。

表1-3-1 全球最具规模互联网企业

企业	市值（亿美元）	业务
谷歌（Google）	7001.92	互联网搜索、云计算、广告技术等，同时开发并提供大量基于互联网的产品与服务
亚马逊（amazon）	6802.82	除了经营网络的书籍销售业务，还有相当广的其他产品，已成为全球商品品种最多的网上零售商和全球第二大互联网企业
腾讯（Tencent）	4913.67	社交和通信服务QQ、微信、社交网络平台QQ空间、腾讯游戏旗下QQ游戏平台、门户网站腾讯网
脸书（Facebook）	4566.66	社交网络服务网站，是世界排名领先的照片分享站点
阿里巴巴（Alibaba）	4298.29	淘宝网、天猫、聚划算、全球速卖通、阿里巴巴国际交易市场、1688、阿里妈妈、阿里云、蚂蚁金服、菜鸟网络等

3. 互联网发展的趋势

视频仍然是主导，贡献了58%的下行流量，尽管运营商更积极地管理视频流量。互联网上超过50%的流量是加密的，并且会继续增长，大多数网站的流量都是加密的，越来越多的应用程序正在利用端到端的安全连接。游戏正在成为流量的重要贡献者，更多的游戏提供了良好的移动体验，并且设计具有无处不在的连接性，可以吸引更多的消费者。文件共享尚未消亡，由于拥有比以往更多的内容选择和渠道，消费者没有更好的选择来访问他们可能感兴趣的所有内容，并且盗版仍然盛行。直播开始对网络产生明显影响，世界杯和超级碗是全球网络高峰的贡献者，超过了YouTube和其他视频应用。

三、移动互联网

通过移动互联网，可以“随时、随地、随心”地享受互联网业务带来的便捷，还有更丰富的业务种类、个性化的服务和更高服务质量的保证。世界各国都在建设自己的移动互联网，各个国家由于国情、文化的不同，在移动互联网业务的发展上也各有千秋，呈现出不同的特点。一些移动运营商采取了较好的商业模式，成功地整合了价值链环节，取得了一定的用户市场规模。特别是在日本和韩国，移动互联网已经凭借着出色的业务吸引力和资费吸引力，成为人们生活中不可或缺的一部分。移动互联网发展非常迅猛，以娱乐类业务为例，目前，基于手机的娱乐内容已经创造了数百亿元的市场，成为运营商发展的重要战略。

我国形成了全球最大的移动互联网应用市场。截至2017年12月底，共监测到403万款移动应用，移动应用市场规模达到7865亿元。我国互联网企业大规模走出国门，推介中国产品、技术、应用，以中国经验影响国际社会，推动世界各国共同搭乘互联网和数字经济发展的快车，在一定程度上改变了国际互联网格局。移动应用出海成果丰硕，微信支付、支付宝等移动支付应用推广到东南亚、欧洲的数十个国家；国内直播企业出海近50家，遍布五大洲的45个国家和地区；抖音、快手等短视频应用在海外展开激烈竞争；共享单车成为共享经济的代表，ofo、摩拜等多家单车企业在海外20多个国家落地。

移动互联网向万物互联、智能互联跨越。我国的5G网络研发走在世界前列，提供前所未有的用户体验和物联网连接能力，人工智能、移动物联网等技术的发展应用，将推动各种智能终端与移动互联网连接，移动互联网将向着万物互联、智能互联方向跨越。社会生产组织方式将加速向定制化、分散化和服务化转型，车联网、移动医疗、工业互联网等垂直行业应用将迎来爆发。

四、物联网

物联网是新一代信息技术的重要组成部分，指的是将各种信息传感设备与互联网结合起来而形成的一个巨大网络。其英文名称是“The Internet of things”，也称作“The Internet of everything”。顾名思义，“物联网就是物物相连的互联网”。其含义有两层意思：第一，物联网的核心和基础仍然是互联网，是在互联网基础上的延伸和扩展的网络；第二，其用户端延伸和扩展到了任何物品与物品之间，进行信息交换和通信。因此，“物联网概念”是在“互联网概念”的基础上，将其用户端延伸和扩展到任何物品与物品之间，进行信息交换和通信的一种网络概念。

物联网作为全球战略性新兴产业已经受到国家和社会的高度重视。基于互联网的产业化应用和智慧化服务将成为下一代互联网的重要时代特征。物联网技术通过发挥新一代信息通信技术的优势，与传统产业服务深度融合，促进传统产业的革命性转型，设计满足国家产业发展需求的信息化解决方案，将推动信息服务产业的发展与建设，实现战略信息服务产业的智慧化。

智慧城市是当前最火的物联网项目。截至目前，2018年全球范围内公布的1600个物联网建设项目中，智慧城市项目占23%，工业物联网占17%，建筑物联网、车联网、智慧能源等项目分别占比12%、11%、10%。

知识链接

1. 网站和网页

（1）网页：是指打开一个网站时，呈现在浏览器中的整个页面，它包含了很多知识和信息。

（2）网站：是很多网页的组合，它是一个统称，如常见的新浪网站和百度网站等；一个网站由多个网页组成。

2. IP地址、域名和网址

（1）IP地址：每个接入Internet 的计算机会有一个唯一的32位地址，被称为IP地址。IP地址用二进制表示，每个IP地址长32位，由网络号和主机号两部分组成。根据网络号和主机号的不同，IP地址可分为A、B、C、D、E五类。例如：192.168.15.122就是一个C类地址。

（2）域名：通过IP地址可以访问Internet上的每一台主机，为了便于记忆和沟通，Internet提供了域名。域名由若干部分组成，各部分之间用小数点“. ”分隔。一个域名对应一个IP地址，但一个IP地址可以对应多个域名。例如：腾讯的域名是“www.qq.com”。

域名中的后缀名不同，也代表不同类型的网站，如“.com”表示企业单位、“.net”表示网络机构、“.edu”表示教育机构、“.org”表示组织机构、“.gov”表示政府机构。

（3）网址：在互联网中，如果要从一台计算机访问网上的另一台计算机，就必须知道对方的网址。域名前加上传输协议信息及主机类型信息就构成了网址。例如：腾讯的网址为http://www.qq.com。

我们可以将IP地址比喻为学校的门牌号，是唯一的，域名比喻为学校的名称，不一定是唯一的，网址比喻为搭乘何种交通工具可以到达学校。

3. 万维网（WWW）

中文名称叫全球信息网或万维网。

4. 电子邮件（E-mail）

Internet上最早的一项应用。电子邮件地址格式为：用户名@域名。例如：admin@126.com。

5. 文件传输协议（FTP）

专门用来传输文件的协议。FTP服务器是在互联网上提供存储空间的计算机，它们依照FTP协议提供服务。

6. 远程登录（Telnet）

用户可以通过远程登录使自己成为远程计算机的终端，然后在远程计算机上运行程序，或使用它的软件和硬件资源。

7. 电子公告栏（BBS）

用户沟通的平台，用户可以在BBS上留言、发表文章、阅读文章等。

8. 搜索引擎

搜索引擎是指运用一定的算法、程序对互联网上的信息进行搜索和处理,并将整理后的信息资料供用户查询的系统。其主要功能是帮助人们快速地查找各种信息。

(1)用"+"或空格添加更多的关键字进行准确搜索。搜索时,在关键字的中间添加一个"+"(加号)或空格,就表示输入的两个关键字之间的关系是"和"的关系。例如:"杭州+天目山"或"杭州天目山"。

(2)用"-"去掉多余的搜索结果。当要搜索的范围很广泛时,搜索结果就会非常繁杂,可以使用"-"(减号)语法来提高搜索效率,与加号相反,减号的作用是减去其中的某个部分。例如:"唐朝诗歌-静夜思",就是搜索除了"静夜思"之外的所有唐朝诗歌。

自我评价

评价内容		评价等级		
		好	一般	尚需努力
知识技能评价	1. 了解互联网的由来和发展			
	2. 掌握百度搜索的准确搜索方法			
	3. 了解移动互联网、物联网的发展			
	4. 掌握文字、图片、音乐等内容的下载方法			

任务2 QQ邮箱的应用

任务描述

(1)开通QQ邮箱。
(2)收发电子邮件。
(3)设置邮件的代收(代发)。
(4)分类管理邮件。

任务实施

一、开通QQ电子邮箱

1. 开通邮箱

QQ申请成功后，不必单独注册QQ邮箱，但需要开通邮箱，才能使用。登录QQ，在QQ面板上单击“QQ邮箱”图标，进入“欢迎使用QQ邮箱”窗口，单击“立即开通”按钮。若有好友，则单击“通知好友”按钮，若暂时没有好友，单击“跳过此步”，最后单击“进入我的邮箱”按钮，完成邮箱的开通，如图1-3-1所示。

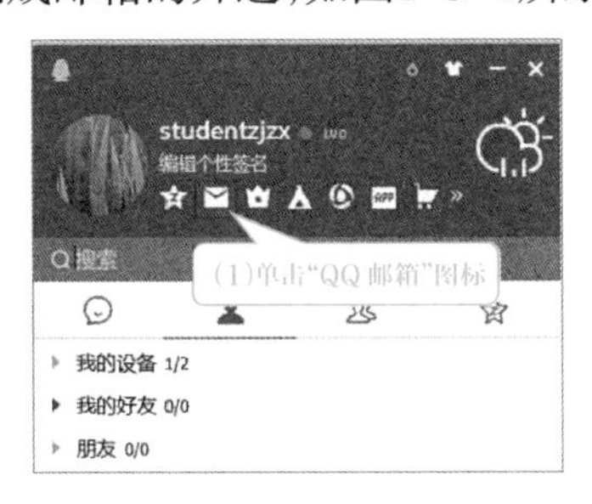

图1-3-1　开通邮箱

2. 进入邮箱

邮箱开通成功后，进入QQ邮箱界面，如图1-3-2所示。

图1-3-2　QQ邮箱界面

小贴士

用户也可以进入QQ邮箱登录页面(mail.qq.com)，输入QQ账号和密码登录邮箱。

二、收发电子邮件

1. 发送邮件

单击图1-3-2中的“写信”按钮，跳转到写信界面，如图1-3-3所示。邮件编辑完成后，单击“发送”按钮，即可发送。若邮件发送成功，页面跳转提示“您的邮件已发送”。用户也可以根据需要选择 “定时发送”或“存草稿”。

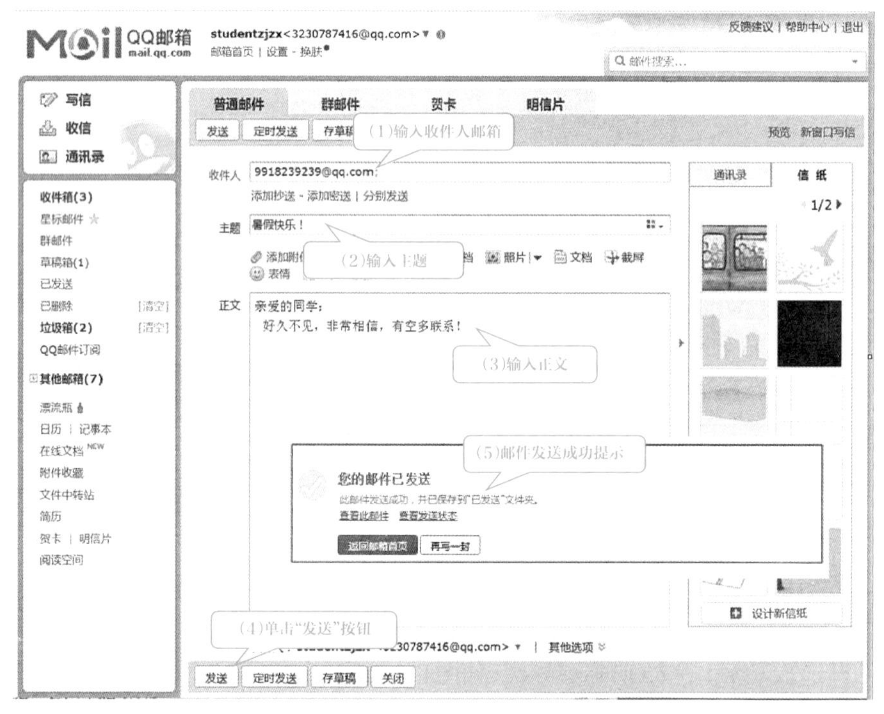

图1-3-3　写信界面

2. 接收邮件

单击“收信”按钮，进入收件箱界面，用户可查阅已经收到的邮件，如图1-3-4所示。

图1-3-4　收件箱界面

三、代收(代发)其他邮箱邮件

如果用户拥有多个邮箱,在收发邮件时要分别登录邮箱会很麻烦,如果用一个邮箱收取其他邮箱的邮件就很方便。QQ邮箱可代收(代发)其他邮箱的邮件,下面以新浪邮箱设置为例。

(1)进入QQ邮箱后,单击窗口左侧的“其他邮箱”按钮,然后单击“立即添加”按钮,在“添加邮箱账号”界面输入需要添加的账号,输入账号密码,最后单击“验证”按钮,如图1-3-5所示。

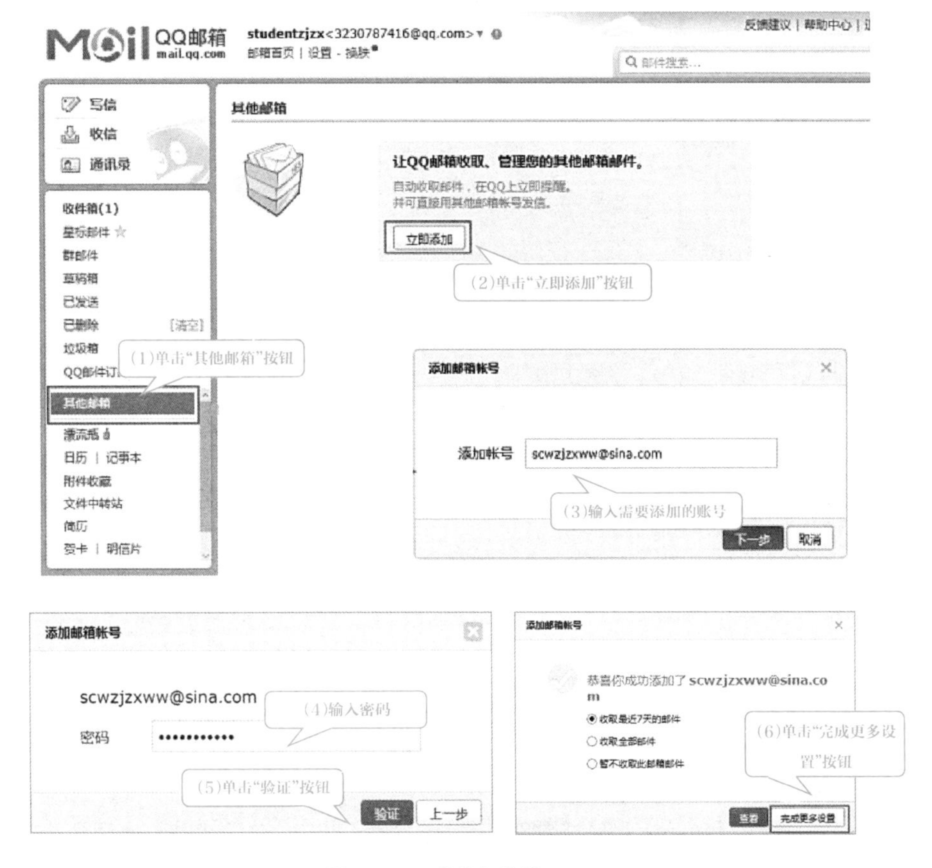

图1-3-5　代收邮件设置

(2)如果邮箱账号和密码没有错误,并且添加的邮箱已经开通pop3功能,则邮箱添加完成。单击“完成更多设置”按钮,可以进一步详细设置,如图1-3-5所示。

(3)在“修改其他邮箱账户设置”界面,填入其他邮箱的账号(需要输入包含域名的全称,如***@sina. com)及密码,其他设置默认即可,“发送设置”选择“由QQ邮箱代发”,单击“保存”按钮,就可以代收(代发)其他邮箱的邮件,如图1-3-6所示。

(4)此时在“其他邮箱”栏目中,已经可以看到刚才添加的邮箱了,单击进入之后即可代收(代发)邮件,如图1-3-7所示。

图1–3–6 修改其他邮箱账户设置界面

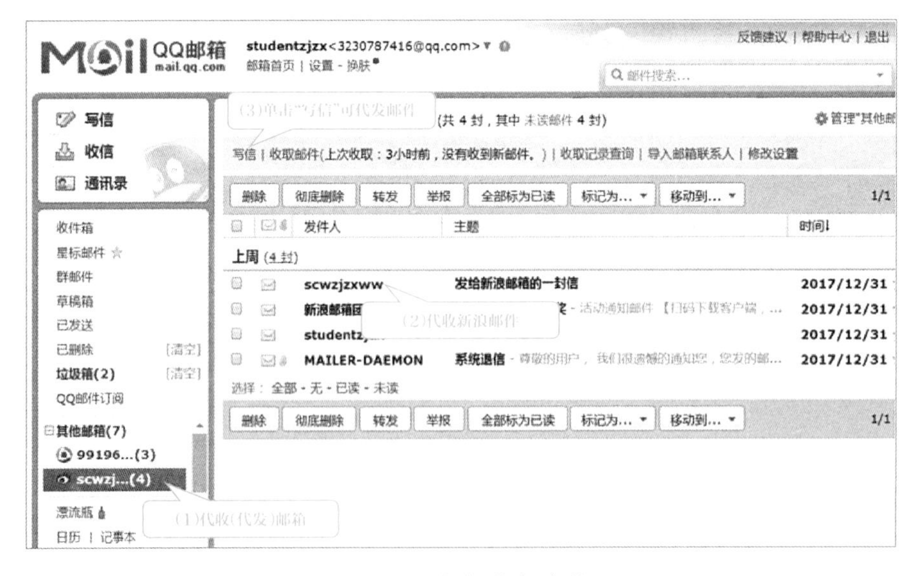

图1–3–7 代收(代发)邮件

四、邮件分类

随着时间推移,邮箱内邮件会越来越多,很难快速找到想要的邮件。因此,学会邮件分类整理,可提高邮件管理效率,可按发送邮箱进行分类汇总。

(1)登录邮箱首页，单击上方的“设置”按钮，弹出邮箱设置界面。单击“收信规则”，在“收信规则”右侧，单击“创建收信规则”按钮。如图1-3-8所示。

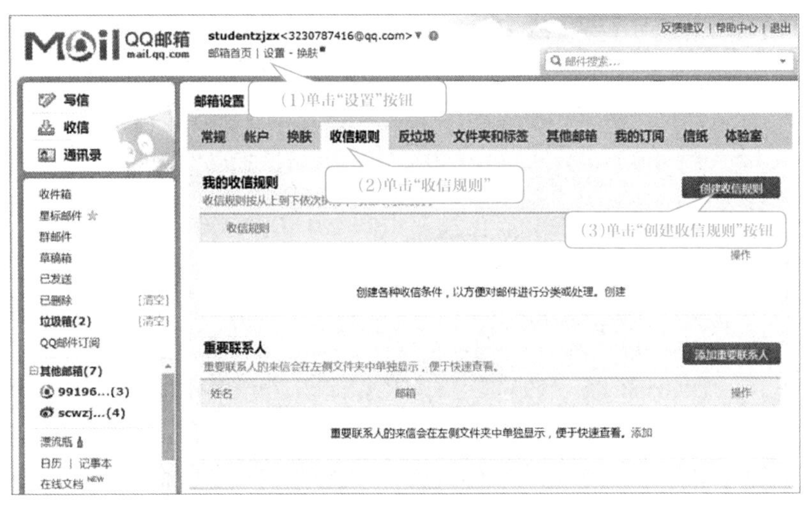

图1-3-8　邮箱设置界面

(2)设置“创建收信规则”。“规则启用”选择“启用”，当邮件到达时，发件人包含“@163.com”，将邮件归类到新建文件夹下，把新建文件夹命名为“网易邮箱”。单击窗口左下角的“立即创建”按钮，如图1-3-9所示。

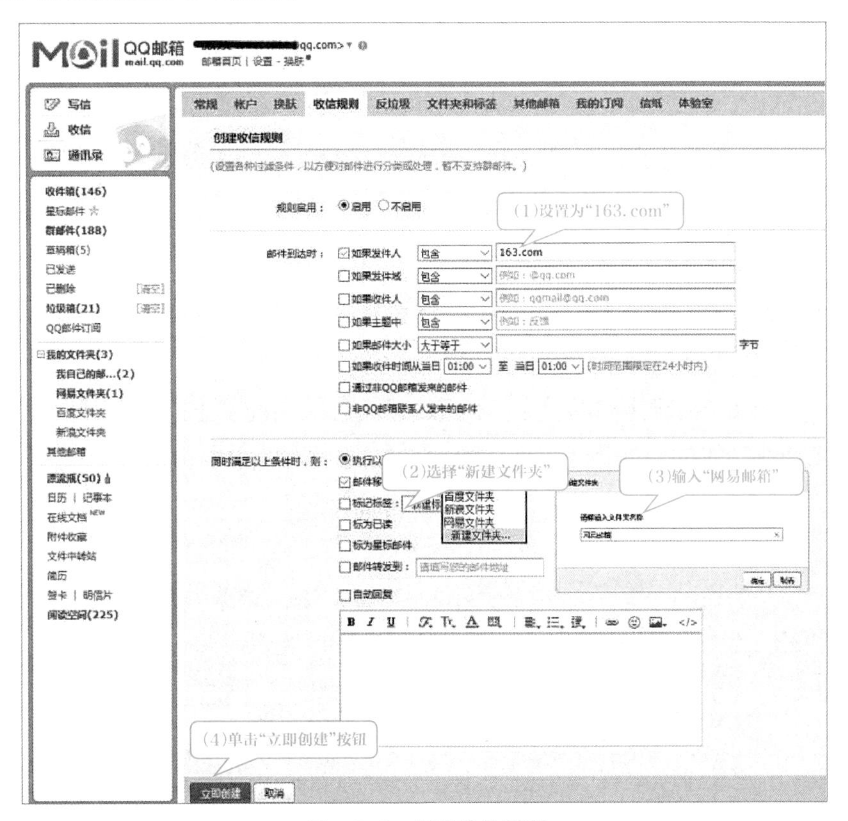

图1-3-9　创建收信规则

（3）邮箱弹出“收信规则”提示，询问“你是否要对收件箱的已有邮件执行此规则？”，单击“是”按钮，如图1-3-10所示。

图1-3-10 “收信规则”提示

（4）完成以上操作后，在“我的文件夹”中，将新增“网易邮箱”文件夹，由网易邮件系统发送过来的邮箱都被归类到“网易邮箱”中。

知识链接

（1）QQ邮箱支持一邮多名。同一个邮箱可以有数字账号、英文账号。

（2）邮件接收服务器主要有pop3和pop两类。如QQ邮箱：pop.qq.com、新浪邮箱：pop3.sina.com、hotmail邮箱：pop3.live.com、网易邮箱：pop.163.com。

（3）邮件发送服务器主要为SMTP。

思考与练习

（1）设置一封邮件，预定在写信之日的第二天早上8点准时发送。

（2）在QQ邮箱中设置可代收（代发）新浪邮件，请写出操作步骤。

自我评价

评价内容		评价等级		
		好	一般	尚需努力
知识技能评价	1. 学会接收和发送邮件			
	2. 掌握代收（代发）其他邮件的方法			
	3. 掌握邮件分类的方法			

任务3　使用麦客制作通讯录

任务描述

（1）申请麦客账号。

（2）设计发布表单。

（3）查看并导出表单信息。

任务实施

麦客CRM是一款收集管理信息的表单工具，可以实现设计表单、收集结构化数据等功能。

一、申请麦客账号

在浏览器窗口输入http://mikecrm.com/login.php，进入麦客官网，点击“注册账号”按钮，如图1-3-11所示，输入相关的信息。申请成功后，弹出对话框，如图1-3-12所示，选择头像，单击“开始使用麦客”按钮，即可登录。麦客系统窗口界面，如图1-3-13所示。

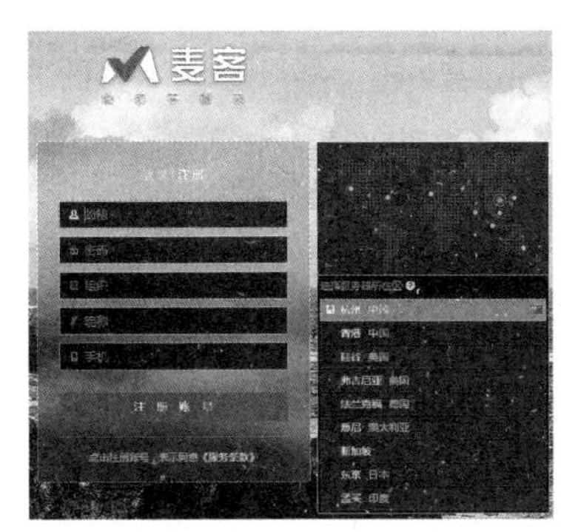

图1-3-11　麦客注册窗口

图1-3-12　注册成功窗口

图1-3-13　麦客系统窗口

二、制作表单

表单设计的最大特点是“所见即所得”，用户使用麦客在线创建表单，可以直观地看到表单的设计情况。麦客也提供了几十种专业的表单样式，可供用户选择。学生通讯录的设计页面，如图1-3-14所示。

图1-3-14　表单设计窗口

小贴士

简单的技巧应用可以让表单界面更友好、用户体验更流畅。如输入框的长度要适中，对于固定长度的字段（如手机号、邮编、邮箱）最好匹配合适的宽度。

三、发布表单

用户发布表单的方式，包括网页式表单、嵌入式表单和生成二维码扫码显示表单三种方式。网页式表单和嵌入式表单将会生成代码和链接。用户可以将代码嵌入到网页中进行查看，如图1-3-15所示；可以在社交工具上发布链接进行传播，如图1-3-16所示；可以使用二维码的方式在手机上扫码显示表单页面。

图1-3-15　复制表单代码

图1-3-16　发布表单

四、查看表单信息

小李把表单链接发布到班级QQ群里后，同学点击链接登录到表单，录入个人信息。小李在麦客后台窗口，单击“表单”选项，如图1-3-17所示。在表单窗口中，单击“查看反馈”按钮，可以看到同学填写的数据信息，如图1-3-18所示。

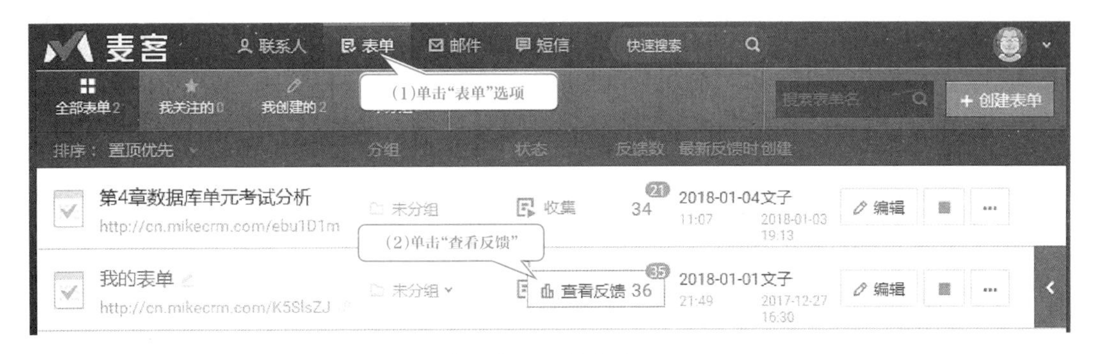

图1-3-17　表单窗口

图1-3-18　数据收集窗口

用户可以导出表单收集的信息。在“表单”界面，单击“导出与下载”按钮，在“导出与下载”对话框，进行相应选择，单击“导出”按钮，显示“导出成功，正在为您自动下载文件”提示信息，说明信息导出成功，如图1-3-19所示。

图1-3-19　导出数据

思考与练习

设计一个收集同学学籍信息的表单，主要包括姓名、性别、出生年月、身份证号码、初中毕业学校、家庭地址、籍贯、联系电话等。

自我评价

评价内容		评价等级		
		好	一般	尚需努力
知识技能评价	1. 学会麦客账号的申请			
	2. 掌握表单的设计			
	3. 掌握表单的发布和收集方法			

任务4　有道云笔记

任务描述

（1）申请有道云笔记账号。

（2）新建和分享笔记。

任务实施

有道云笔记是以云存储技术帮助用户建立一个可以轻松访问、安全存储的云笔记空间，解决个人资料、信息跨平台跨地点的管理软件。有道云笔记支持PC、Android、iPhone、iPad、Mac、WP和WEB等平台。

一、申请有道云笔记账号

（1）打开浏览器，输入http://note.youdao.com /，进入有道云笔记官网，如图1-3-20所示，单击右上角的“注册”按钮，进入注册页面，如图1-3-21所示。

图1-3-20　有道云笔记

(2)填写账号、密码、手机号等信息，获取短信验证码，单击底部的“注册”按钮，注册成功，进入有道云笔记首页，如图1-3-22所示。

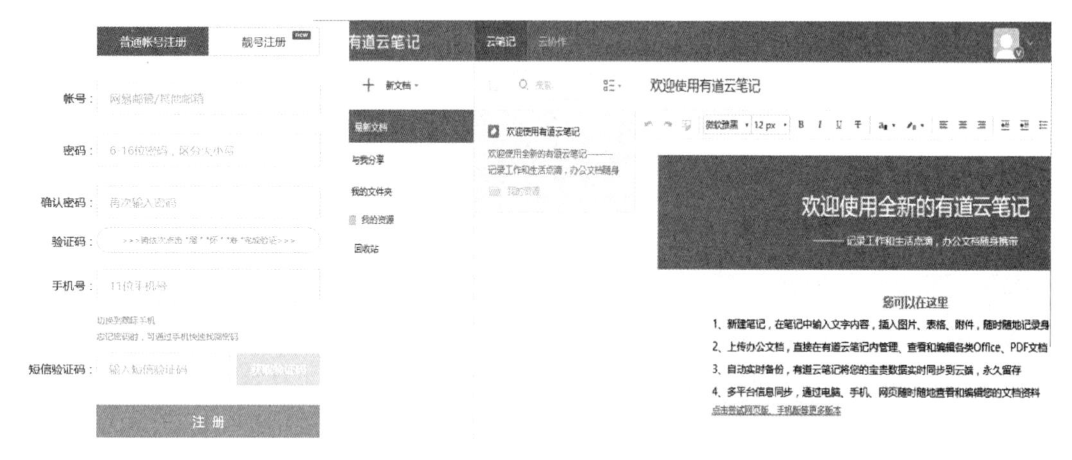

图1-3-21　注册界面　　　　图1-3-22　有道云笔记首页

二、使用有道云笔记

1. 新建笔记

进入有道云笔记主页后单击“新文档”选项，在下拉菜单中选择“新建笔记”，进入新建笔记窗口，按照提示输入内容，自动保存。笔记默认名称为“无标题笔记”。若要改名，选择“无标题笔记”，右击选择“重命名”，修改为“我的第一次笔记”，如图1-3-23所示。建立笔记后，就可以用PC、手机端同步查看内容。

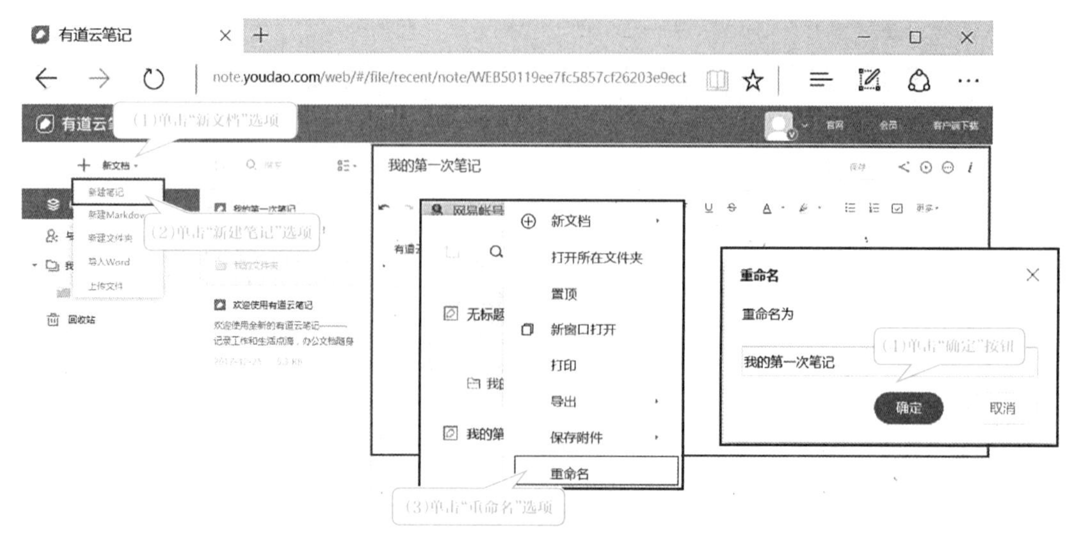

图1-3-23　新建笔记

小贴士

如果笔记数量很多，可以单击窗口左侧的“新建文件夹”按钮，对笔记进行分类，比如语文、数学、英语、专业课等。

2. 分享笔记

单击右上角分享图标，在“分享链接”对话框中复制链接，如图1-3-24所示，发送给好友。

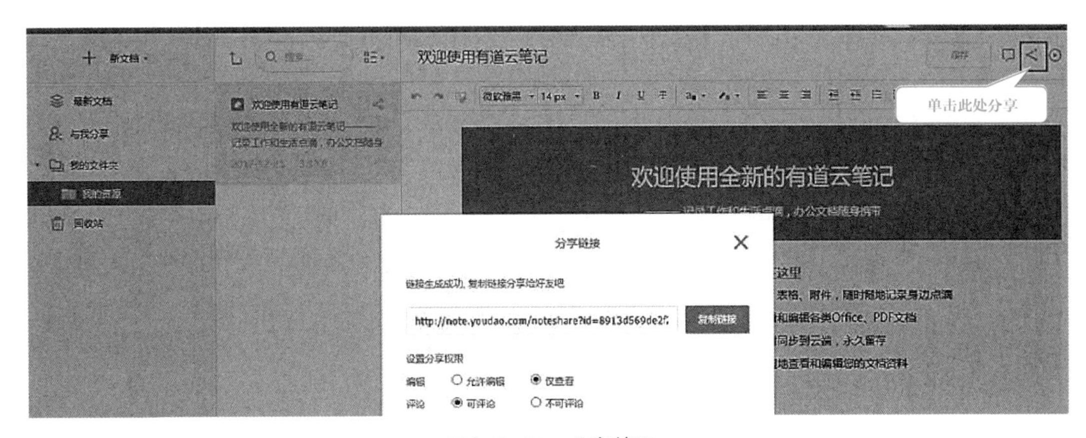

图1-3-24　分享笔记

知识链接

有道云笔记支持多种附件类型，包括图片、PDF、Word、Excel、PowerPoint等，同时还有网页剪报功能。有类似功能的还有为知笔记、印象笔记、好笔头等。

思考与练习

以3人为小组，自由组队，选择共同感兴趣的话题收集资料，并将内容记录到有道云笔记中，与全班同学分享。

自我评价

评价内容		评价等级		
		好	一般	尚需努力
知识技能评价	1. 学会申请有道云笔记账号			
	2. 掌握新建笔记和分享笔记的方法			

任务5 百度网盘

任务描述

（1）了解申请百度网盘账号的流程。

（2）掌握上传文件和文件夹。

（3）掌握分享资料。

（4）掌握设置隐藏空间。

任务实施

网盘，又称网络U盘、网络硬盘，是互联网云存储网络公司推出的在线存储服务，能够提供文件的存储、共享、访问、分享、备份等文件管理功能。目前常见的网盘有百度网盘、金山快盘、华为网盘等。

一、申请百度网盘账号

1. 打开浏览器，输入http://pan.baidu.com，进入百度网盘官网，下载并安装百度网盘客户端。运行客户端，显示登录界面，如图1-3-25所示，单击右下角的“立即注册百度账号”按钮。在“注册百度账号”对话框中填写相关信息，注册百度账号，如图1-3-26所示。注册成功后，登录进入百度网盘界面，如图1-3-27所示。

图1-3-25　百度账号注册窗口

图1-3-26　百度网盘登录界面

图1-3-27 百度网盘界面

二、上传文件或文件夹

1. 快捷方式上传

在计算机中选中要上传的文件或文件夹，单击鼠标右键，弹出快捷菜单，如图1-3-28所示，选择“上传到百度网盘”命令，打开百度网盘管理窗口，显示正在上传文件，如图1-3-29所示。

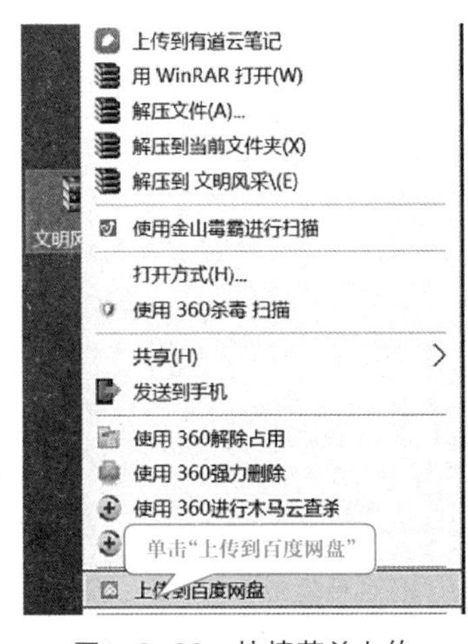

图1-3-28 快捷菜单上传

图1-3-29 上传到百度网盘

2. 客户端上传

单击客户端中的“上传文件”图标，选择需要上传的文件或文件夹，如图1-3-30所示。

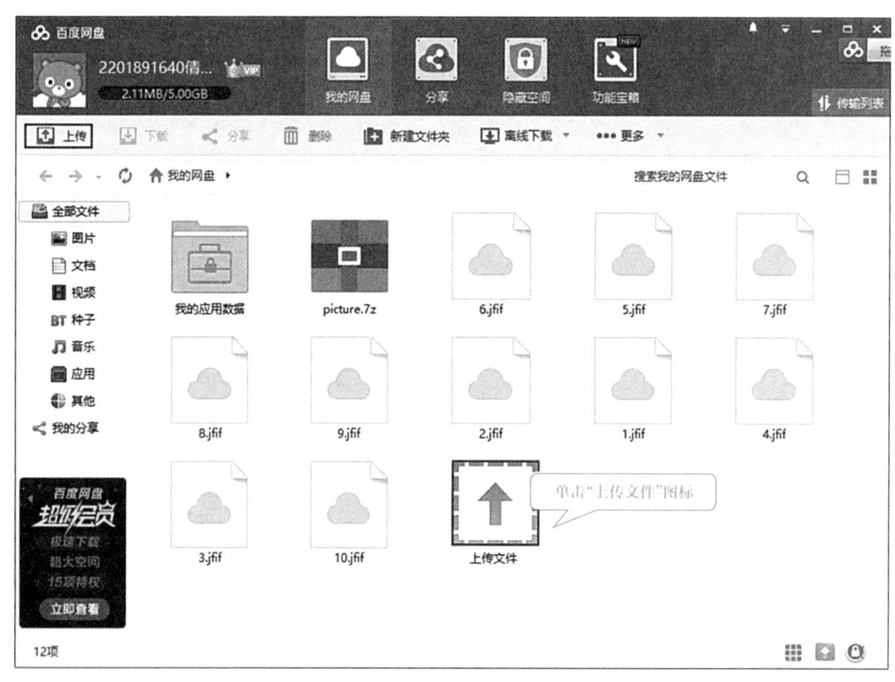

图1-3-30　客户端上传

3. 拖曳上传

打开浏览器，输入http://pan.baidu.com，登录百度网盘，可将计算机中的文件或文件夹拖曳到百度网盘的网页端中，进行上传，如图1-3-31所示。客户端也可以进行拖曳上传。

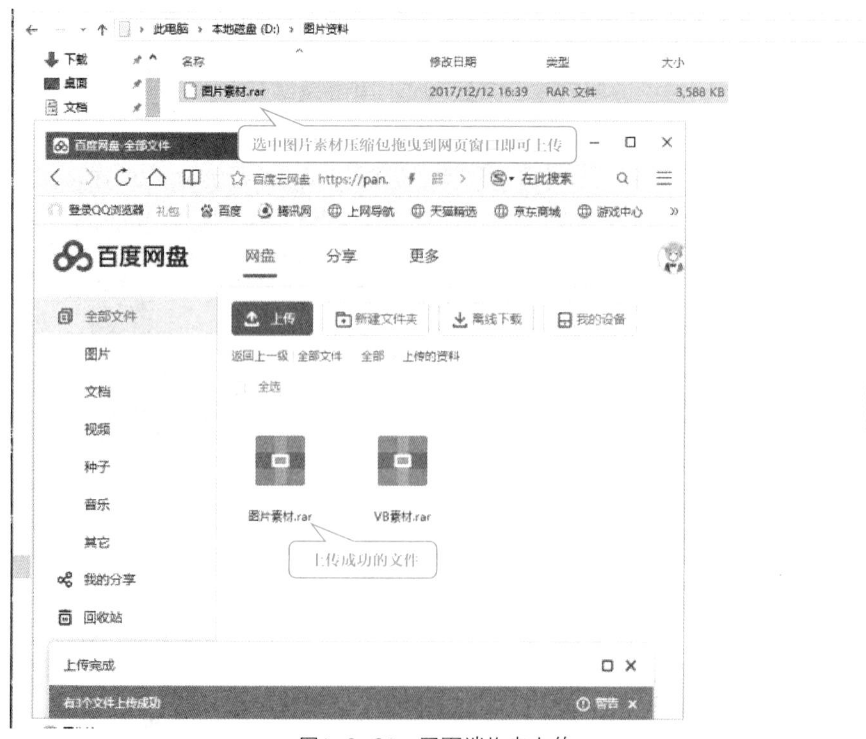

图1-3-31　网页端拖曳上传

三、数据分享

(1)用户可以实现分享功能，选择要分享的文件或文件夹，单击鼠标右键，弹出快捷菜单，选择“分享”选项，如图1-3-32所示。

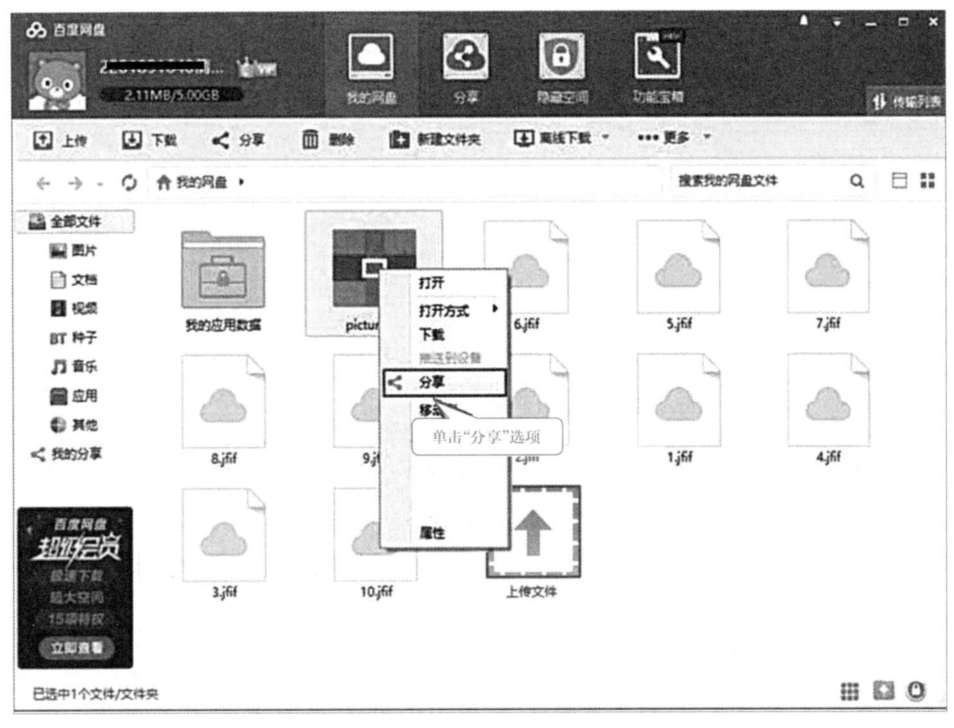

图1-3-32　文件分享

(2)在“分享文件”对话框中，单击“加密”，创建私密分享，其他用户输入密码才能查看下载，如图1-3-33所示。单击“公开”，创建公开分享，任何人访问链接即可查看、下载。

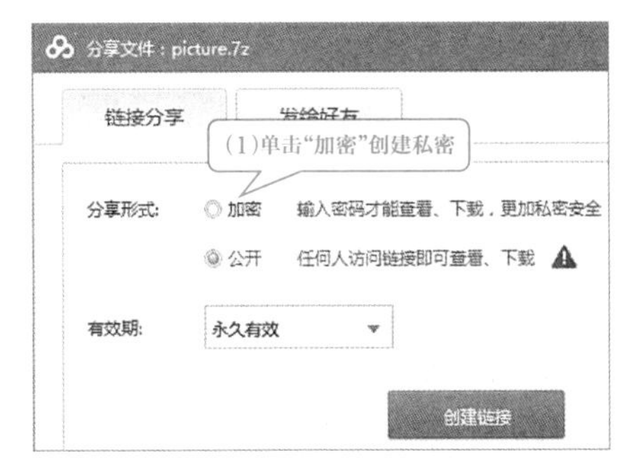

图1-3-33　分享文件

四、设置隐藏空间

（1）启用隐藏空间，单击顶端的“隐藏空间”按钮，显示“隐藏空间”窗口，如图1-3-34所示。

图1-3-34 “隐藏空间”窗口

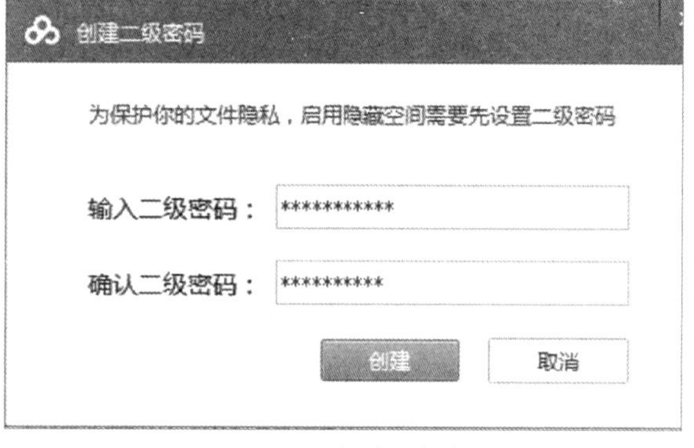

图1-3-35 创建二级密码

（2）弹出“创建二级密码”对话框，设置二级密码，完成创建，就可在已创建的“隐藏空间”窗口中上传个人的私密文件，如图1-3-35所示。上传完成后，单击“立即上锁”按钮，如图1-3-36所示，即可有效，隐藏空间已上锁，需要二级密码才能打开空间，如图1-3-37所示。

图1-3-36 立即上锁

图1-3-37 隐藏空间已上锁

思考与练习

设置百度网盘上的一个文件夹为隐藏空间，成为自己的私密文件夹，设置二级密码为filehide。

自我评价

评价内容		评价等级		
		好	一般	尚需努力
知识技能评价	1. 学会注册百度网盘账号			
	2. 熟练使用上传文件			
	3. 学会数据分享			
	4. 掌握设置隐秘空间的方法			

科技阅读

科技前沿

一、超级计算机

超级计算机主要被应用于国家级高科技和尖端技术领域的研究，是一个国家科研实力的象征，其基本组成组件与个人电脑的概念无太大差异，但规格与性能则强大许多，具有很强的计算和处理数据的能力，主要特点表现为高速度和大容量，配有多种外部和外围设备及丰富的、高功能的软件系统。对于国家经济、社会、军事等方面的发展有着超乎寻常的意义。2019年6月，中国“神威·太湖之光”浮点运算速度已经达到每秒12.54亿亿次，之前四届Top500排名中，我国的“神威·太湖之光”超级计算机都是冠军，全部使用中国自主知识产权的芯片，如图1-3-38所示。2019年6月全球超级计算机榜单(前10位)，如表1-3-2所示。

图1-3-38　神威·太湖之光

表1-3-2　2019年6月全球超级计算机榜单(前10位)

排名	名称	国家和地区	运算速度
1	Summit(“顶点”)	美国	20亿亿次/秒
2	Sierra	美国	12.57亿亿次/秒
3	神威·太湖之光	中国	12.54亿亿次/秒
4	天河二号	中国	10.07亿亿次/秒
5	Frontera	美国	3.87亿亿次/秒
6	Piz Daint 代恩特峰	瑞士	2.7亿亿次/秒
7	Trinity	美国	4.15亿亿次/秒
8	ABCI	日本	3.26亿亿次/秒
9	SuperMUC-NG	德国	2.69亿亿次/秒
10	Lassen	美国	2.30亿亿次/秒

整个500强榜单中，中国有219台，占43.8%，美国有116台，占23.2%。

二、新技术应用

1. 云计算

云计算是分布式计算技术的一种，是通过网络将庞大的计算处理程序自动分拆成多个较小的子程序，再交由多台服务器所组成的庞大系统经搜寻、计算分析之后将处理结果回传给用户。通过这项技术，网络服务提供者可以在数秒之内，达成处理数以千万计甚至亿计的信息，达到和“超级计算机”同样强大效能的网络服务。

使用云计算使得企业能够将资源切换到需要的应用上，根据需求访问计算机和存储系统。它意味着计算能力也可以作为一种商品进行流通，就像煤气、水电一样，取用方便，费用低廉。最大的不同在于，它是通过互联网进行传输的，如图1-3-39所示。

图1-3-39　云计算

全球市场份额前10的云计算服务提供商：AWS、微软Azure、谷歌云、阿里云、IBM云、Salesforce、Oracle、NTT通信、腾讯云和OVH。AWS依然是全球云计算市场的“领头羊”，其2018年云计算营收规模达到了254亿美元，占有31.7%的市场份额。微软Azure则位居市场第二，全年营收规模达到135亿美元，市场份额达到16.8%，同比大幅增长82.4%。

谷歌云则以68亿美元的营收规模以及8.5%的市场份额位列第三，值得一提的是，谷歌云是前五大云计算服务提供商中增长最快的，2018年同比增长达到93.9%，营收规模几乎翻倍。阿里云则以31亿美元营收规模、4%的市场份额位列第四。2019年1月30日，阿里巴巴公司公布了2018年自然年阿里云市场营收规模达到了213.6亿元。IBM云则是市场前五的云计算公司中唯一一家市场份额下降的公司，IBM云市场份额已经从2017年的4.7%下降到2018年的3.8%，营收规模同比增长17.6%。

2. 虚拟现实（VR）

VR是一种可以创建和体验虚拟世界的计算机仿真系统，它利用计算机生成一种模拟环境，是一种多元信息融合的、交互式的三维动态视景和实体行为的系统仿真，使用户沉浸到该环境中。所以VR设备一般都是头盔一样的，戴上后覆盖整个视觉，如图1-3-40所示。

图1-3-40　VR技术

3. 增强现实（AR）

AR是一种实时地计算摄影机影像的位置及角度并加上相应图像、视频、3D模型的技术，这种技术的目标是在屏幕上把虚拟世界套在现实世界并进行互动。现在最出名的AR设备就是微软的HoloLens，和VR设备不同的是它不覆盖所有视觉，使用者可以看到现实世界的同时，也可以看到虚拟出来的数字内容，如图1-3-41所示。

图1-3-41　AR技术

4. 人工智能（AI）

AI是研究、开发用于模拟、延伸和扩展人的智能的理论、方法、技术及应用系统的一门新兴技术科学。人工智能是计算机科学的一个分支，它企图了解智能的实质，并生产出一种新的能以人类智能相似的方式做出反应的智能机器，该领域的研究包括机器人、语言识别、图像识别、自然语言处理和专家系统等。

2016年1月，Google旗下的深度学习团队DeepMind开发的人工智能围棋软件AlphaGo，以5 : 0战胜了围棋欧洲冠军樊麾。这是人工智能第一次战胜职业围棋手。

5. 区块链技术

区块链技术，简称BT（Blockchain Technology），是一种分布式总账数据库技术，是一种由多方参与，按照智能合约规则把一个时间戳内产生的信息记录成一个“区块”，再利用密码学的哈希运算把一个个区块按照时间顺序进行关联形成“块+链”的结构，并采用分布式共识机制确保各方数据存储一致性、不可篡改、不可抵赖，从而构建信任的技术，能在保证安全的情况下，提高效率，降低成本。在未来，区块链的运用将涉及人们生活中的方方面面。

区块链的典型应用：比特币。比特币在互联网上活了，它只是一种用于流通的产物，其核心是一种计算方式，也就是获取比特币的方法。比特币使用对等网络技术，无需中央权威机构和银行即可运作；交易管理和比特币发行由比特币网络集体进行。比特币是开源的，它的设计思想是公开、无人占有或控制，人人可参与。比特币的总数量被限制在2100万个之内，由于稀缺而使它获得了和黄金一样的上下波动价值。

除了比特币，区块链还有很多应用，主要包括：

智能合约：数字化法律；合同文书，自动执行商业交易和协议；

智能资产：贸易融资，供应链，工作流程，丰富的数据；

清算和结算：更高的交易准确性和更短的结算流程，短期内赢得真正的成本节省；

付款：减少当前框架的弊端，节省时间和成本，加快并简化跨境支付；

数字身份：注册身份；为其他服务重新使用该标识；

物联网中的应用：MoIP运行；机器对机器的通信。

6. 大数据

大数据是指无法在一定时间范围内用常规软件工具进行捕捉、管理和处理的数据集合，是需要新处理模式才能具有更强的决策力、洞察发现力和流程优化能力的海量、高增长率和多样化的信息资产。

大数据，不仅有“大”这个特点，除此之外，它还有很多其他特色。在这方面，业界各个厂商都有自己独特的见解，但是总体而言，可以用“4V+1C”来概括，代表了Variety（多样化）、Volume（海量）、Velocity（快速）、Vitality（灵活）以及Complexity（复杂）这五个单词。

7. 量子计算

量子计算是一种遵循量子力学规律调控量子信息单元进行计算的新型计算模式。量子计算是大数据分析领域下一个大趋势。即使以现有的技术，分析海量数据集也是具有挑战性和时代性的，甚至可能很费时。通过量子计算可以减少处理时间和及时做出决策以获得更好结果的能力。像谷歌和IBM这样的科技巨头正在开发世界上第一台量子计算机。

第二单元

Windows 10 操作系统

单元介绍

操作系统是计算机的灵魂，计算机硬件一定要配上合适的操作系统才能最大程度发挥作用。Windows 10是目前企业办公、家庭上网最常用的操作系统。

Windows 10由美国微软公司发布，它是一个跨平台、跨设备的操作系统，目前有面向桌面电脑的家庭版、专业版、企业版，也有面向手机平板的移动版。Windows 10是微软公司发布的最后一个独立版本，即以后不再发布Windows 11之类版本，而是通过在线升级方式定期推送更新版，截至2018年10月，Windows 10正式版已更新至秋季创意者10.0.17763版本。

本单元主要学习计算机操作系统的发展历史、操作系统的功能与作用，通过学习Windows 10的安装与使用，了解它的新特点和新功能。

项目 2-1 计算机操作系统的发展

学习目标

（1）了解计算机操作系统的发展历史。

（2）熟悉计算机操作系统的主要功能。

（3）熟悉计算机操作系统相关知识。

项目描述

小李同学买来电脑后第一件事情就是安装操作系统，通过操作系统来控制计算机；通过安装程序来看视频、听音乐、玩游戏、浏览网页，还可以管理硬盘中的文件；通过操作系统来和计算机交互，系统会协调安排计算机的各种任务。

任务1 计算机操作系统的发展

任务描述

（1）理解操作系统的概念。

（2）了解操作系统的发展。

（3）认识常见的计算机操作系统和手机操作系统。

任务实施

操作系统（Operating System，OS）是管理和控制计算机软硬件资源的计算机程序，是直接运行在“裸机”上的系统软件，任何软件都必须在操作系统支持下才能运行。简单地说，操作系统就是一个操作计算机的平台，用户使用计算机所接触的第一个对象就是操作系统。

1. 早期的操作系统

早期计算机没有通用的操作系统，人们通过各种操作按钮来控制计算机，如图2–1–1所示。后来出现了汇编语言，操作人员通过记录有程序和数据的卡片或打孔纸控制计算机，程序读入后，计算机就开始工作，从头到尾都由这个程序独占计算机直到程序停止，其他程序只能排队等候。计算机只能由操作人员自己编写程序来运行，而且要在人工干预下进行，在运行期间需要人工装纸带、控制运行、人工卸纸带等，造成大量时间和资源的浪费，不利于设备、程序的共用。

最初的操作系统出现在IBM704大型机上，随着计算技术和大规模集成电路的发展，微型计算机迅速发展起来。世界上第一个微机操作系统Control Program/Monitor（简称CP/M）诞生于1974年，它能够进行文件管理，具有磁盘驱动装置，可以控制磁盘的输入输出、显示器的显示以及打印的输出，是当时操作系统的标准，如图2–1–2所示。

图2–1–1 早期的计算机

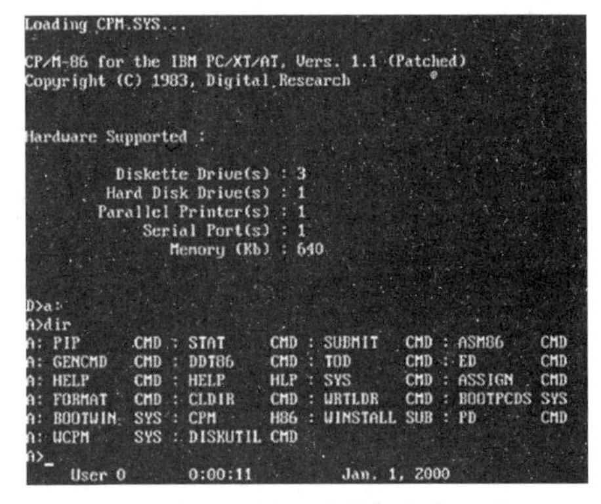

图2–1–2 世界上第一个微机操作系统CP/M

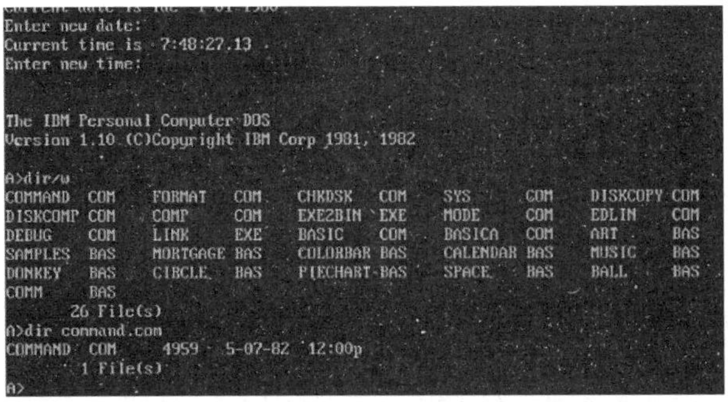

图2–1–3 DOS操作系统的操作主界面

2. DOS操作系统

在众多操作系统中较早开始受欢迎的是DOS（Disk Operating System），即磁盘操作系统，其操作主界面如图2–1–3所示。

DOS系统在CP/M基础上进行了较大的扩充，增加了许多内部和外部命令，使该操作系统具有较强的功能及性能优良的文件系统。从1981年到1995年的15年间，DOS系统在IBM

PC兼容机市场占有举足轻重的地位，全球绝大多数计算机上都能看到它的身影，由于DOS系统并不需要十分强劲的硬件系统来支持，所以从商业用户到家庭用户都能使用。

3. Windows 操作系统

Windows操作系统是一款在个人计算机上广泛使用的操作系统。它由美国微软公司开发，提供多任务处理和图形用户界面，使得用户操作大大简化。从微软公司1985年推出Windows 1.0开始，Windows系统经历了几十年变革。从最初运行在DOS下的Windows 3.x，到现在风靡全球的Windows 7和Windows 10，微软公司的操作系统在全球占有较大的份额。自Windows 98操作系统以来的各个版本界面，如图2-1-4所示。

Windows 98（1998年6月25日发布）作为Windows 95的升级版，将Internet Explorer整合进入Windows资源管理器来管理资源和文件。这也是首款专为普通消费者设计的Windows版本。

Windows XP（2001年10月25日发布）是微软Windows产品开发历史上的重大里程碑，从Windows XP开始，微软将各种网络服务与操作系统联系到了一起。

Windows Server 2003（2003年3月28日发布）是微软推出的服务器操作系统。此版本在活动目录、组策略操作和磁盘管理等方面有了很大改进。

Windows 7（2009年10月22日发布）是微软继Windows XP和Windows Vista系统之后研发的操作系统，Windows 7具有更强大的功能。在同等条件下，Windows 7的系统资源消耗虽然比Windows XP高，却要比Windows Vista低很多。

Windows 8（2012年10月26日发布）是具有革命性变化的操作系统，将微软领入了平板电脑时代，成为一台整合PC、手机、平板电脑和XBOX 游戏机的超级操作系统，大大增加了微软产品之间的互联性。

Windows 10（2015年7月29日发布）是微软公司继Windows 8之后推出的新一代操作系统，具有很多新特性和优点，并且完美支持平板电脑，更符合用户的操作体验。

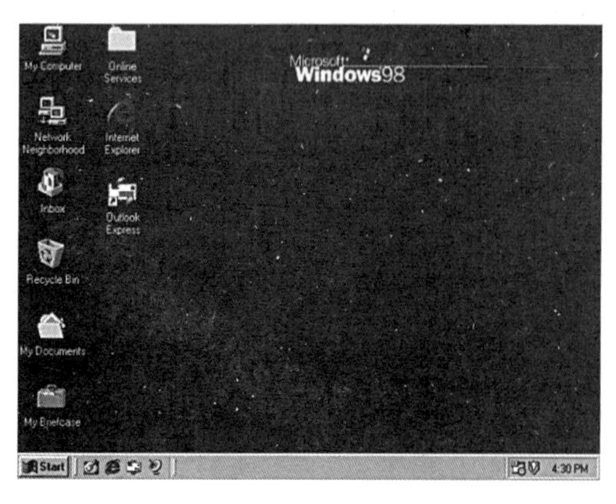

Windows 98

Windows XP

图2-1-4 Windows操作系统各版本界面（1）

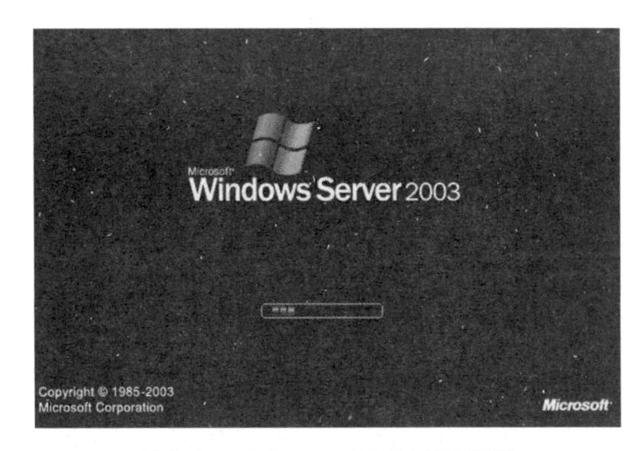

Windows Server 2003登录界面

Windows 7

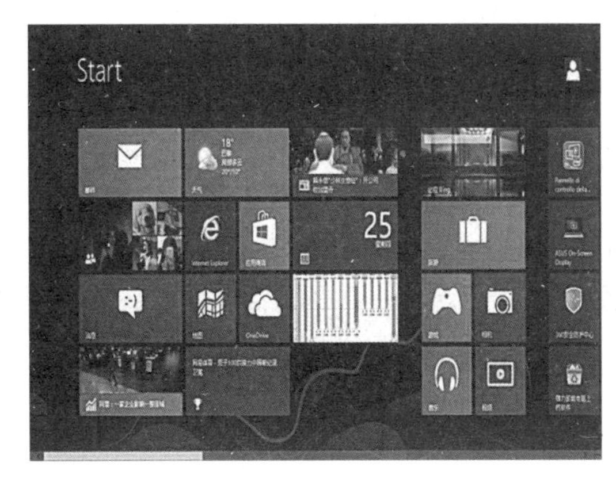

Windows 8

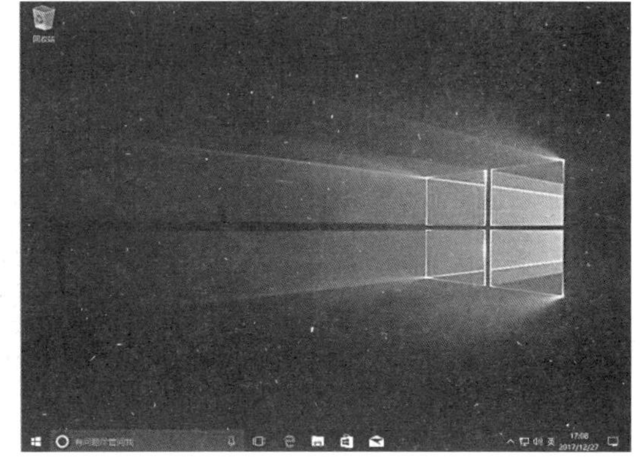

Windows 10

图2-1-4 Windows操作系统各版本界面(2)

4. UNIX操作系统

UNIX是一个强大的多用户、多任务操作系统,支持多种处理器架构,按照操作系统的分类,属于分时操作系统。UNIX基本都是安装在服务器上,是基于命令性的操作系统,只有字符界面。UNIX操作系统界面,如图2-1-5所示。

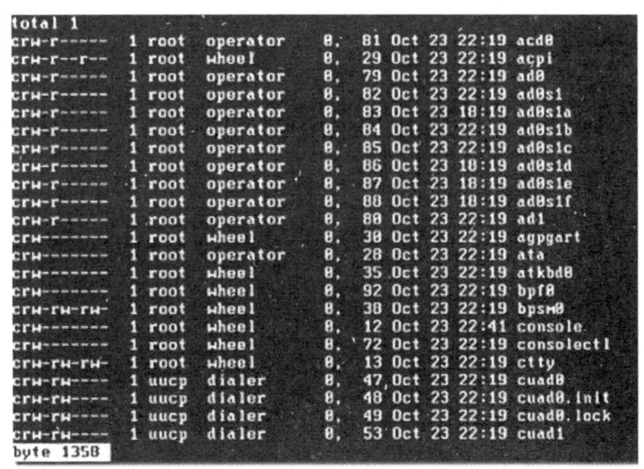

图2-1-5 UNIX操作系统界面

5. Linux操作系统

Linux是一套免费使用和自由传播的类Unix操作系统，是一个多用户、多任务、支持多线程和多CPU的网络操作系统。常见的Linux操作系统有Red Flag、Ubuntu、Fedora、Debian等。Linux系统界面，如图2-1-6所示。

6. Mac OS操作系统

Mac OS是一套运行于苹果Macintosh系列电脑上的操作系统，由苹果公司自行开发，只能安装在苹果公司的产品上。Mac OS系统界面，如图2-1-7所示。常见的计算机病毒几乎都是针对Windows的，而Mac OS的架构与Windows不同，所以系统较可靠，很少受到病毒的袭击。

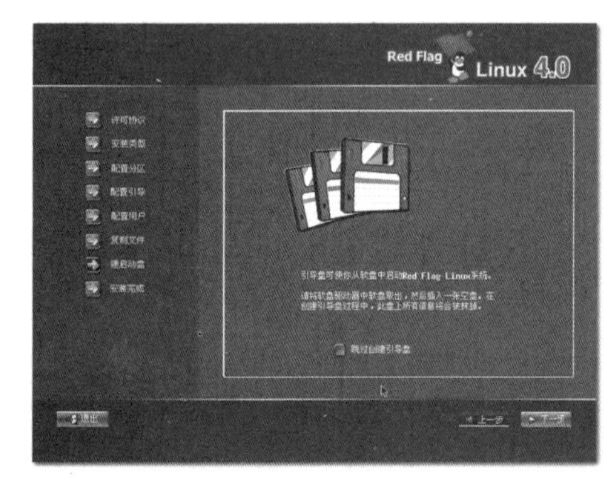

图2-1-6　Linux操作系统界面

图2-1-7　Mac OS系统界面

7. 手机操作系统

智能手机像个人电脑一样，具有独立的操作系统，可随意安装和卸载软件。手机操作系统主要应用在智能手机上，典型的系统主要有安卓Android、iOS、Windows Phone、小米MIUI、黑莓BlackBerry、塞班Symbian等，如图2-1-8所示。

安卓Android系统最大优势是开放性，允许任何厂商、用户的加入。

小米MIUI系统是小米公司旗下基于Android系统深度优化、定制、开发的第三方手机操作系统，是中国首个基于互联网开发模式进行开发的手机操作系统。

iOS是苹果公司为iPhone等设备研发的手机操作系统，主要运用于iPhone、iPad、iPod Touch和苹果电视等。

Windows Phone平台是微软公司发布的新一代手机操作系统，它将微软旗下的Xbox Live游戏、Zune音乐与独特的视频体验整合至手机中。

黑莓BlackBerry系统是加拿大RIM公司推出的一款无线手持邮件解决终端设备的操作系统，由RIM公司自主开发。它和其他手机终端使用的操作系统相比，加密性能更强，更安全。

塞班Symbian系统是一个实时性、多任务的32位操作系统，具有功耗低、内存占用少等特点，在有限的内存和运存情况下，非常适合手机等移动设备使用。但由于缺乏新技术支持，Symbian系统的市场份额日益萎缩。目前，诺基亚已彻底放弃开发Symbian系统。

Android

MIUI

iOS

BlackBerry

Symbian

图2-1-8　常见手机操作系统界面

自我评价

评价内容		评价等级		
		好	一般	尚需努力
知识技能评价	1. 了解操作系统的发展			
	2. 了解常见的计算机操作系统			
	3. 了解常见的手机操作系统			

思考与练习

(1)什么是操作系统？请简述操作系统在计算机系统中的作用和地位。

(2)尝试在生活中找出三款不同的手机操作系统，通过观察并操作，找出它们的不同点。

项目 2-2 认识 Windows 10

学习目标

(1)掌握Windows 10 的安装和配置。

(2)熟悉Windows 10 的新特性。

(3)掌握Windows 10 的个性化设置。

项目描述

不知不觉,喜欢追新的小李同学已经安装Windows 10 系统快一年了,在这一年间,他通过网络免费升级Windows 10，逐渐完善与增强了Windows 10 的能力，获得新功能新体验。他还制作了Windows 10 的U盘安装工具,帮助同学们安装系统。

任务1　Windows 10 的安装

任务描述

(1)了解Windows 10 的版本及配置要求。

(2)安装Windows 10 操作系统。

(3)使用微软公司官方工具制作U盘安装工具。

任务实施

Windows 10系统,被微软公司定位为全设备平台通用的“永生”系统,已成为当下智能手机、个人手机、平板、游戏机、物联网和其他各种办公设备的“心脏”,在设备之间提供无缝的操作体验。

一、Windows 10 操作系统的版本

Windows 10 操作系统根据不同的用户群分为7个版本，如表2-2-1所示。

表2-2-1　Windows 10 操作系统各版本介绍

版本	版本介绍
家庭版（Home）	主要是面向个人或者家庭电脑用户，其包括Windows 10所有基本功能
专业版（Pro）	专业版是在家庭版的基础上提供了Windows Update for Business功能，可以控制更新部署，让用户更快地获得安全补丁，类似于Windows 7操作系统的专业版，适用于个人和企业用户
企业版（Enterprise）	主要是在专业版基础上，增加了专门给大中型企业的需求开发的高级功能，适合企业用户，类似于Windows 7的旗舰版，只有企业用户或具有批量授权协议的用户才能够对该版本系统进行激活
教育版（Education）	主要基于企业版进行开发，专门为了符合学校教职工、管理人员、老师和学生的需求
移动版（Mobile）	主要面向普通消费者的移动版本，主要针对智能手机、小型平板电脑等移动设备
移动企业版（Mobile Enterprise）	主要面向企业用户的移动版本，在移动版基础上增加了企业管理更新，适用于智能手机和小型平板设备的企业用户，只有通过批量授权协议的用户才能够激活
物联网核心版（IoT Core）	主要面向物联网设备推出了超轻量级Windows 10 操作系统，如智能家居和智能设备，为用户提供易操作的应用，以控制所有联网的硬件设备

二、安装准备

1. 安装Windows 10 的硬件要求

为了拥有更多的Windows 10 用户，微软公司兼顾了中低档计算机配置的用户，对系统配置要求并不高，确保大部分计算机能够运行Windows 10 操作系统，硬件配置要求，如表2-2-2所示。

表2-2-2　安装Windows 10 的硬件要求

名称	规格
中央处理器	1 GHz及以上
内存	1 GB(32 位)及以上或 2 GB(64 位)及以上
硬盘空间	16 GB(32 位操作系统)及以上或 20 GB(64 位操作系统)及以上
显卡	DirectX 9 及以上(包含 WDDM 1.0 驱动程序)
显示器	800 像素 × 600像素及以上

在确认计算机符合安装条件后，根据需求选择相应的Windows版本。

2. 设置从U盘启动计算机

在安装操作系统之前首先对BIOS进行设置，设定U盘为第一启动项。设置方法如下：

(1)计算机开机后，根据屏幕提示，按“F12”或“DEL”键进入BIOS设置界面。

(2)使用键盘方向键选择BIOS Setup，进入BIOS Setup，将USB Storage Device移动到第一位，即设定U盘为第一启动项，如图2-2-1所示。

(3)保存设置并重启计算机。

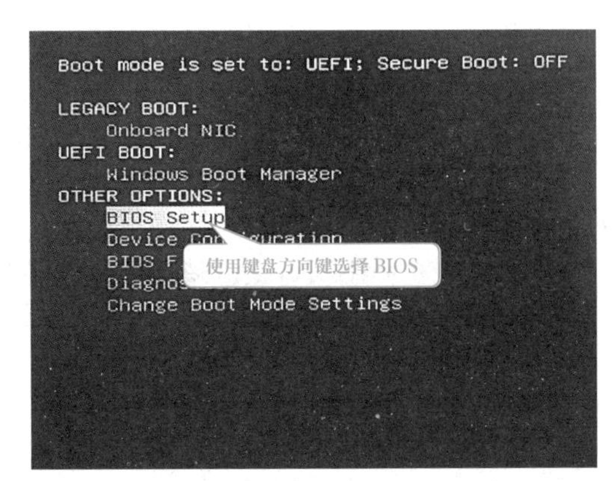

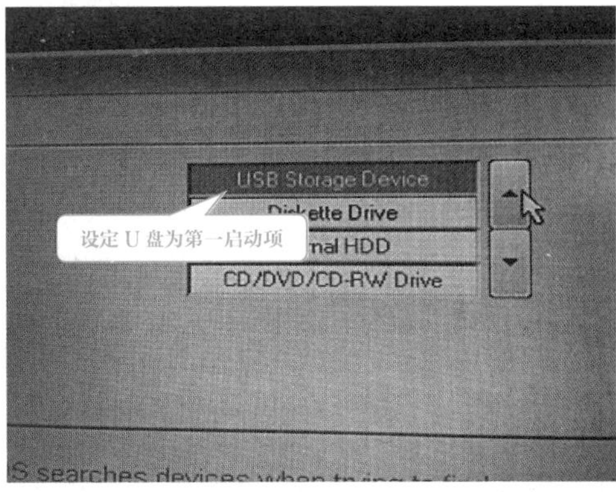

图2-2-1 BIOS设置界面

三、安装Windows 10

1. 启动安装程序

设置启动项之后，将安装工具U盘插入USB接口，启动计算机，U盘引导系统进入Windows 10 安装界面。

(1)在Windows 10 安装程序加载完毕后，进入“Windows安装程序”界面，在“语言、区域和输入法设置”界面中，使用默认选项，单击“下一步(F)”按钮，单击“现在安装(I)”开始正式安装，如图2-2-2、图2-2-3所示。

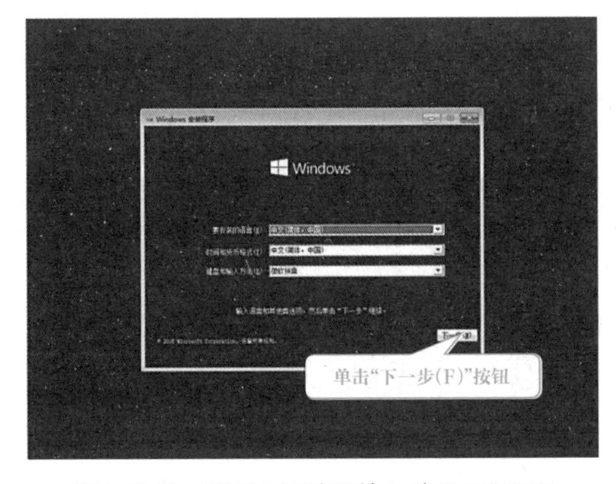

图2-2-2 “语言、区域和输入法设置”界面

图2-2-3 “现在安装(I)”界面

(2)在“激活Windows”界面，输入安装密钥，然后单击“下一步(M)”按钮；显示“版本选择”界面，选择“Windows 10 Pro”，单击“下一步(M)”按钮，如图2-2-4、图2-2-5所示。

(3)在“许可条款”界面，勾选“我接受许可条款(A)”，单击“下一步(M)”按钮，进入“你想执行哪种类型的安装？”界面。选择第二项“自定义：仅安装Windows(高级)(C)”安装方式，如图2-2-6、图2-2-7所示。

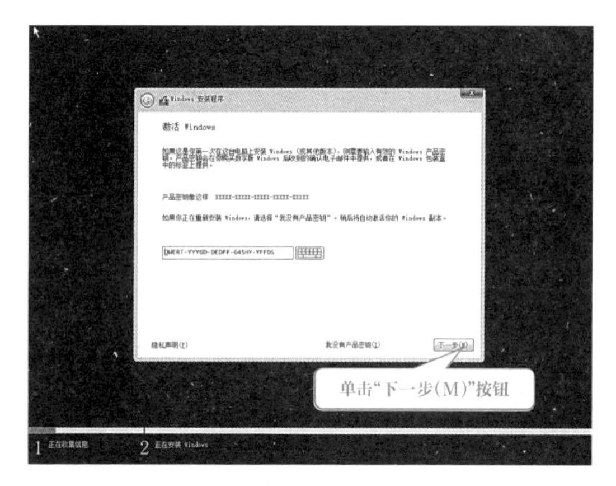

图2-2-4　“激活Windows”界面

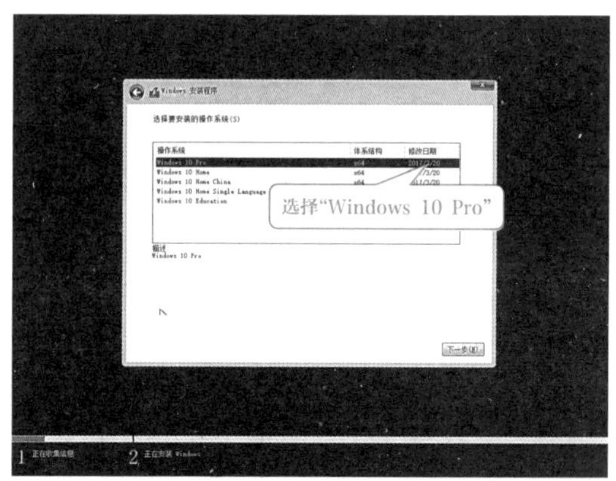

图2-2-5　“版本选择”界面

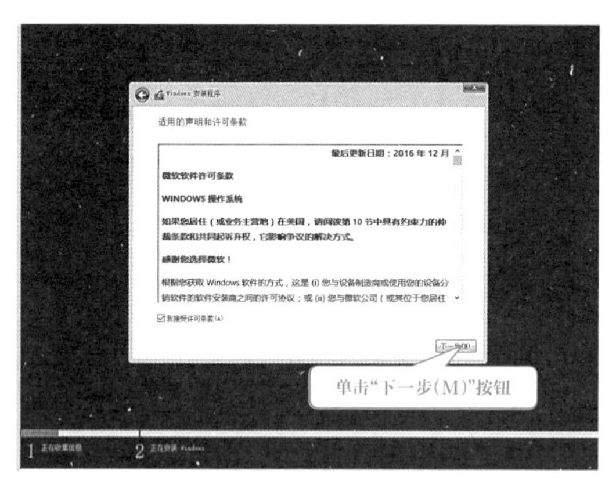

图2-2-6　“许可条款”界面

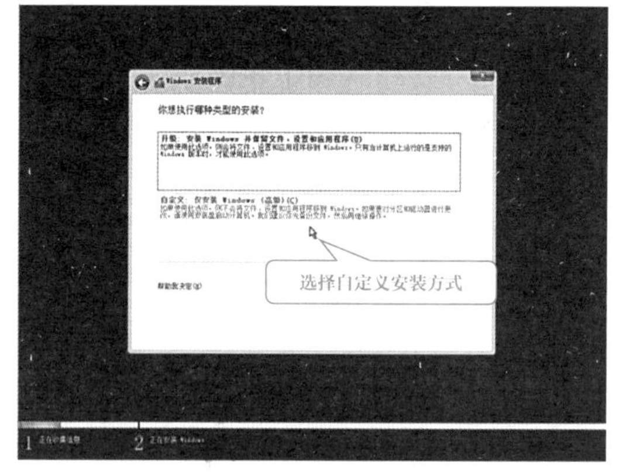

图2-2-7　“你想执行哪种类型的安装？”界面

2. 选择安装系统的磁盘分区

(1)在“你想将Windows安装在哪里？”界面，选择要安装系统的磁盘分区，如果想将当前系统替换掉，先将当前系统盘格式化，并选择这个分区；如果硬盘是新硬盘，则可直接对其进行分区。选择“新建(E)”，输入分区大小“60000”(根据磁盘实际大小输入)，单击“应用(P)”按钮，创建分区。在跳出的信息提示框中单击“确定”增加一个未分配的空间。

(2)分区建立完成后，选中需要安装系统的分区，单击“下一步(N)”按钮，如图2-2-8所示。

至此，“正在收集信息”阶段已经完成，正式进入安装Windows 10的阶段，这个过程耗时较长，用户需要耐心等待系统复制Windows文件、准备要安装文件、安装功能、安装更新等阶段，才能进入后续设置，如图2-2-9所示。

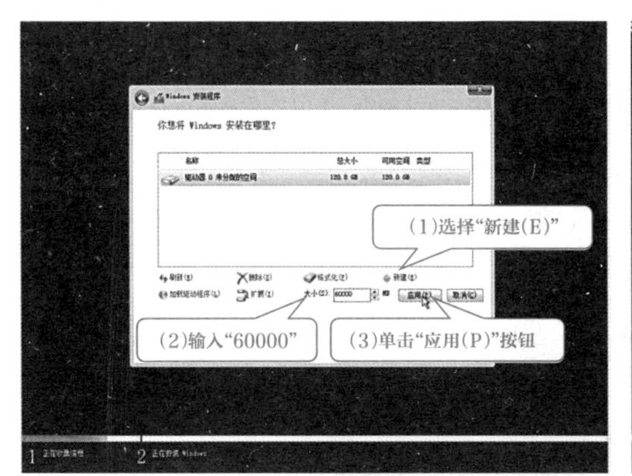

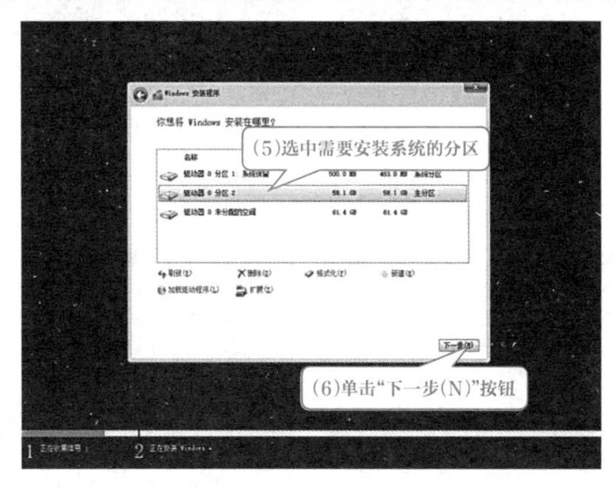

图2-2-8　选择安装系统的磁盘分区

图2-2-9　系统复制、安装文件自动更新安装界面

3. 安装设置

（1）安装主要步骤完成之后进入后续设置阶段，区域设置、键盘布局等基本界面均可选择默认设置，单击“下一步”按钮。

（2）账户设置。选择“针对个人使用进行设置”选项，单击“下一步”按钮，此处用户可以输入Microsoft账户，也可以单击“脱机用户”超链接，建立本地账户。

（3）进入“创建账户”界面，为保障账户安全，此处输入要创建的用户名、密码和提示内容，单击“下一步”按钮，如图2-2-10所示。

（4）Cortana小娜是微软公司专门打造的人工智能机器人，可以提供本地文件、文件夹快速搜索等系统功能。在“Cortana设置”界面，单击“是”按钮，让Cortana作为你的个人助理，如图2-2-11所示。

在默认状态下，Windows 10 能够知道你所浏览的网页、所在的位置、所有的在线购物信息甚至是你输入的文字和讲的话。这些数据追踪虽然给用户带来了方便，但同时也引起了用户对于个人隐私的担忧。如果不想让它过多地了解自己，可以选择“关闭”下面这些隐私设置，单击“接受”按钮，如图2-2-12所示。

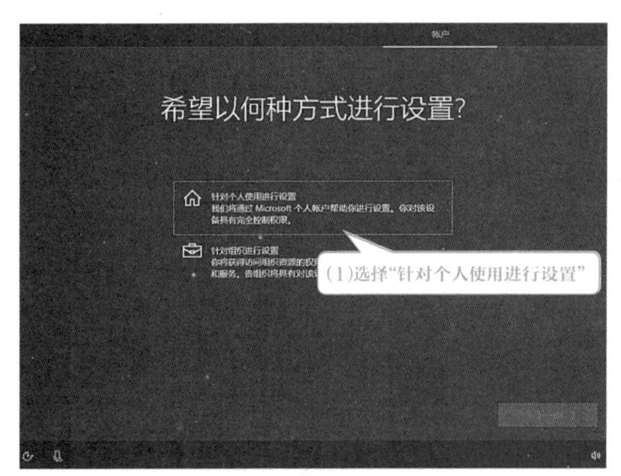

图2-2-10 “创建账户”界面

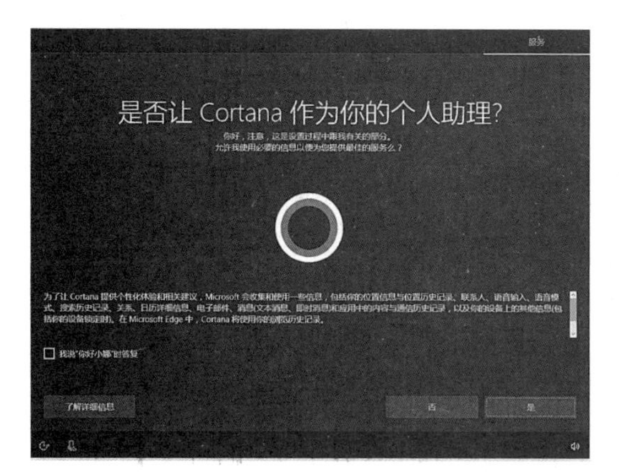

图2-2-11 “Cortana设置”界面

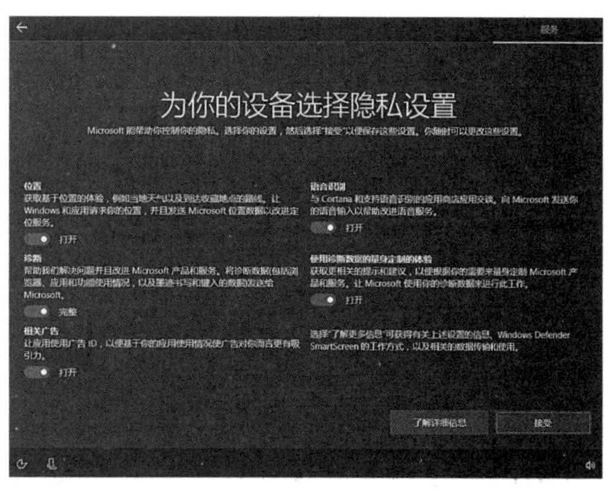

图2-2-12 “隐私设置”界面

Windows 10 操作系统安装完成,系统桌面如图2-2-13所示。

图2-2-13 Windows 10系统桌面

技能拓展

使用微软官方工具制作U盘安装工具

微软公司为了满足更多用户的需求,推出了创建USB、DVD或ISO安装介质的工具。

如果想要创建介质,需要先准备一个至少 8GB 空间的U盘,建议使用空白 U 盘。具体步骤如下:

(1)将U盘插入电脑后,打开浏览器,输入地址“http://www.microsoft.com/zh-cn/software-download/windows10”,进入Windows 10 下载页面,单击“立即下载工具”按钮,继续下载并运行该工具,如图2-2-14所示。

(2)弹出“Windows 10 安装程序”对话框,进入“你想执行什么操作? ”界面,选择“为另一台电脑创建安装介质”项，单击“下一步(N)”按钮，如图2-2-15所示。

(3)可以选择Windows 10 的语言、体系结构和版本，一般勾选“对这台电脑使用推荐的选项”，并单击“下一步(N)”按钮，如图2-2-16所示。

(4)进入“选择要使用的介质”界面，选择“U盘”单选项，并单击“下一步(N)”按钮，如图2-2-17所示。

(5)进入“选择U盘”界面，选择要使用的U盘，单击“下一步(N)”按钮，如图2-2-18所示。

(6)进入“正在下载Windows 10”界面，需要等待其下载，具体时长与网速相关，无需进行任何操作。下载完成后，软件会自动创建Windows 10 介质，无须任何操作，如图2-2-19所示。

(7)在“你的U盘已准备就绪”界面，单击“完成(F)”按钮即可，如图2-2-20所示。

(8)系统介质创建成功后，会弹出“安装程序正在进行清理，完成之后才会关闭”界面，无须任何操作，稍等片刻后会自动关闭。打开U盘，即可看到U盘中包含了多个程序文件，如图2-2-21所示。

U盘安装介质操作完成后，即可使用U盘进行系统安装，也可以对已经安装Windows 10操作系统的计算机进行升级。

图2-2-14 “Windows 10下载”页面

图2-2-15 “你想执行什么操作？”界面

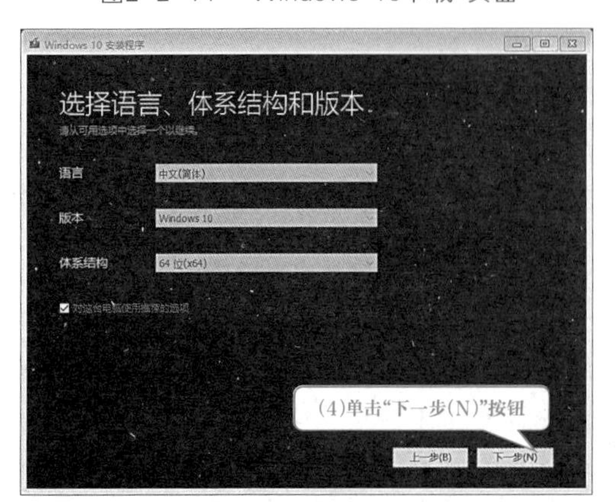

图2-2-16 “选择语言、体系结构和版本”界面

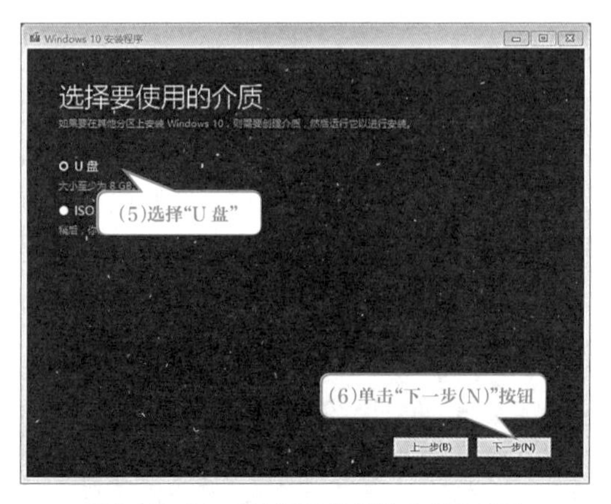

图2-2-17 “选择要使用的介质”界面

图2-2-18 "选择U盘"界面

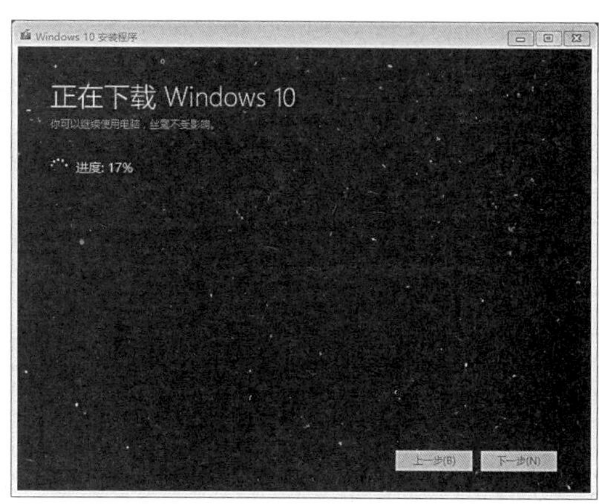

图2-2-19 "正在下载Windows 10"界面

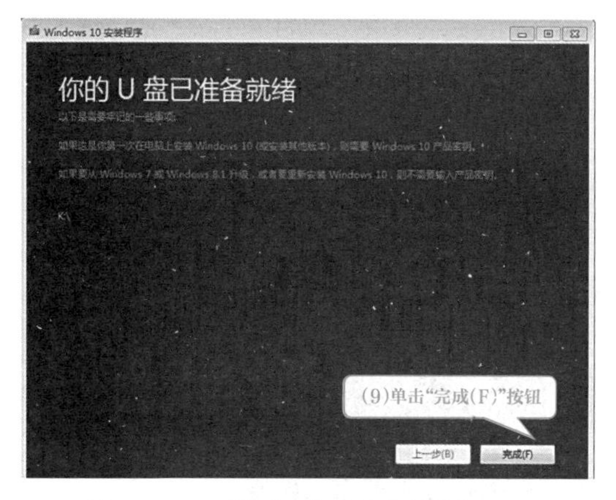

图2-2-20 "你的U盘已准备就绪"界面

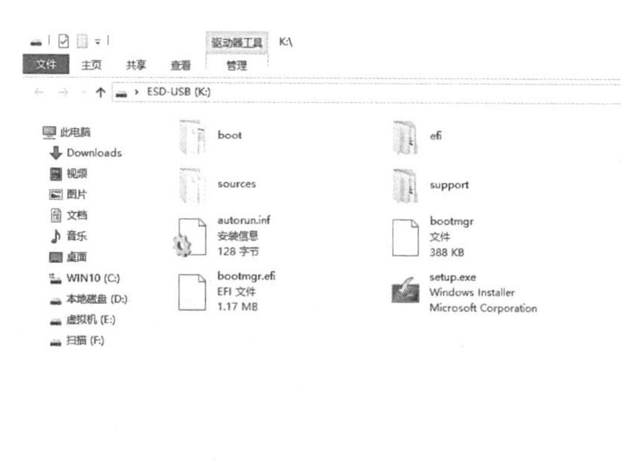

图2-2-21 安装U盘内部文件

自我评价

评价内容		评价等级		
		好	一般	尚需努力
知识技能评价	1. 掌握从U盘启动计算机的设置			
	2. 掌握Windows 10 操作系统的安装设置			
	3. 使用微软公司官方工具制作U盘安装工具			

任务2　Windows 10 的新体验

任务描述

熟悉Windows 10 系统，学会使用开始菜单、智能助理、浏览器、任务视图等。

任务实施

一、回归的开始菜单

Windows 10 重新使用了开始按钮，但采用全新的开始菜单，在菜单右侧增加了Modern风格的区域，将传统风格和现代风格有机地结合在一起，兼顾了老版本系统用户的使用习惯，如图2-2-22所示。

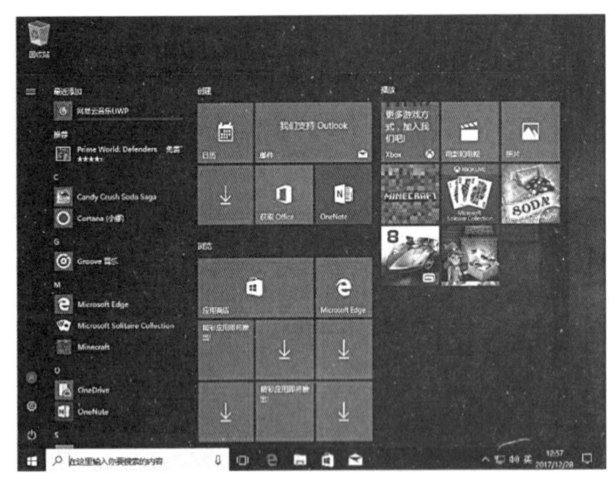

图2-2-22　Windows 10开始菜单

图2-2-23　Cortana界面

二、智能助理——Cortana

在Windows 10中，增加了个人智能助理——Cortana（小娜），它可以记录并了解用户的使用习惯，帮助用户在电脑上查找资料、管理日历、跟踪程序包、查找文件、跟你聊天，还可以推送关注的资讯等，Cortana界面如图2-2-23所示。

三、新的浏览器——Microsoft Edge

Windows 10 提供了一种新的上网方式——Microsoft Edge，它是一款新推出的Windows

浏览器，用户可以更方便地浏览网页、阅读、分享、做笔记等，而且可以在地址栏中输入搜索内容，快速搜索浏览。Microsoft Edge浏览网页的功能，如图2-2-24所示。

四、任务视图

在Windows 10 操作系统中，任务栏左侧有任务视图 按钮，位于搜索框的左侧，单击该按钮，可以预览所有打开的应用程序窗口。用户还可以新建桌面，将不同的任务程序，分配到不同的虚拟桌面中，如图2-2-25 所示。

图2-2-24　Microsoft Edge界面

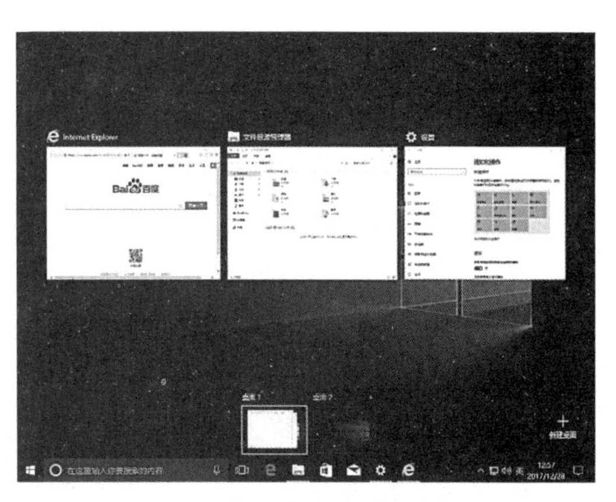

图2-2-25　任务视图界面

五、通知中心

在Windows 10 操作系统中，引入了Windows Phone 8.1的通知中心功能。用户单击任务栏右下角的通知按钮 ，可以打开通知面板，在面板上方则会显示来自不同应用的通知信息，在面板下方则包含了常用系统功能，如平板模式、连接、便签等，如图2-2-26所示。

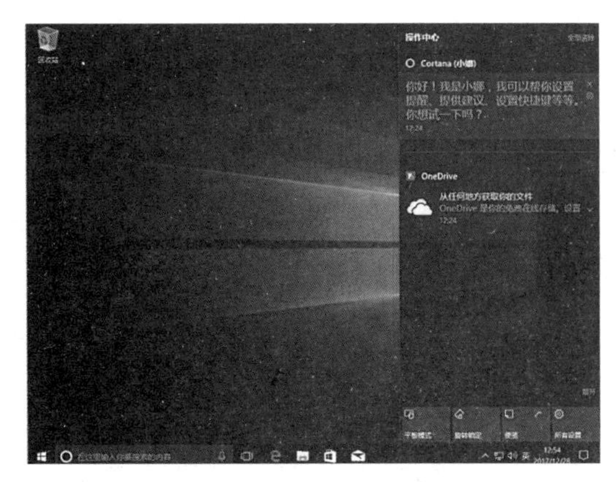

图2-2-26　通知中心界面

图2-2-27　Windows应用商店界面

六、内置Windows应用商店

Windows 10 新增了Windows应用商店，单击任务栏中的应用商店按钮 即可打开，如图2-2-27所示。用户可以在应用商店浏览和下载游戏、社交、娱乐、运动、图书和参考、新闻和天气、健康和健身等各方面应用。该功能可以简化Windows用户获取应用的流程。

此外，Windows 10 还有许多新功能，如增加了云存储OneDrive，用户可以将文件保存在网盘中，方便在不同电脑或手机中访问。

技能拓展

像使用平板电脑一样使用PC——平板电脑模式

平板电脑模式是Windows 10系统的一大特点，它可以使用户更轻松、更直观地使用Windows，通过单击任务栏上的“通知中心”，然后单击“平板模式”，即可开启平板模式，如图2-2-28、图2-2-29所示。

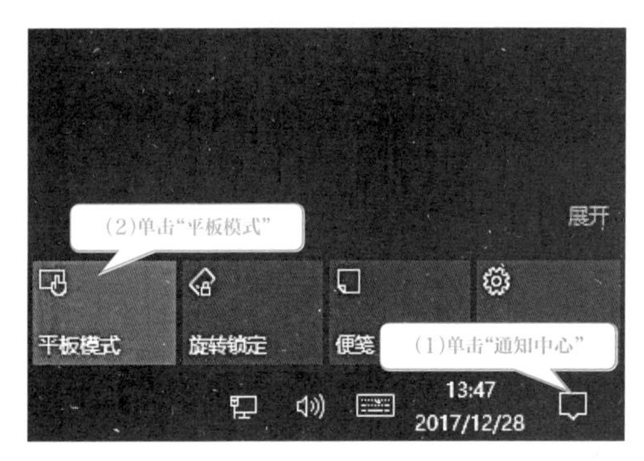

图2-2-28　切换至平板模式

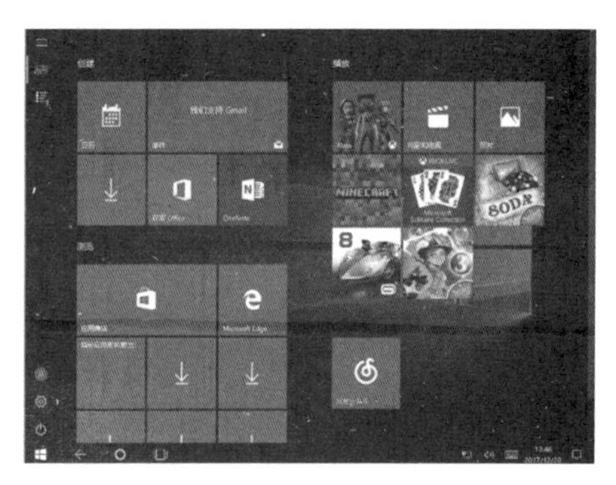

图2-2-29　平板模式界面

自我评价

评价内容		评价等级		
		好	一般	尚需努力
知识技能评价	1. 熟悉并掌握智能助理等新功能的操作			
	2. 掌握平板模式的设置			

任务3 Windows 10 个性化设置

任务描述

(1)设置桌面图标。
(2)设置创意锁屏界面。
(3)设置开始菜单。
(4)设置滑动关机功能。

任务实施

一、设置桌面图标

在Windows 10 操作系统中，所有的文件、文件夹以及应用程序都用形象化的图标表示。在桌面上的图标被称为桌面图标，双击桌面图标可以快速打开相应的文件、文件夹或应用程序。

新安装的系统桌面中只有一个回收站图标，用户可以添加此电脑、用户的文件、控制面板和网络等常用图标，具体操作步骤如下：

(1)在桌面空白处，单击鼠标右键，选择“个性化(R)”选项，在“设置”窗口中，先选择“主题”，再选择“桌面图标设置”选项，如图2-2-30所示。

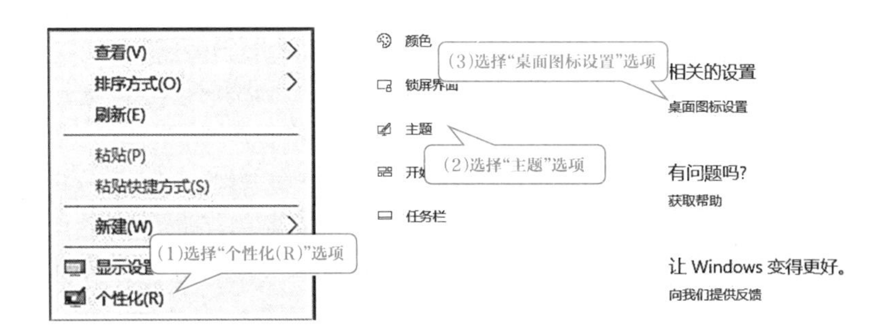

图2-2-30 进入个性化菜单设置

(2)在“桌面图标设置”窗口，勾选相应的图标，确定后即可在桌面上看到图标，如图2-2-31、图2-2-32所示。

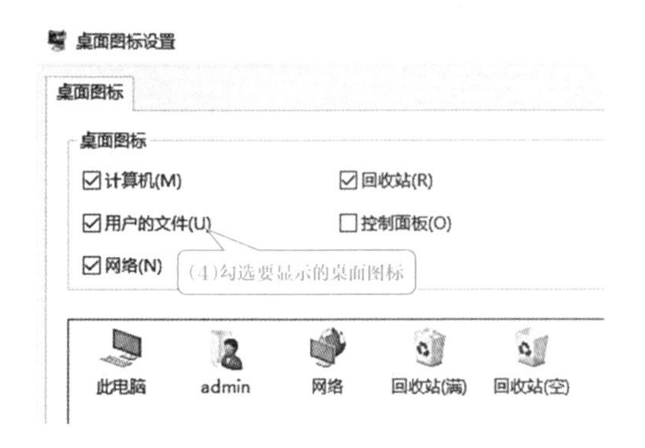

图2-2-31 "桌面图标设置"窗口

图2-2-32 设置后的Windows 10 桌面

二、设置创意锁屏界面

在Windows 10 操作系统中,用户可以将背景设置为喜欢的图片或幻灯片,也可以选择显示详细状态和快速状态应用的任意组合,方便向用户显示即将到来的日历事件、社交网络更新以及其他应用和系统通知。如将天气添加为显示快速状态的应用,操作步骤如图2-2-33所示,结果如图2-2-34所示。

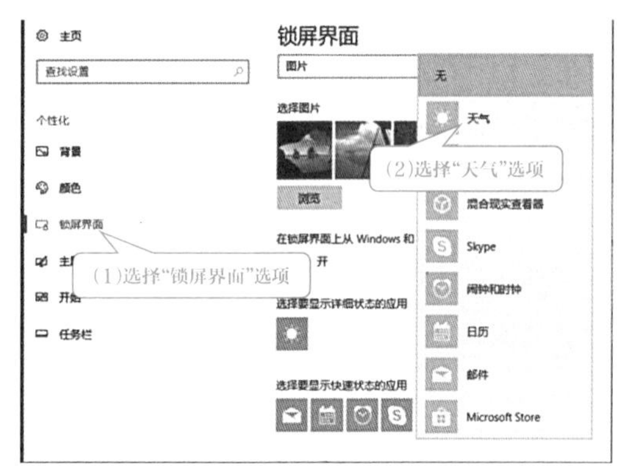

图2-2-33 显示快速状态的应用

图2-2-34 设置后的锁屏桌面

三、设置开始菜单

在Windows 10 操作系统中,用户可以根据所需,自定义"开始"屏幕,如将最常用的应用、网站、文件夹等固定到开始屏幕上。

1. 将应用程序固定到开始屏幕、任务栏

系统默认下,开始屏幕主要包含了生活动态及播放和浏览的主要应用,用户可以根据需要添加程序快捷方式到开始屏幕的动态磁贴上。

打开开始菜单,在常用程序列表或所有应用列表中,选择要固定到开始屏幕的程序,单击鼠标右键,在弹出的菜单中选择"固定到'开始'屏幕"命令,即可固定到开始屏幕中。如果要从开始屏幕取消固定,选择相应的程序磁贴,单击鼠标右键,在弹出的菜单中选择

“从‘开始’屏幕取消固定”命令即可，如图2-2-35所示。

相同的方法，可将应用程序快捷方式固定到任务栏或者取消在任务栏的固定，如图2-2-36所示。

图2-2-35　将应用程序快捷方式固定到开始屏幕及取消固定操作

图2-2-36　将应用程序快捷方式固定到任务栏及取消固定操作

2. 使用动态磁贴

选择磁贴，单击鼠标右键，在弹出的快捷菜单中选择“调整大小”，子菜单中有4种显示方式，包括小、中、宽和大，选择对应的命令，即可调整磁贴大小，如图2-2-37所示。

图2-2-37　调整动态磁贴大小

在快捷菜单的“更多”选项中选择“关闭动态磁贴”或“打开动态磁贴”命令，即可关闭或打开磁贴的动态显示，如图2-2-38所示。

图2-2-38　关闭动态磁贴

3. 分类开始屏幕中的应用程序

将应用程序固定到开始屏幕后，还可以对其进行合理的分类，以便可以快速访问，也可以使其更加美观。

（1）打开开始屏幕，将开始屏幕中所有不需要的磁贴移除，将最常用的程序固定到开始屏幕上后即可对其进行归类分组。

（2）选择一个磁贴向下空白处拖曳，即可独立一个组。如将Premiere程序向下拖曳，效果如图2-2-39所示。

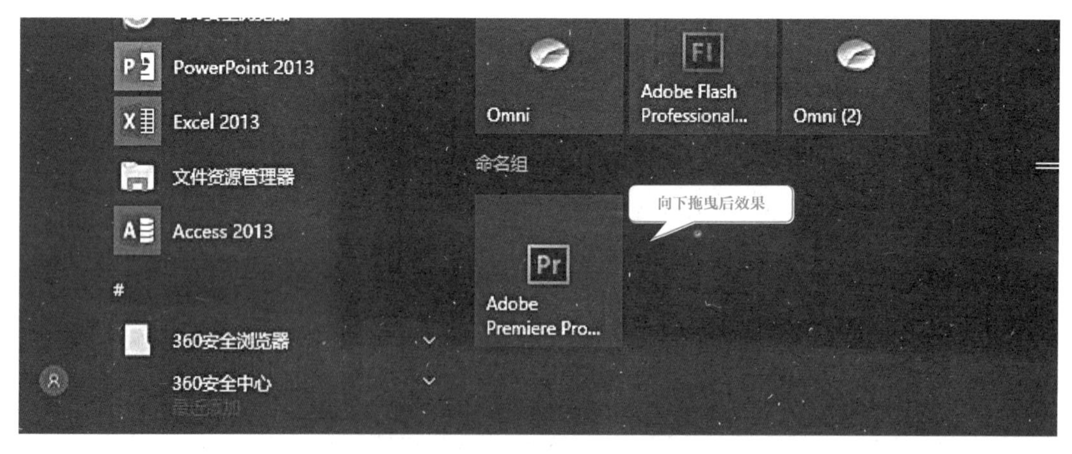

图2-2-39　Premiere程序独立成组

（3）单击图2-2-39的"命名组"字样，即可修改文本框内容，如输入"视频剪辑"，按回车键即可完成命名。此时可以拖曳相关的磁贴到该组中，如图2-2-40所示。

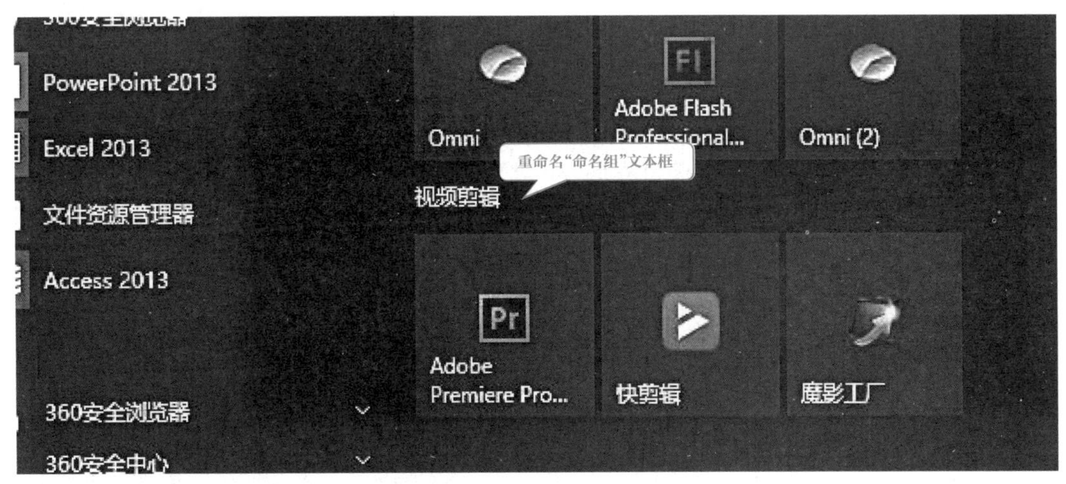

图2-2-40　"视频剪辑"组

使用同样办法，对其他磁贴进行分类，如图2-2-41所示。

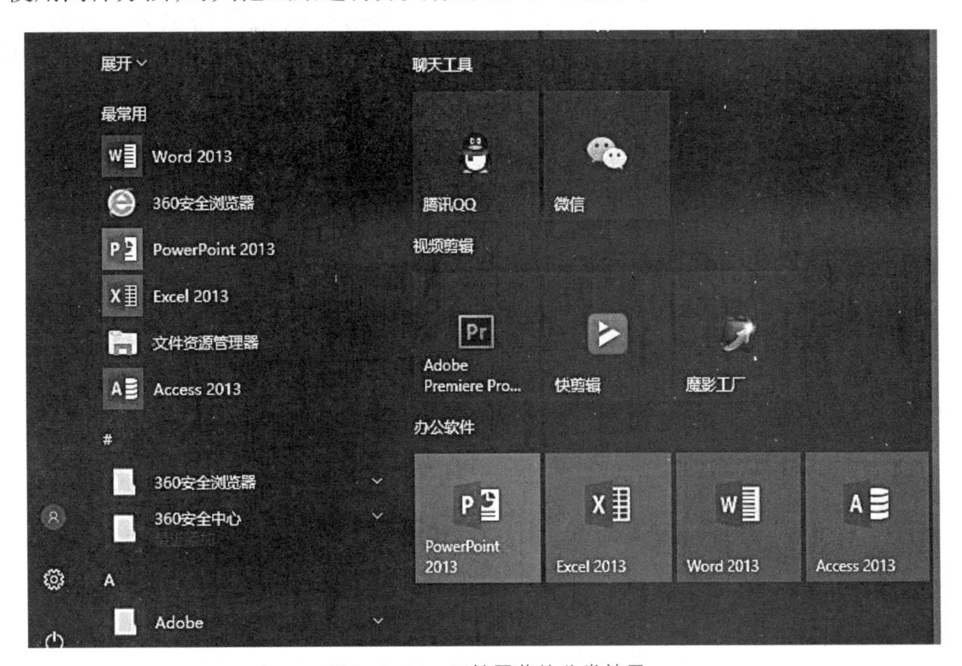

图2-2-41　开始屏幕的分类效果

根据需要还可以设置磁贴的排列顺序和大小。当然，如果磁贴过多，也可以调大开始屏幕。

技能拓展

Windows 10 滑动关机功能

Windows 10 除了传统的关机方法外，还可以使用一种酷炫的关机方法，使用鼠标滑动关机，具体操作步骤如下：

（1）按“Win+R”快捷键，打开“运行”对话框，在文本框中输入“C:\Windows\System32\SlideToShutDown.exe”命令，如图2-2-42所示。

单击“确定”按钮，显示滑动关机界面，如图2-2-43所示。使用鼠标向下滑动则可关闭电脑，向上滑动则可取消操作。如果电脑支持触屏操作，也可以用手指向下滑动进行关机操作。

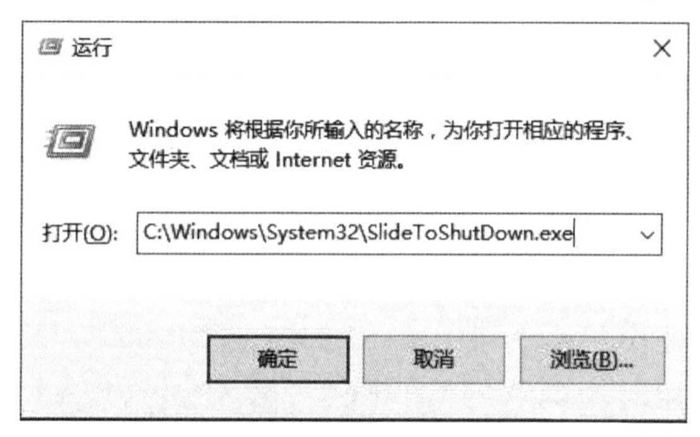

图2-2-42　输入命令界面

图2-2-43　滑动关机界面

（2）由于输入的命令表示执行C盘Windows\System32文件夹下的SlideToShutDown.exe应用，如果Windows 10 中没有C盘，则将C修改为对应的盘符即可，如D、E等。另外，也可以进入对应路径下，找到SlideToShutDown.exe应用，将其发送到桌面方便使用。

自我评价

评价内容		评价等级		
		好	一般	尚需努力
知识技能评价	1. 掌握桌面图标的设置			
	2. 掌握锁屏界面的设置			
	3. 掌握开始菜单的基本设置			
	4. 掌握滑动关机功能的设置			

思考与练习

（1）清理桌面图标，只保留“此电脑”和“回收站”图标，并将查看设置为“大图标”且“将图标与网格对齐”。

（2）整理开始菜单，将常用应用程序固定到开始屏幕，并将所有磁贴分类。

项目 2-3 巧用 Windows10 新功能

学习目标

（1）掌握虚拟桌面功能，学会创建虚拟桌面。
（2）掌握手机投影应用。
（3）学会配置一台虚拟机。

项目描述

小李同学经常向同学展示自己的专业作品，有时碰到桌面拥挤的时候，他就会借助于Windows 10 虚拟桌面技术，创建新的桌面来完成作品的展示。另外，他还经常把手机投射到Windows 10 的电脑桌面上来演示存在手机里的图形和视频作品，方便同学们观赏。这时手机仿佛就是一台移动“投影机”，分享变得如此轻松简单。

任务1　认识虚拟桌面

任务描述

（1）新建虚拟桌面。
（2）桌面之间的切换。
（3）将窗口移动到其他桌面。
（4）删除虚拟桌面。

任务实施

Windows 10 新增一项虚拟桌面功能，用户可以在系统中使用多个桌面。演示时，可以通过新建桌面，让观众看不到原来桌面上的文档，这个功能有点像Android系统、iOS系统中的多屏功能。虚拟桌面很有用，它把不同种类、不同用途的文件或程序分在不同的工作区，而不是杂乱地堆在一个桌面上。比如，可以为自己的电脑创建一个学习桌面和一个娱乐桌面。

一、新建虚拟桌面

方法一：

按下Windows徽标键+“Tab”键或单击任务栏左侧的任务视图图标 按钮，在弹出的窗口右下角有一个“新建桌面+”按钮，左键单击即可新建一个桌面，如图2-3-1所示。

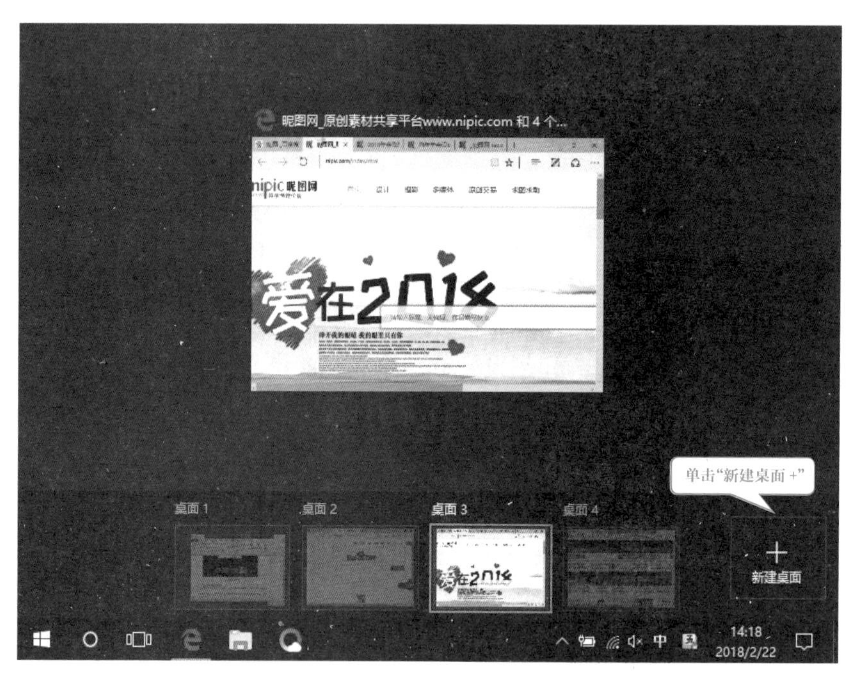

图2-3-1　新建桌面窗口

方法二：

同时按下快捷键“Ctrl”+Windows徽标键+“D”，也可以新建桌面，在按下时，自动跳转到新建桌面。

二、各个桌面之间的切换

方法一：

按下Windows徽标键+“Tab”键，将鼠标放在要切换的窗口上，左键单击该窗口，就可以切换到相应的桌面，如图2-3-2所示。

方法二：

按下快捷键Windows徽标键+“Ctrl”+键盘左/右箭头也可轻松切换桌面，不必借助于鼠标，可以用键盘左/右箭头进行选择。

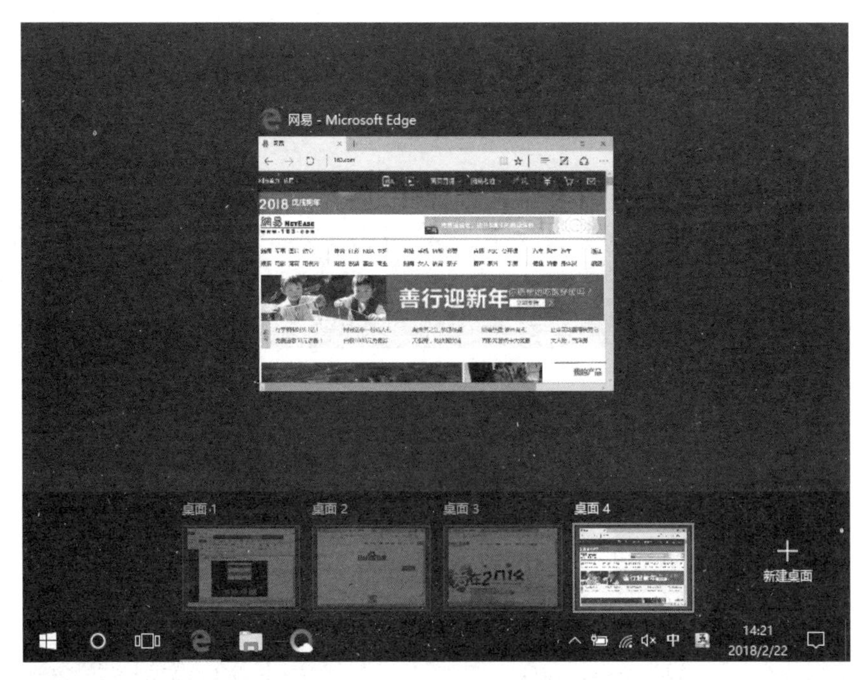

图2-3-2　切换虚拟桌面

三、将窗口移动到其他桌面

例如要将“桌面4”中的某个窗口，移动到“桌面1”，只要按下Windows徽标键+“Tab”键，在弹出的窗口列表中选择相应的对象，单击鼠标右键，选择“移至(M)”选项，再选择“桌面1”即可，如图2-3-3所示。

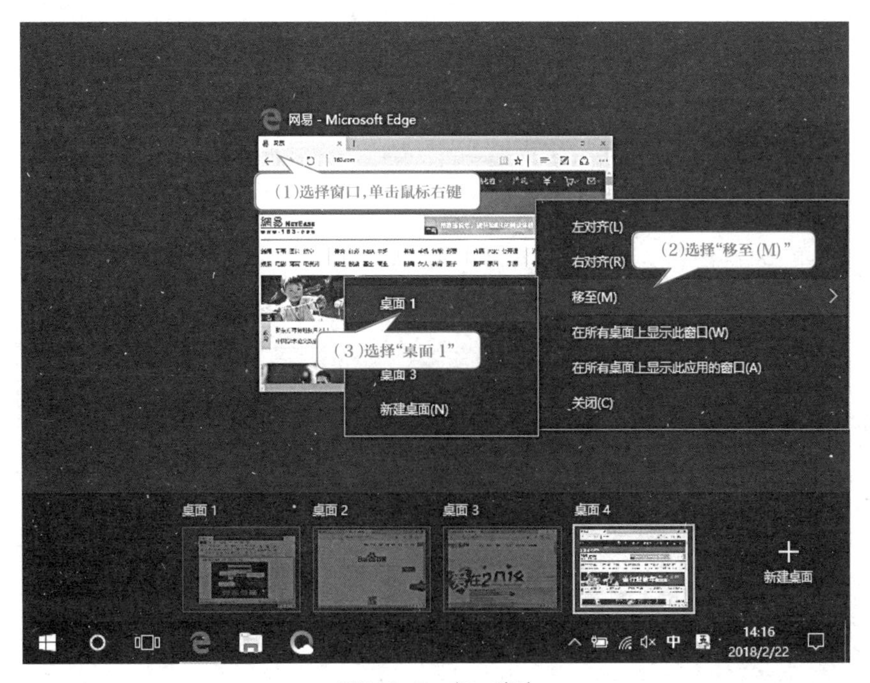

图2-3-3　窗口移动

四、关闭桌面

按下Windows徽标键+“Tab”键，把鼠标放在要关闭的窗口上面，单击“关闭”按钮，即可关闭，如图2-3-4所示。

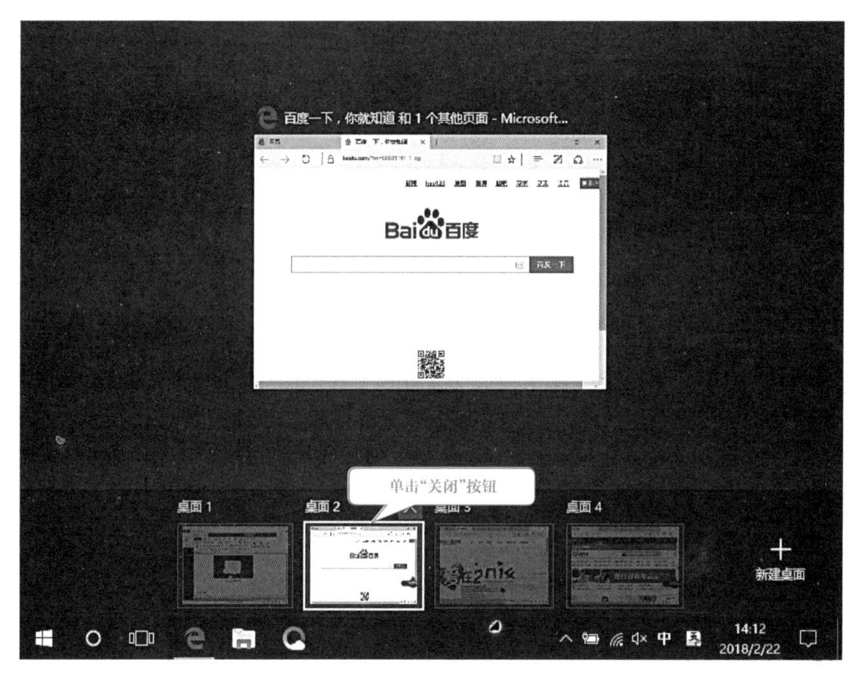

图2-3-4 关闭桌面

知识链接

什么是虚拟桌面?

Windows 10 操作系统新增了多桌面功能，可让用户在同个操作系统下(同一台计算机上)使用多个桌面环境，即用户可以根据自己的需要，在不同的桌面环境间进行切换。

自我评价

评价内容		评价等级		
		好	一般	尚需努力
知识技能评价	1. 了解虚拟桌面功能			
	2. 学会创建虚拟桌面			
	3. 掌握虚拟桌面的切换			

任务2　小米手机投影到Windows 10 系统

任务描述

（1）Windows 10 系统投影设置。

（2）小米手机投影设置。

任务实施

要实现Windows 10 的投影功能，需要满足以下两个要求：

（1）装有Windows 10 的电脑，版本高于1607。

（2）带有Wifi Display的手机。

下面以小米手机投影到安装了Windows 10 周年版操作系统的笔记本电脑为例进行讲解。

一、Windows 10 系统电脑端设置

（1）鼠标左键单击任务栏右下角“操作中心”图标，如图2-3-5所示。弹出“通知和操作中心”窗口，如图2-3-6所示。

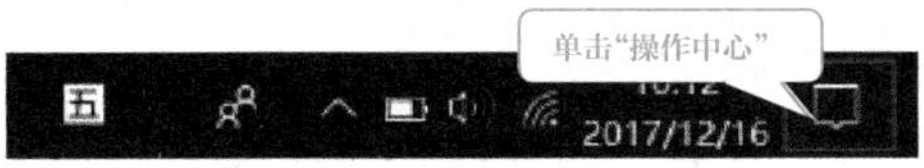
单击“操作中心”
2017/12/16

图2-3-5　操作中心

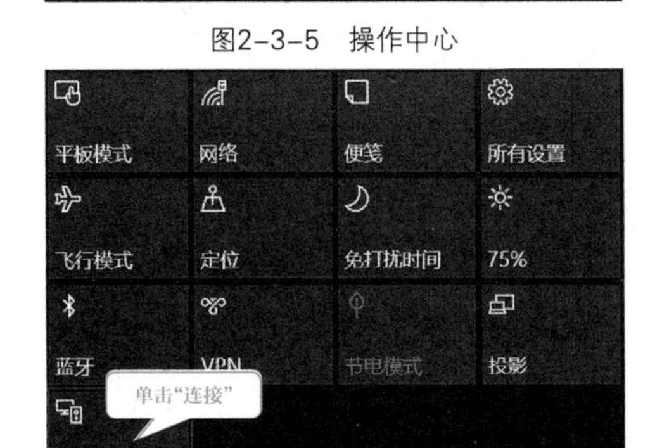

平板模式
网络
便笺
所有设置
飞行模式
定位
免打扰时间
75%
蓝牙
VPN
节电模式
投影
单击“连接”
连接

图2-3-6　“通知和操作中心”窗口

投影到这台电脑
单击此处
查找其他类型的设备

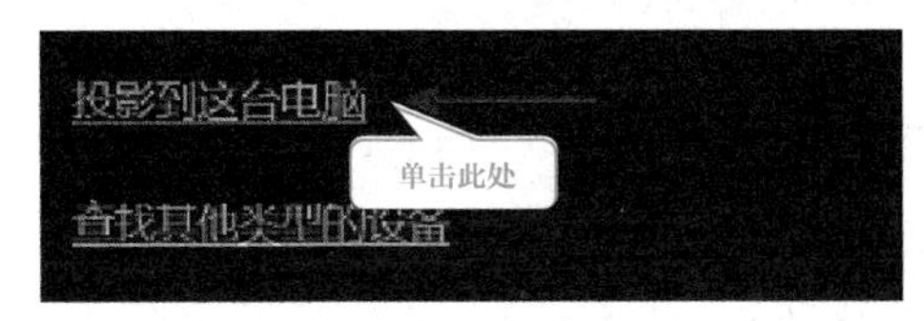

图2-3-7　“连接”窗口

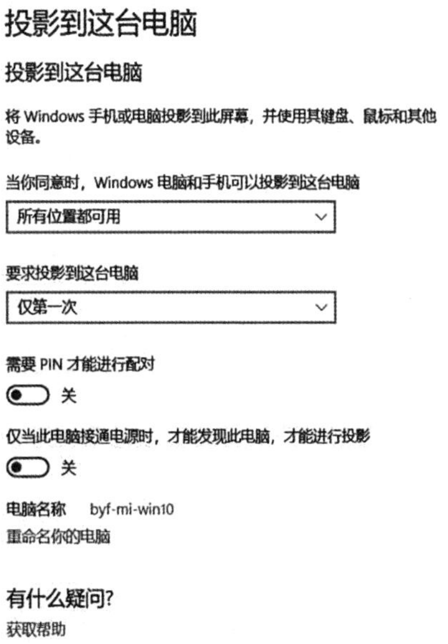
投影到这台电脑
投影到这台电脑
将 Windows 手机或电脑投影到此屏幕，并使用其键盘、鼠标和其他设备。
当你同意时，Windows 电脑和手机可以投影到这台电脑
所有位置都可用
要求投影到这台电脑
仅第一次
需要 PIN 才能进行配对
关
仅当此电脑接通电源时，才能发现此电脑，才能进行投影
关
电脑名称　byf-mi-win10
重命名你的电脑
有什么疑问?
获取帮助

图2-3-8　投影到这台电脑

（2）在“通知和操作中心”窗口中单击“连接”，弹出“连接”窗口，选择窗口底部的“投影到这台电脑”选项，如图2-3-7所示，在弹出的设置窗口中选择“所有位置都可用”，如图2-3-8所示。

二、小米手机端设置

（1）手机打开“Wifi”开关，点击手机设置中的“无线显示”，如图2-3-9所示。

图2-3-9　打开无线显示

图2-3-10　连接请求

（2）在电脑端接受连接请求，如图2-3-10所示，单击“是”按钮，在手机端出现已连接提示，如图2-3-11所示。

图2-3-11　已连接界面

图2-3-12　投影成功

（3）手机投影连接成功，在电脑桌面上出现手机界面，如图2-3-12所示。

技能拓展

Windows 10 自带的投影操作只能使手机屏幕在电脑上显示，而不能用鼠标来控制手机，如要实现用鼠标来操控手机的话，需要安装Total_Control、ApowerMirror等同屏软件。注意：电脑与手机应选择同一个Wifi环境，才能投影成功。

知识链接

查看Windows系统版本

（1）首先使用快捷键“Win+R”打开“运行”窗口，如图2-3-13所示。

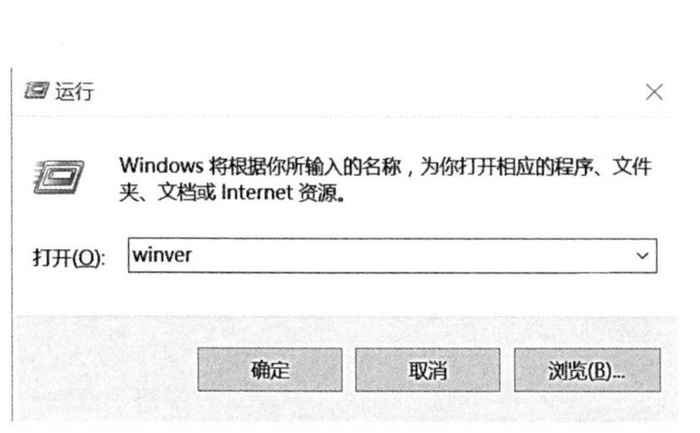

图2-3-13　“运行”窗口

图2-3-14　“关于Windows”的窗口

（2）在“运行”窗口中输入“winver”命令，单击“确定”，弹出“关于‘Windows’”窗口，即可查看系统版本，如图2-3-14所示。

自我评价

评价内容		评价等级		
		好	一般	尚需努力
知识技能评价	1. Windows 10 系统投影设置			
	2. 小米手机投影设置			

任务3　认识虚拟机

任务描述

（1）开启Windows 10 自带的虚拟机。

（2）新建一台虚拟机。

（3）给虚拟机安装操作系统。

任务实施

电脑爱好者经常需要一台虚拟机来测试软件，可以体验软件功能，而不用担心软件会对电脑造成什么影响。Windows 10 系统自带有虚拟机Hyper-V，它可以帮助用户达到测试软件等目的，虚拟机Hyper-V一般是默认未开启的。在Windows 10 系统中，开启虚拟机具体步骤如下：

（1）打开控制面板，如图2-3-15所示，选中“程序”图标，鼠标左键双击，打开“程序”窗口，如图2-3-16所示。

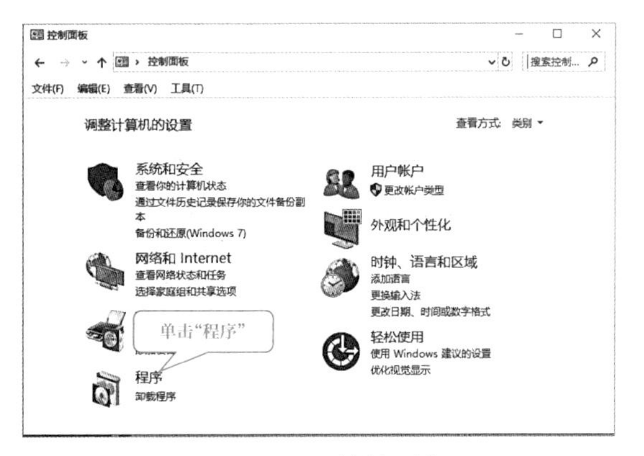

图2-3-15　控制面板

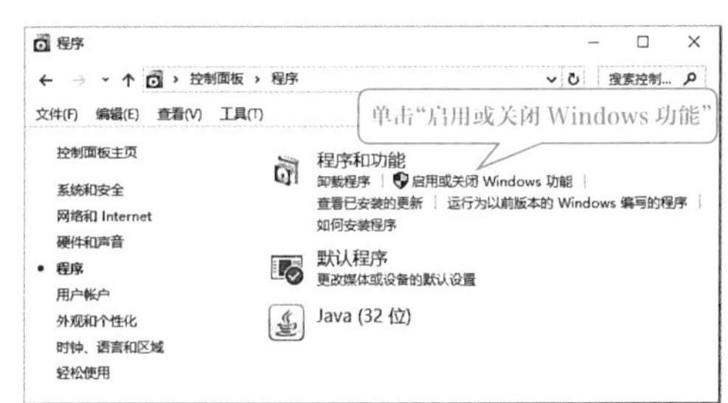

图2-3-16　“程序”窗口

（2）在“程序”窗口的右侧，单击“启用或关闭Windows功能”，弹出“Windows功能”对话框，如图2-3-17所示。在Windows功能列表中点击Hyper-V，在Hyper-V前面的方块中打钩，单击“确定”按钮。

图 2-3-17　“Windows功能”对话框

（3）界面提示“正在应用所做的更改”。应用更改完成后，单击“立即重新启动(N)”按钮，重新启动计算机，如图2-3-18所示。

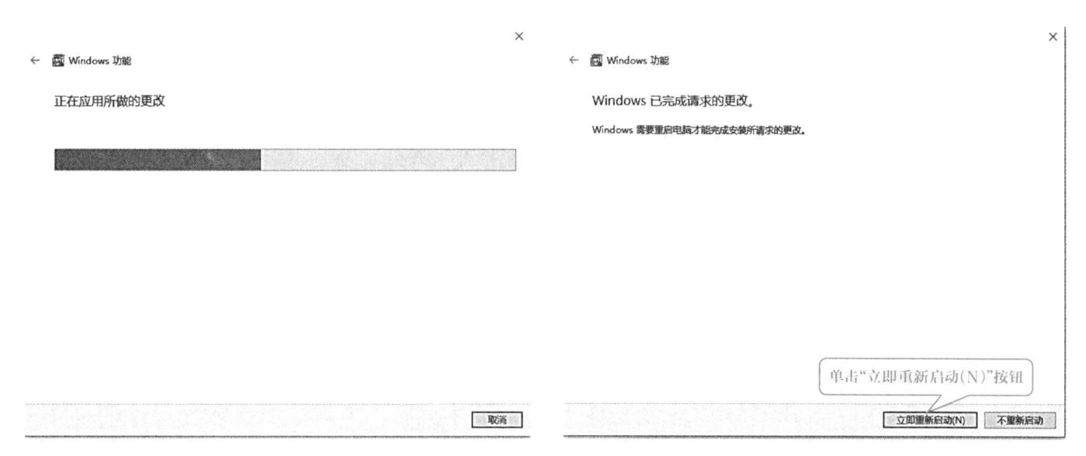

图2-3-18　完成请求对话框

小贴士

在“启用或关闭Windows功能”子菜单中勾选“Hyper”的所有分项，重启计算机后，开始菜单显示“Hyper-v管理器”选项。

（4）在Cortana（小娜）搜索框中输入Hyper-V，找到Hyper-V管理器，如图2-3-19所示。

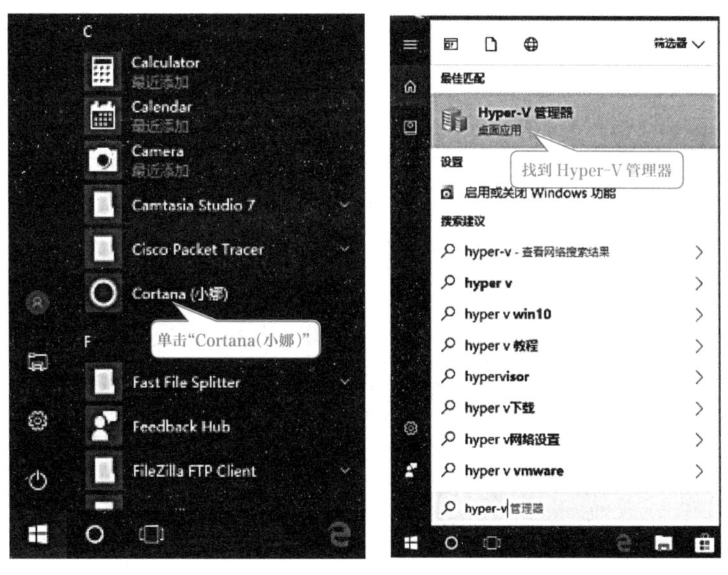

图2-3-19　查找Hyper-V

（5）打开Hyper-V应用后，就可以使用Hyper-V了，如图2-3-20所示。

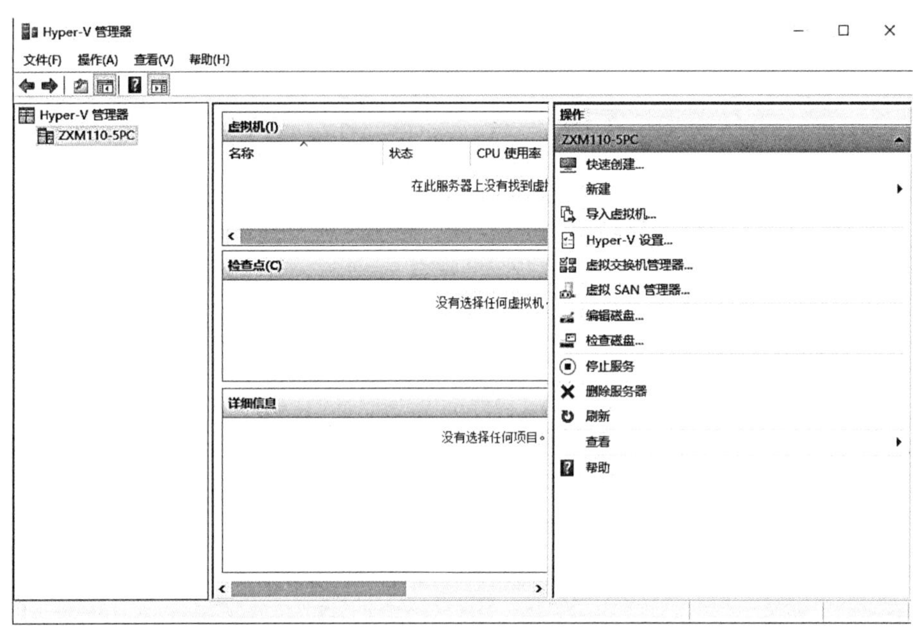

图2-3-20 Hyper-V应用窗口

（6）用户若想体验一下Windows XP系统，可以新建虚拟机来安装Windows XP系统。在“Hyper-V管理器”的菜单中，在 “操作（A）” 菜单下选择“新建（N）”选项，在下一级子菜单中再选择“虚拟机（M）”选项，如图2-3-21所示。

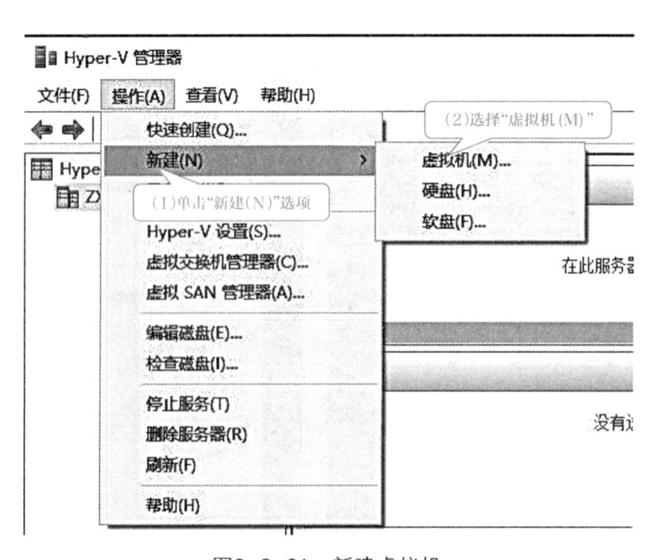

图2-3-21 新建虚拟机

（7）打开新建虚拟机向导对话框，依次完成指定名称和位置、指定代数、分配虚拟机内存、配置网络、连接虚拟硬盘、设置安装选项等步骤。当虚拟机创建好后，如图2-3-22所示。

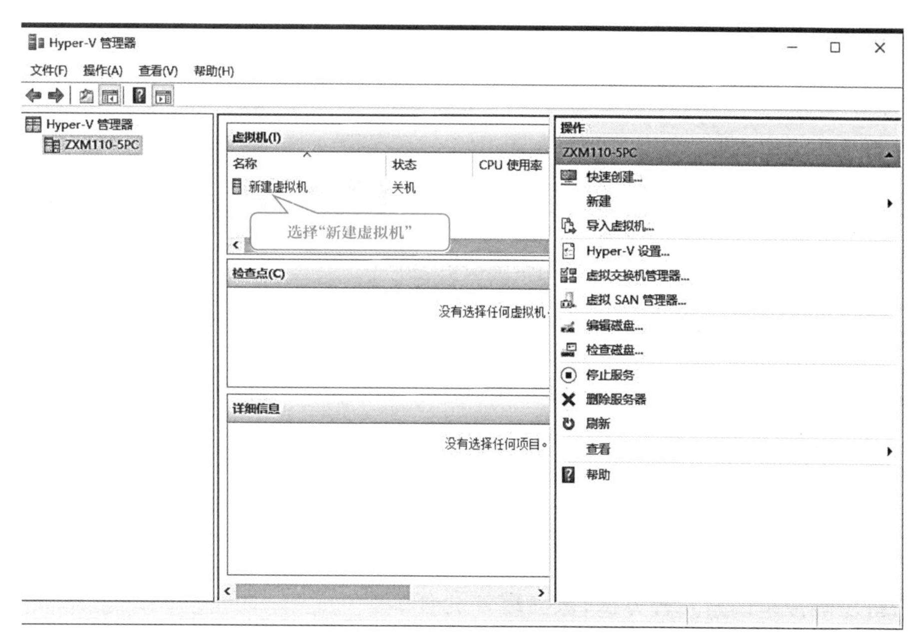

图2-3-22　新建虚拟机

（8）加载下载好的Windows XP系统的映像ISO文件，点击开启虚拟机，接下来的过程和在裸机上安装系统一样，这里不再赘述，如图2-3-23所示。

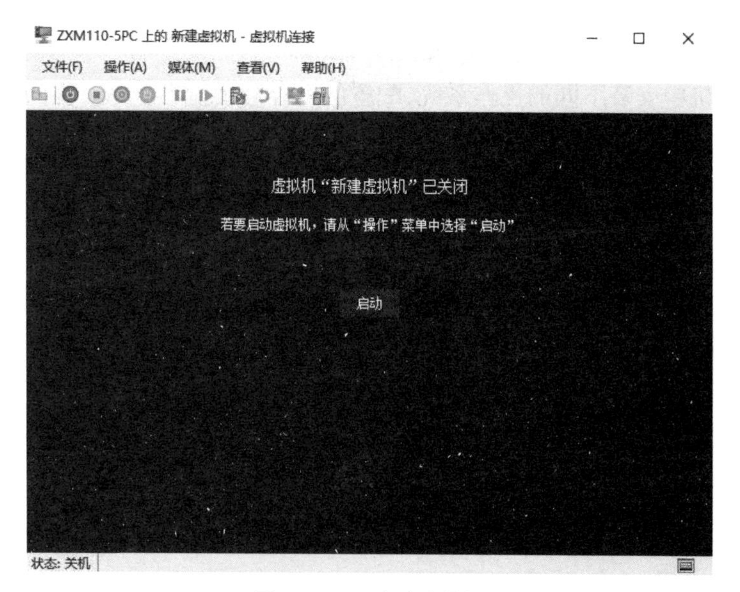

图2-3-23　启动虚拟机

系统安装完成，Windows XP虚拟机就可以使用了。用户可以在虚拟机上做各种测试和体验。虚拟机比计算机双系统有很大的优势，计算机系统和虚拟机系统两者可以同时运行，互不干扰。

自我评价

评价内容		评价等级		
		好	一般	尚需努力
知识技能评价	1. 开启Windows 10 自带虚拟机功能			
	2. 新建一台虚拟机			
	3. 合理配置虚拟机的内存和硬盘			

思考与练习

(1)新建虚拟桌面有几种方法,快捷键分别有哪些?

(2)新建四个虚拟桌面,在“桌面4”打开IE浏览器窗口,并把该窗口移动到“桌面1”。

(3)切换虚拟桌面的快捷键有哪些?

(4)试用同屏软件来实现电脑控制手机的操作。

(5)在Windows 10 上安装一款第三方的虚拟机软件,体验跟Windows 10 自带虚拟机的区别。

(6)写出新建一台Windows 7 虚拟机的操作步骤。

(7)在虚拟机中安装不同的操作系统,配置的内存和硬盘容量是一样的吗?

第三单元

Word 2016 文字处理

单元介绍

文字处理软件 Word 2016是 Office 2016 套件中一个非常实用的组件，它可以满足日常各种文档的编辑需要，可以制作出各种专业的办公文档，还可以通过图文混排达到美观的页面效果。

本单元将介绍 Word 2016的使用，通过求职信的设计与制作、电子报刊的设计与制作、邀请函的制作与打印、毕业论文的排版四个项目，并通过任务的逐级分解来学习字体、段落、表格、样式、插图、页面布局等知识点。

项目 3-1

认识Word 2016

学习目标

（1）了解 Word 的作用及特点。

（2）熟悉 Word 的窗口组成。

（3）掌握文本的编辑方法。

（4）掌握字体格式的设置。

（5）掌握段落格式的设置。

（6）掌握表格的制作方法。

（7）掌握表格的美化方法。

项目描述

一年一度的实习生选聘会来临了，作为应届实习生的小尹看中了某单位的一个岗位，为了能够让对方快速了解自己，他准备做一份就业推荐信去该公司应聘。

任务1　认识 Word 2016

任务描述

（1）启动和退出Word 2016，认识工作界面的组成。

（2）创建“空白文档”，以“就业推荐信.docx”为文件名保存在桌面上。

任务实施

一、启动和退出Word 2016

1. 启动Word的常用方法

（1）使用“开始”菜单。使用“开始”菜单启动Word 2016应

图 3-1-1　启动Microsoft Word 2016

用程序的方法很简单。单击“开始”按钮，在弹出的菜单中单击“所有程序”→“Microsoft Office”→“Word 2016”菜单命令，就可以启动Word 2016应用程序了，如图3-1-1所示。

图 3-1-2　Word 2016快捷图标

(2)使用快捷方式。双击“ Word 2016”快捷方式图标，或者在图标上单击鼠标右键，在弹出的快捷菜单中选择“打开”菜单项，即可快速启动Word 2016应用程序，快捷方式图标如图3-1-2所示。

(3)打开已保存的文件来启动。双击磁盘上已保存的文件，可以打开Word软件并查看文件内容。以打开“个人信息表”为例，只要双击如图3-1-3所示的图标即可。

图 3-1-3　“个人信息表”Word文档图标

2. 退出Word 2016的常用方法

(1)单击“关闭”按钮。单击Word工作窗口右上角的“关闭”按钮，退出Word程序，如图3-1-4所示。

(2)单击“关闭”菜单项。单击“文件”→“关闭”菜单项，即可退出该文档，操作过程如图3-1-5所示。

(3)快捷键。按下“Alt+F4”快捷键，即可退出Word程序。

图 3-1-4　退出方式一

小贴士

1.如果在关闭前没有保存修改过的文档，Word 2016会弹出一个保存文档信息提示的对话框。单击“保存”按钮，系统保存文档；单击“不保存”按钮，则不保存直接退出；单击“取消”按钮，系统会取消本次操作，返回之前的编辑窗口。

2.“文件”菜单栏中的“关闭”是指关闭当前的文档窗口，未退出程序。

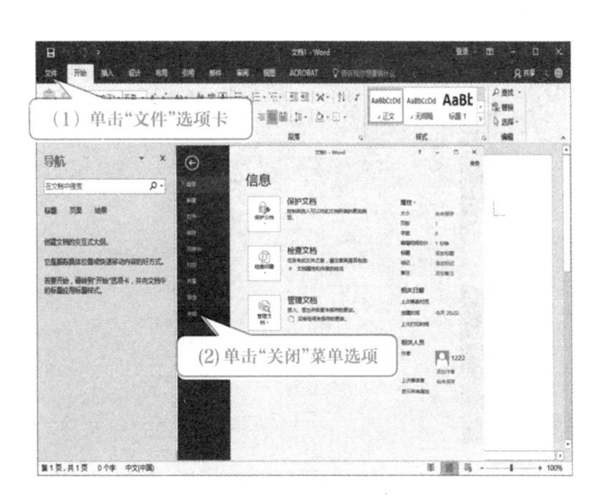

图 3-1-5　退出方式二

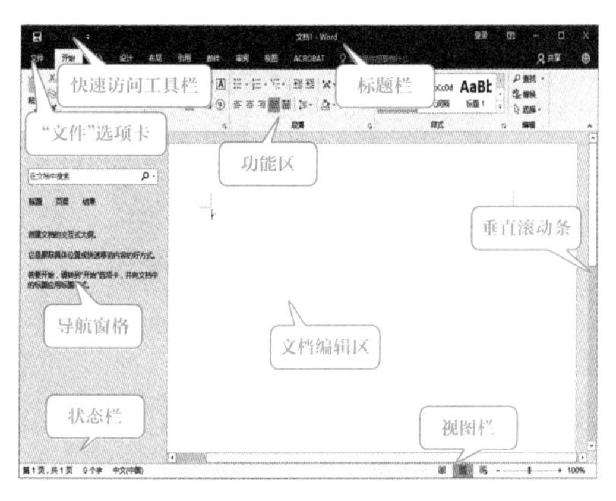

图 3-1-6　Word 2016工作界面

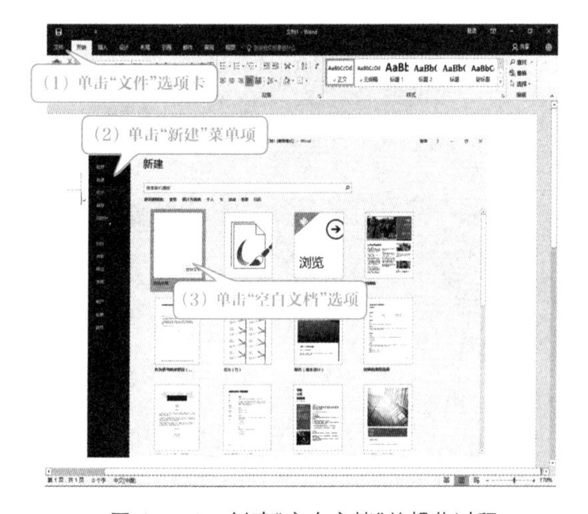

图 3-1-7　创建“空白文档”的操作过程

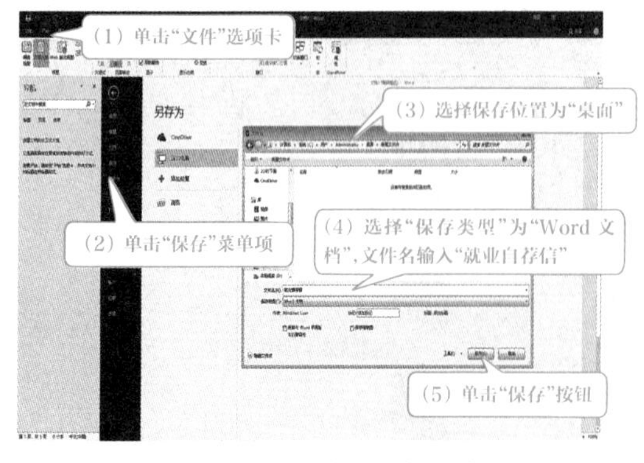

图 3-1-8　保存文件的操作过程

二、工作界面的认识

启动Word 2016程序之后即可打开工作界面，工作界面主要由快速访问工具栏、标题栏、功能区、文档编辑区、状态栏和视图栏等组成，如图3-1-6所示。

小贴士

选项卡分为固定式选项卡和隐藏式选项卡。例如，当选择艺术字时，就会显示“绘图工具”→“格式”隐藏式选项卡。

三、创建“空白文档”

在启动Word 2016时，系统会自动创建一个空白文档。程序启动后可以再次新建空白文档，操作过程如图3-1-7所示。

文档编辑完后，一般都应及时保存。下面介绍保存的具体步骤，单击“文件”→“保存”菜单命令，将“保存位置”设置为“桌面”，在“文件名”中输入“推荐信”，“保存类型”默认为“Word文档”，在该下拉列表中还可以选择“Word 97-2003文档”兼容模式，操作过程如图3-1-8所示。

小技巧

快捷键“Ctrl+N”新建文档，“Ctrl+S”保存文档。

知识链接

Word 2016为用户提供了多种视图方式，以满足不同的需要。单击“视图”选项卡可以看到“文档视图”组。通过单击相应的按钮切换不同的视图方式。

1. 页面视图

文档打开的默认视图方式就是页面视图。在这个视图模式中，可以对页边距、页眉、页脚和页码进行直观的设置，对于需要打印的文档，是比较合适的。

2. 阅读版式视图

阅读版式视图采用图书翻阅样式，分为两屏显示文档内容，适合在浏览文档内容时使用，且该视图中的内容会自动切换为全屏显示。

3. Web版式视图

Web版式视图是使用Word编辑网页时采用的视图方式，模拟Web浏览器的显示方式。其特点是无论正文如何排列，都将自动换行以适应窗口。

4. 大纲视图

大纲视图是一种缩进文档标题的视图显示方式，使用该视图可以方便地进行页面跳转、移动内容和调整文档结构等操作。

5. 草稿视图

草稿视图中可以显示大部分字符和段落格式，适用于普通文字编排，但无法显示页眉和页脚等信息。

技能拓展

快速访问工具栏

快速访问工具栏是包含用户经常使用命令的工具栏。下面以添加“形状”命令为例，介绍在快速访问工具栏中添加命令，操作过程如图3-1-9所示。

另外，在功能区上右击相应选项组中的命令，执行“添加到快速访问工具栏”命令，也可将该命令添加到快速访问工具栏中。

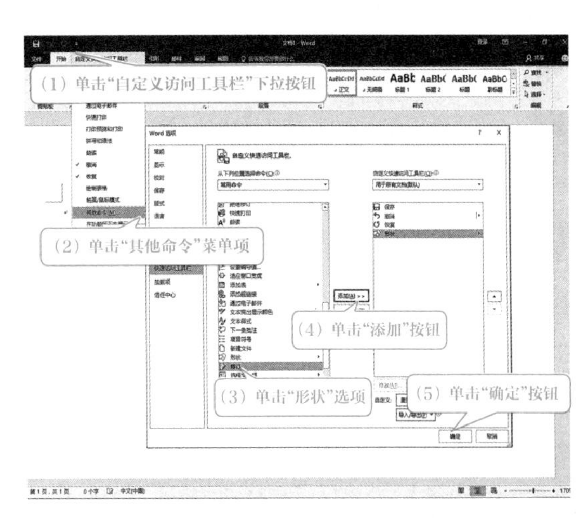

图 3-1-9　快速访问工具栏添加命令的操作过程

自我评价

评价内容		评价等级		
		好	一般	尚需努力
知识技能评价	1. 熟悉Word 2016的启动和退出操作			
	2. 了解Word 2016的窗口组成			
	3. 掌握文档的新建和保存操作			

任务2　就业推荐信的设计与制作

任务描述

（1）打开“就业推荐信”素材文件。

（2）输入就业推荐信标题内容。

（3）对文档进行查找与替换、文档格式设置和段落格式设置。

任务实施

1. 打开文件

双击“就业推荐信”文件，打开文档，如图3-1-10所示。

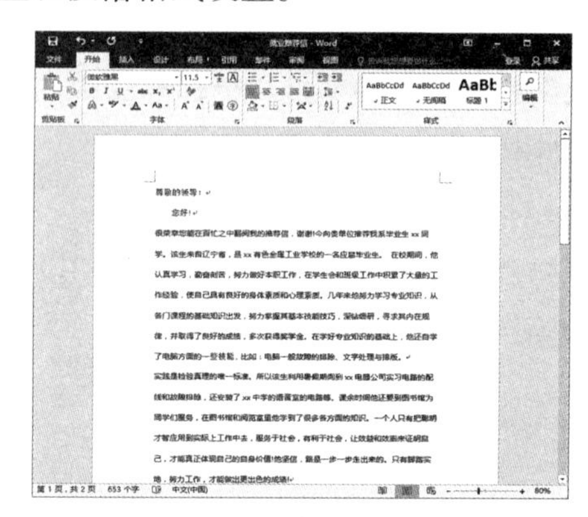

图 3-1-10　“自荐信”素材文件

2. 添加标题

为本文添加一个标题，内容为“就业推荐信”。具体操作是：将光标定位在“尊”前，输入“就业推荐信”三个字，输入完成后按回车键。

小贴士

在输入过程中，在到达一行的最右端时会自动换行。按“Enter”产生一个段落标记“↲”。按“Shift+Enter”产生换行标记“↓”。

对“就业推荐信”的字体和段落进行设置，操作过程如图3-1-11所示。

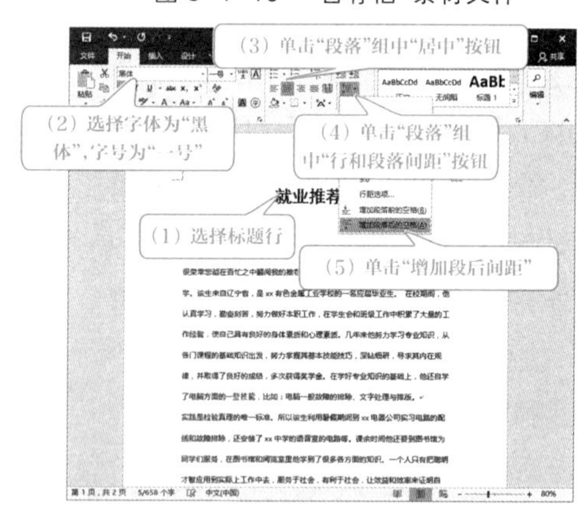

图 3-1-11　设置标题格式的操作过程

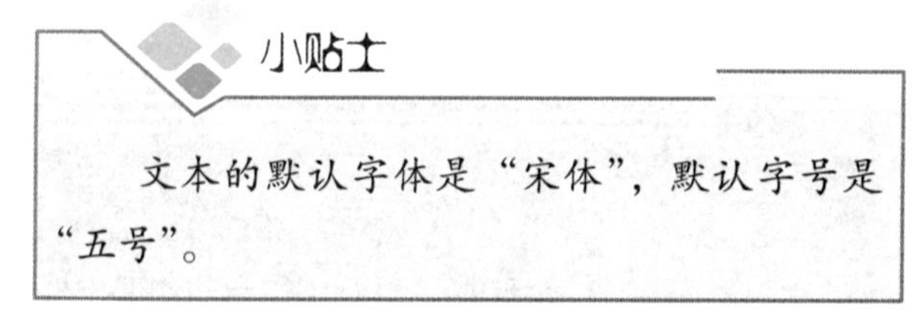

小贴士

文本的默认字体是“宋体”，默认字号是“五号”。

小贴士

利用格式刷可以复制格式。如果想多次复制相同的格式，先选择带有格式的文本，再双击“格式刷”按钮即可。

3. 查找与替换

按“Ctrl+A”全选文字，单击“开始”→“编辑”→“替换”命令，弹出“查找和替换”对话框，将文档中的“你”替换为“您”，操作过程如图3-1-12所示。

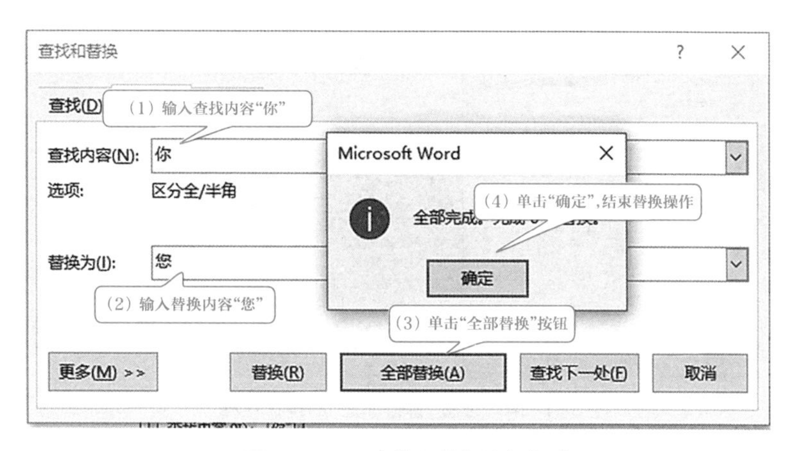

图 3-1-12 查找和替换的操作过程

如果用户不想全部替换，可以单击“替换”“查找下一处”按钮继续进行替换与查找。

4. 设置正文格式

（1）设置正文字体及行距，操作过程如图3-1-13所示。

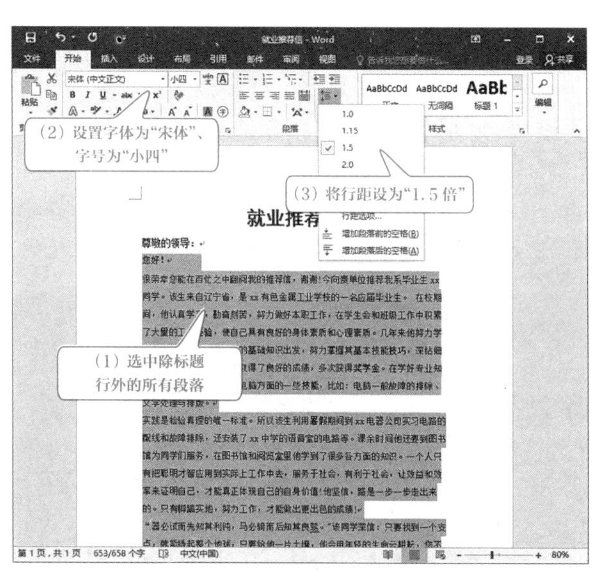

图 3-1-13 设置正文格式的操作过程

（2）设置“首行缩进”两个字符。选择“您好”至“此致”段落，将每一段的首行缩进2个字符，操作过程如图3-1-14所示。

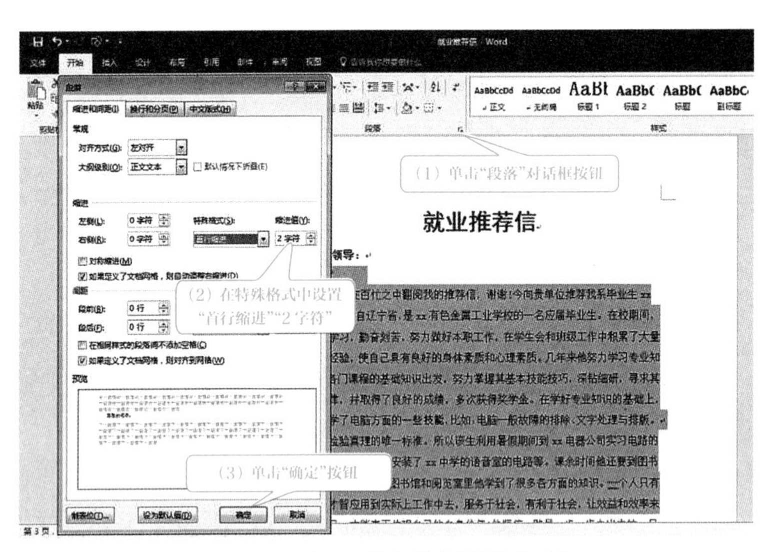

图 3-1-14　设置"首行缩进"的操作过程

（3）设置落款的对齐方式为右对齐。

小贴士

在文档编辑中，单击"插入"→"文本"→"日期和时间"，可输入当天的日期和时间，并且可以选择不同的格式。如果希望时间随着文档打开的时间同步变化，则在"日期和时间"对话框中把"自动更新"复选框打钩即可。

知识链接

1. 文本的选择

在对文本进行格式设置、复制等操作前，先要把相关的内容选中。一般的选取方法如表3-1-1所示。

表3-1-1　文本的选取方法

选定区域	操作方法
任意数量的文本	鼠标从开始点拖动到结束点
词组	双击该词组
一行文本	将鼠标移至该行左侧，当鼠标指针变成向右箭头时（即选定栏处）单击
一个段落	将鼠标移至该段的选定栏处双击
整篇文档	按快捷键"Ctrl+A"，或将鼠标移至选定栏处连续三击鼠标

2. 文本的常用操作

文本的常用操作方法如表3-1-2所示。

表 3－1－2　文本的常用操作方法

操作要求	操作方法
复制文本	1. 选中要复制的文本，将鼠标移至文本上方，呈向左箭头时，按住“Ctrl”的同时用鼠标拖动文本到指定的位置 2. 选择要复制的文本，单击“复制”按钮，将光标移至目标位置，单击“粘贴”按钮即可 3. 选择要复制的文本，按“Ctrl+C”复制，将光标移至目标位置，按“Ctrl+V”粘贴
移动文本	1. 选中要移动的文本，将鼠标移至文本上方，呈向左箭头时，按住鼠标左键不放，拖动文本到指定的位置 2. 选中要移动的文本，单击“剪切”按钮，将光标移至目标位置，单击“粘贴”按钮即可 3. 选中要移动的文本，按“Ctrl+X”剪切，将光标移至目标位置，按“Ctrl+V”粘贴
删除文本	1. 按“Backspace”键删除光标前一字符，按“Delete”键删除光标后一字符 2. 多个文本删除时，选取所有要删除的文本，按“Backspace”或“Delete”键均可
插入文本	文档编辑状态为“插入”时，插入文本后，光标后的字符会自动往后移；如果是“改写”状态，那么插入的文本会把光标后的字符覆盖掉。“插入”或“改写”状态可以通过键盘上的“Insert”键进行切换

技能拓展

1. 项目符号和编号

(1)选中相应的段落，单击“开始”→“段落”→“项目符号”或“编号”按钮，可给选中的段落增加项目符号或编号。

(2)将光标定位在需要更改编号的段落，单击鼠标右键，在弹出的快捷菜单中选择“设置编号值”命令可以更改项目的起始编号值。

2. 使用拼音指南

用户可以运用Word提供的“拼音指南”功能，为指定的文本添加拼音，帮助阅读。具体的做法是选择要注音的汉字，单击“开始”→“字体”→“文(wén)”按钮，打开“拼音指南”对话框即可看到所选汉字的读音。还可以设置拼音的对齐方式、偏移量、字体、字号等，如图3-1-15所示。

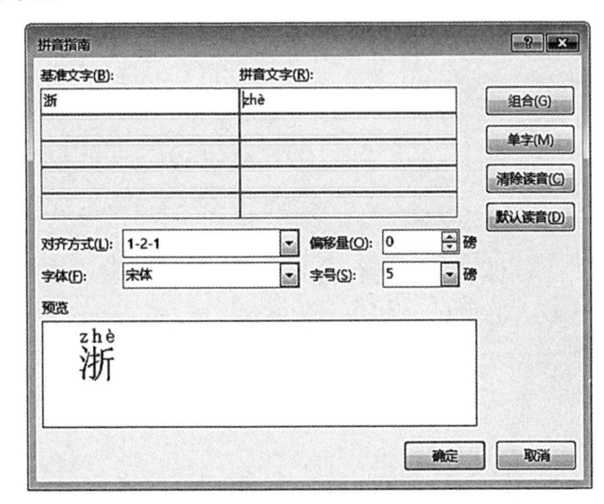

图 3–1–15　拼音指南

3. 带圈字符

单击“开始”→“字体”→“㊫”按钮，弹出“带圈字符”的对话框，如图3-1-16所示。如：浙江省技工学校，㊉(增大圈号)江㊔(缩小文字)技工学校。

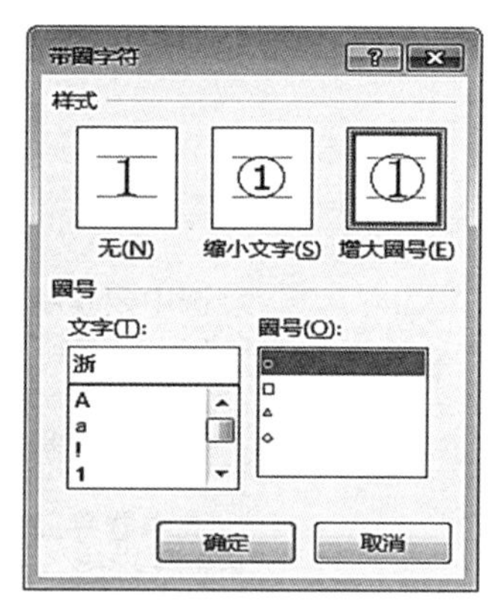

图 3-1-16　带圈字符

4. 中文版式

单击“开始”→“段落”→“ ”，可以看到Word 2016提供的几种常用的中文版式。下面举例说明三种常用版式的效果。

(1)纵横混排，如：浙江省技工学校。

(2)合并字符(只能合并六个字符)，如：浙江省技工学。

(3)双行合一，如：浙江省技师学院技工学校职业技能大赛。

自我评价

评价内容		评价等级		
		好	一般	尚需努力
知识技能评价	1. 掌握字体的格式设置			
	2. 掌握段落的格式设置			
	3. 熟悉文本的查找与替换操作			

任务3　就业推荐表设计与制作

任务描述

(1)新建文档。
(2)插入表格。
(3)对单元格进行合并与拆分，并完善表格内容。
(4)对表格进行修饰与美化。

任务实施

1. 新建文档

启动Word 2016，打开一个空白文档。

2. 插入表格

在文档中插入一个8列13行的表格。单击“插入”选项卡，余下操作过程如图3-1-17所示。

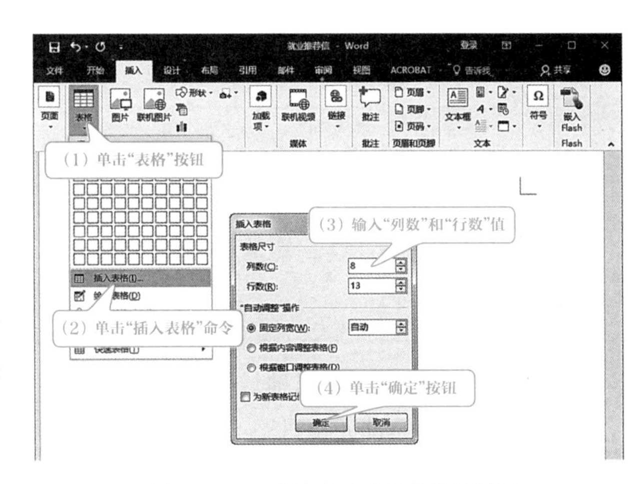

图 3-1-17　插入空白表格的操作过程

小贴士

如果创建的表格是小于10列8行的，则可以使用上面的内置行、列功能来创建表格。

3. 编辑表格

（1）输入表格的基本信息，内容及位置如图3-1-18所示。

毕业生就业推荐表							
个人信息	姓名	王国贵	性别	男	民族	汉	
	政治面貌	党员	出生日期	1988．09	健康状况	良好	
	毕业学校	浙江大学	院系	信息传媒学院	专业	图文设计	
	学号	1364542	学历	本科	学制	四年	
	通讯地址	北京海淀区中关村路95号			邮政编码		
	联系电话				电子邮箱		
奖惩情况	2016年优秀团干部	2015年二等奖学金	2015年秋季学期最佳辩手				
社会实践							
特长及能力	1 主修外语：英语，六级通过	2 计算机水平：熟练掌握C/C++	3 特长：羽毛球省二级运动员	4 在校期间担任职务：学生会组织委员			
	毕业生培养方式	统招统办			就业范围		
学校推荐意见	院系意见			学校毕业生就业部门意见			
学校就业部门名称			联系人		联系电话		

图 3-1-18　表格基本信息

（2）合并部分单元格。选中“毕业生就业推荐表”第一行的8个单元格，进行合并，操作过程如图3-1-19所示。

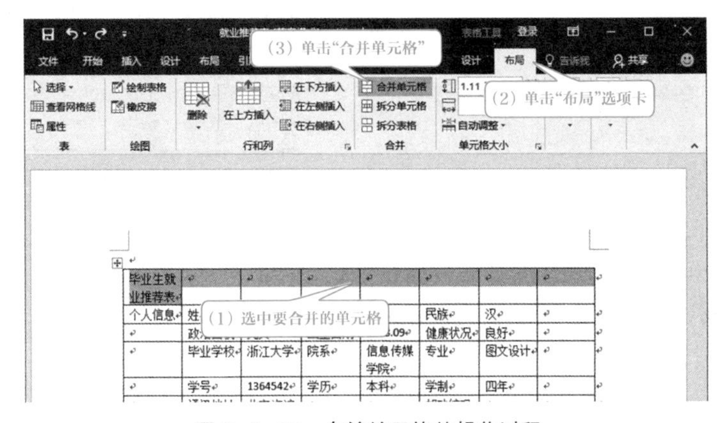

图 3-1-19　合并单元格的操作过程

小贴士

单击鼠标右键弹出的快捷菜单进行合并单元格：选中要合并的单元格，在选择区域位置单击鼠标右键，在弹出的快捷菜单中选择“合并单元格”即可。

用同样的方法，将“通讯地址”“奖惩情况”“社会实践”等同一行的单元格进行合并，并完善文字内容，效果如图3-1-20所示。

（3）调整文字对齐方式。单击表格左上角，选择整个表格，单击“布局”→“对齐方式”→“水平居中”命令，将表格内所有文字进行居中显示。

毕业生就业推荐表							
个人信息	姓　名	王国贵	性别	男	民族	汉	一寸免冠照片
	政治面貌	党员	出生日期	1988.09	健康状况	良好	
	毕业学校	浙江大学	院系	信息传媒学院	专业	图文设计	
	学　号	1364542	学历	本科	学制	四年	
	通讯地址	北京海淀区中关村路95号			邮政编码		
	联系电话		手机		电子邮箱		
奖惩情况	2016年优秀团干部 2015年二等奖学金 2015年秋季学期最佳辩手						
社会实践							
特长及能力	1 主修外语：英语，六级通过 2 计算机水平：熟练掌握C/C++ 3 特长：羽毛球省二级运动员 4 在校期间担任职务：学生会组织委员						
学校推荐意见	毕业生培养方式		统招统办		就业范围		
	院系意见 年　月　日		学校毕业生就业部门意见 以上表格内容填写情况属实，特此证明。				
学校就业部门名称		联系人		联系电话			

图 3-1-20　表格完善后效果图

小贴士

1. 只要光标定位在表格中的任意位置，表格左上方即可出现⊞图标，单击此图标即可选中整个表格。

2. 按“Delete”键删除表格中的文字内容，若删除整个表格，则按“Backspace”键。

选中“个人信息”“奖惩情况”“社会实践”等单元格，单击“布局”→“对齐方式”→“文字方向”命令，将单元格内文字设为竖排。

（4）美化表格。Word 2016中内置了许多设置好的表格样式，通过套用这些表格样式，能够快速美化表格外观。在表格工具“设计”选项卡的“表格样式”组中，单击“其他”按钮，在其下拉菜单中选择需要的样式即可。内置表格样式如图3-1-21所示。

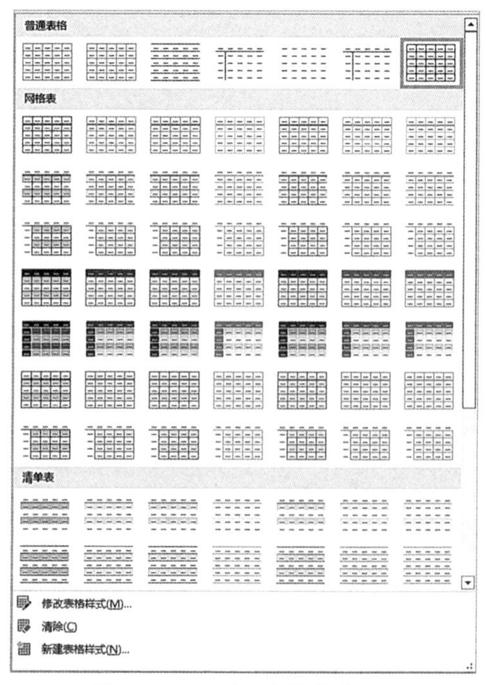

图 3-1-21　内置表格样式

在Word 2016中，除了使用内置的边框样式美化表格外，还可以根据需要，自定义设置样式，如边框线、颜色、底纹样式等。

将简历表的外边框设为双线：选中整个表格，单击“设计”→“表格工具”→“边框”→“边框和底纹”，在弹出的对话框里进行相应的设置，操作过程如图3-1-22所示。

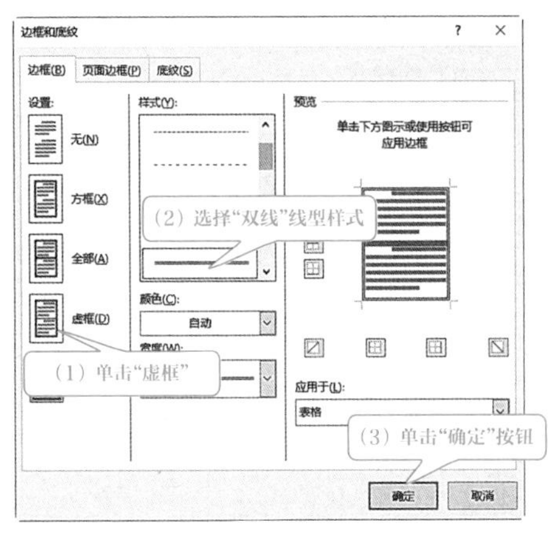

图 3-1-22　设置表格边框的操作过程

1. 边框一共提供了五种样式：“无”是指隐藏表格所有的边框线；“方框”只设表格的外边框线，里面的边框线隐藏；“全部”是将表格的所有边框线设为同一种样式；“虚框”把表格的外边框设为选定样式，内边框线为细线；“自定义”则根据实际需要调整表格的边框线样式，具体设置哪条线需在“预览”位置进行单击设置。

2. 边框除了可以设置线型样式外，还可以设置线条的颜色、宽度等。

将表格中的部分线条设为双线：单击“表格工具”→“设计”→“边框刷”，设置“笔样式”为双线，单击“绘制表格”按钮，在需要设为双线的线条上绘制即可。设置完成后，单击“绘制表格”按钮取消本次操作。

将“个人信息”“奖惩情况”“社会实践”等单元格设为10%灰色样式的底纹：选中这些单元格，单击“设计”→“表格工具”→“边框”→“边框和底纹”，在弹出的对话框里进行相应的设置，操作过程如图3-1-23所示。

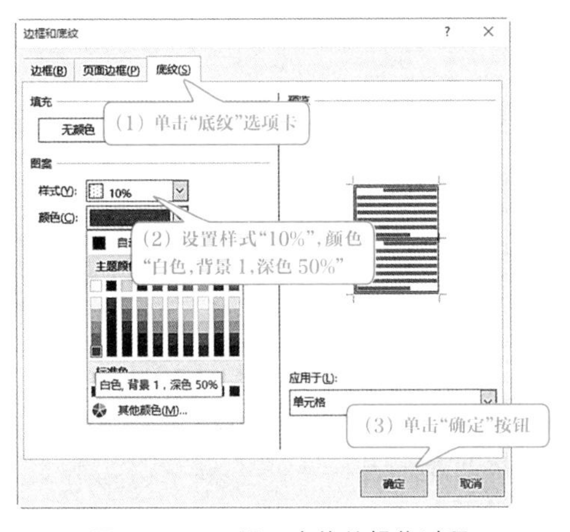

图 3-1-23　设置底纹的操作过程

“底纹”中的“填充”是指所选单元格的背景颜色，“图案颜色”是指“图案样式”的颜色。

个别单元格列的宽度不够，导致文字变成两行显示，为了美观，将鼠标放在需要调整列宽的列线上，当鼠标变成⫳形状时，拖动鼠标左键调整列宽。行高的调整方法类似，把鼠标放在行线上，当鼠标变成÷形状时，可拖动鼠标左键调整行高。调整的效果如图3-1-24所示。

小贴士

如果只是调整某一个单元格的宽度，则只要选中这个单元格，用鼠标左键拖动列线即可。

毕业生就业推荐表							
个人信息	姓　　名	王国贵	性别	男	民族	汉	一寸免冠照片
	政治面貌	党员	出生日期	1988.09	健康状况	良好	
	毕业学校	浙江大学	院系	信息传媒学院	专业	图文设计	
	学　　号	1364542	学历	本科	学制	四年	
	通讯地址	北京海淀区中关村路95号			邮政编码		
	联系电话		手机		电子邮箱		
奖惩情况	2016年优秀团干部 2015年二等奖学金 2015年秋季学期最佳辩手						
社会实践							
特长及能力	1 主修外语：英语，六级通过 2 计算机水平：熟练掌握C/C++ 3 特长：羽毛球省二级运动员 4 在校期间担任职务：学生会组织委员						
学校推荐意见	毕业生培养方式			统招统办		就业范围	
	院系意见 年　月　日			学校毕业生就业部门意见 以上表格内容填写情况属实，特此证明。			
学校就业部门名称		联系人			联系电话		

图 3-1-24　简历表样稿

4. 保存文档

将文件保存为“就业推荐表”。

知识链接

1. 单元格的选择

与文档的其他操作一样，在表格的操作中也遵循先选后做的原则。

单元格的几种常用选择方法如表3-1-3所示。

表3-1-3　单元格选择方法

选定区域	操作方法
单元格	将鼠标指针放在单元格的左侧（选定栏处），单击左键
行	将鼠标指针放在行的左边（选定栏处），单击左键
列	将鼠标指针放在列的顶端边缘处，单击左键

2. 添加、删除行或列

（1）插入行。选择要插入的若干行，要插入几行，就选择几行。单击“表格工具”→“布局”→“行和列”，如果新插入的空白行要放在所选行的上方，则选择“在上方插入”，否则选择“在下方插入”。

(2)插入列。选择要插入的若干列,要插入几列,就选择几列。单击“表格工具”→“布局”→“行和列”,如果新插入的空白列要放在所选列的左边,则选择“在左侧插入”,否则选择“在右侧插入”。

(3)删除表格中的行或列。选择要被删除的单元格、行或列,单击“表格工具”→“布局”→“行和列”→“删除”,在弹出的下拉菜单中选择需要的操作。

技能拓展

在表格中使用公式

对表格中的数据进行处理,先将光标定位于放置计算结果的单元格,单击“表格工具”→“布局”→“公式”,弹出公式对话框。

例如,在“成绩汇总表”的最后两列计算每个同学的总分、平均分,以第一个同学为例,在弹出的对话框内输入如图3-1-25所示的内容。

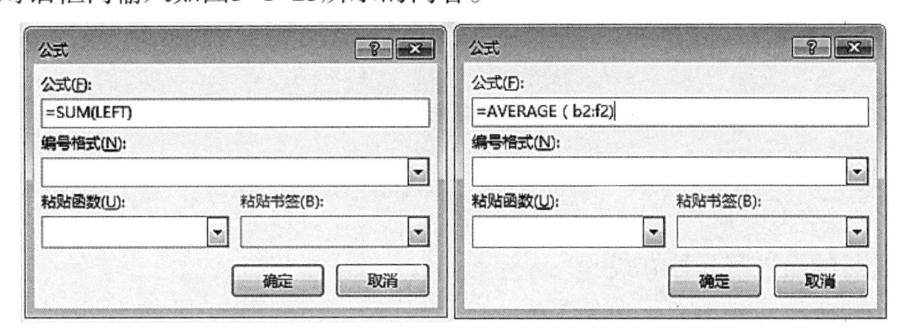

(a) 总分　　(b) 平均分

图 3-1-25　求总分、平均分

注意:这里SUM()是求和函数,AVERAGE()是求平均值函数。“LEFT”是指当前光标所在单元格左侧含有数字的连续区域,“b2:f2”指第二列第二行到第六列第二行的所有单元格。试求出表3-1-4中的总分与平均分。

表3-1-4　某组成绩单

姓名	语文	数学	英语	物流	商品管理	总分	平均分
方一程	88	96	79	77.5	70		
郑　盈	84	91	76	77	78		
徐　露	84	94	74	80	75		
王小京	74	82	78	71	82		
方梦梦	85	84	81	76	85		
裘欢欢	86	100	86	86.5	76		

自我评价

评价内容		评价等级		
		好	一般	尚需努力
知识技能评价	1. 掌握创建空白表格的方法			
	2. 熟悉单元格的合并与拆分操作			
	3. 熟悉单元格、行和列的插入与拆分			
	4. 掌握表格、单元格的属性设置			
	5. 掌握表格的修饰与美化操作			

思考与练习

（1）请利用系统提供的模板，创建一个“书法字帖”文档。

（2）新建一个文档，输入以下内容。

。 . ，, ☺ ①、 …… “ ” " "

（3）段落的缩进有几种方式？

（4）如何快速获取当前文档的字数信息？

项目 3-2

电子报刊的设计与制作

学习目标

(1)了解图文混排的技巧。
(2)熟悉页面的设置方法。
(3)掌握图片的格式设置。
(4)掌握艺术字的设计。
(5)掌握绘图工具的格式设置。
(6)掌握文本框的制作方法。

项目描述

元旦前夕，为了更好地纪念、宣传这一节日，宣传部准备制作电子报刊与大家一起分享。

任务1　报刊版面设计

任务描述

(1)新建文档。
(2)设置页边距和纸张方向。
(3)设置页面背景。
(4)编辑页眉。

任务实施

1. 新建文档

启动Word 2016，打开一个新文档。

2. 页面的设置

单击“页面布局”→“页面设置”对话框按钮，在弹出的对话框中进行相应的设置，操作过程如图3-2-1所示。

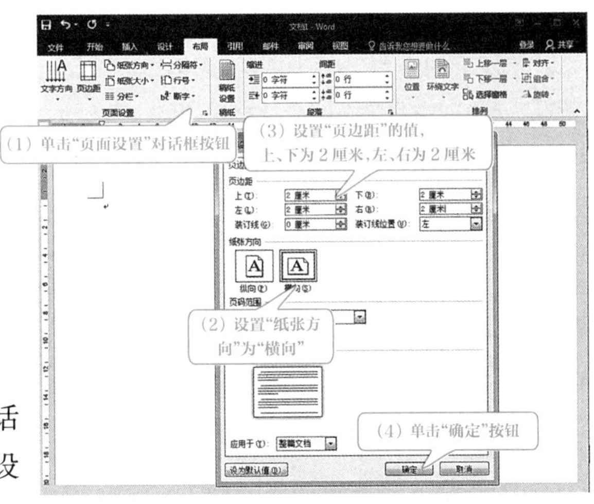

图 3-2-1　“页面设置”的操作过程

3. 设置页面颜色

单击“设计”→“页面背景”→“页面颜色”→“填充效果”，在弹出的对话框里进行相应的设置，操作过程如图3-2-2所示。

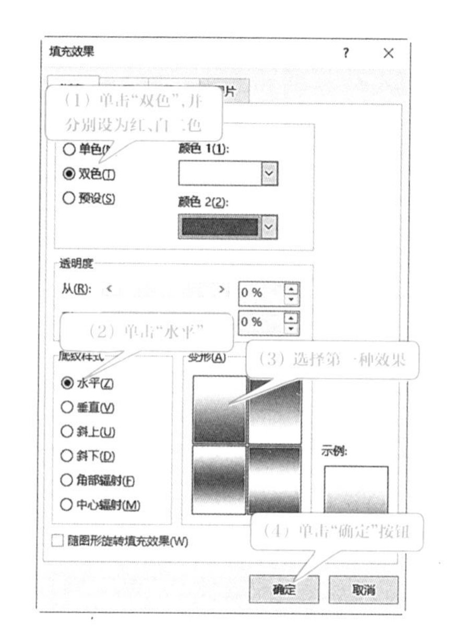

图 3-2-2　设置页面颜色的操作过程

小贴士

页面背景除了可以设置填充效果外，还可以用“纹理”“图案”“图片”等方式来进行填充。

4. 设置页面边框

单击“设计”→“页面背景”→“页面边框”，在弹出的对话框里进行相应的设置，操作过程如图3-2-3所示。

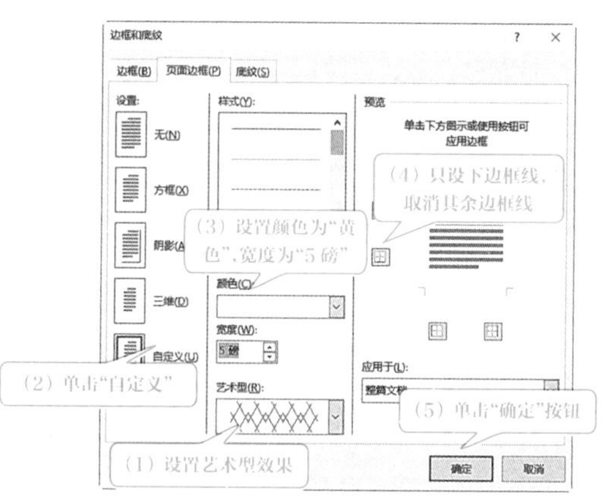

图 3-2-3　设置页面边框的操作过程

小贴士

如果要取消页面的边框，只需设置为“无”即可。

5. 设置页眉

单击“插入”→“页眉和页脚”→“页眉”→“空白”。这时在页面上方出现“在此处键入”字样，输入“元旦专刊”，并删除下方多余的空行。将页眉的字体设为“华文行楷”“三号”“居中”“红色”。

将页眉的下边框线设为红色点划线，操作过程如图3-2-4所示。

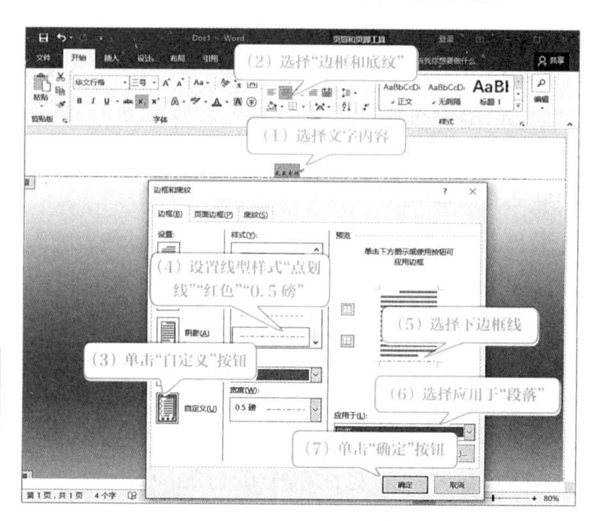

图 3-2-4　设置页眉边框的操作过程

小贴士

1. 页眉也可以插入图片等对象，单击“编辑页眉”可以自主进行编辑。

2. 页脚是设置在页面的底端，方法同页眉设置。

单击“页眉和页脚工具”→“设计”→“位置”，将“页眉顶端距离”设为“1.3厘米”。

页眉设置完成后，返回到主文档编辑区，单击“关闭页眉和页脚”即可。

小贴士

双击页眉或页脚处，当前编辑区从主文档转入页眉或页脚；反之，双击主文档任意位置，当前编辑区从页眉或页脚转入主文档。

6. 保存文档

将文件保存为“电子报刊.docx”。

知识链接

1. 分节符的编排

节和段落一样，也是Word文档中的一个排版单位。分节符是指为表示节的结尾插入的标记。节的划分是通过在文档中插入分节符来实现的，一个节至少包含有一个段落。

插入分节符操作步骤如下：

将光标定位在要分节的位置，单击“布局”→“页面设置”→“插入分页符和分节符”，选择要插入的类型。分节符类型共有3种：

“下一页”：插入一个分节符，新节从下一页开始。

“连续”：插入一个分节符，新节从同一页开始。

“奇数页”/“偶数页”：插入一个分节符，新节从下一个奇数页或偶数页开始。

2. 分页符的编排

Word 能随着文档内容的增加而自动分页，通常用户不必考虑文档的分页。当然用户也可以进行人工分页，即通过在文档中插入分页符来实现。

插入分页符的操作步骤如下：

将光标定位在要分页的位置，单击 “页面布局”→“页面设置”→“插入分页符和分节符” →“分页符”来实现，也可以通过快捷键“Ctrl+Enter”来实现。

技能拓展

添加奇偶页不同页眉

在“页眉和页脚工具” →“设计”→“选项”选项组中，有“首页不同”“奇偶页不同”和“显示文档文字”三种选项。下面以“公民的基本权利和义务”文件为例，重点介绍“奇偶页不同”的应用。

(1) 单击“插入”→“页眉和页脚”→“页眉”→“现代型(奇数页)”，为文档添加页眉。

（2）在页眉中插入“公民的基本权利和义务”。
（3）单击“页眉和页脚工具”→“设计”→“选项”→勾选“奇偶页不同”复选框。
（4）单击“页眉和页脚工具”→“设计”→“导航”→“下一节”。
（5）输入偶数页的页眉内容：公民。

自我评价

评价内容		评价等级		
		好	一般	尚需努力
知识技能评价	1. 熟悉页面设置操作			
	2. 掌握页面背景的设置操作			
	3. 熟悉边框、底纹的操作			
	4. 掌握页眉、页脚的操作			

任务2　报刊刊头制作

任务描述

（1）打开文档。
（2）插入图片并设置格式。
（3）插入艺术字并设置格式。

任务实施

1. 打开文档

打开“电子报刊”文档。

2. 插入图片

单击“插入”→“图片”，在弹出的对话框里选择素材文件夹中的灯笼图片“01.jpg”文件，具体操作如图3-2-5所示。

图 3-2-5　插入图片的操作过程

插入图片后按“Enter”回车键，如图3-2-6所示。

图 3-2-6　插入图片后效果图

3. 去除图片背景颜色

选中刚插入的灯笼图片，单击“图片工具”→“格式”→“调整”→“标记要保留的区域”，调整删除区域，操作过程如图3-2-7所示。

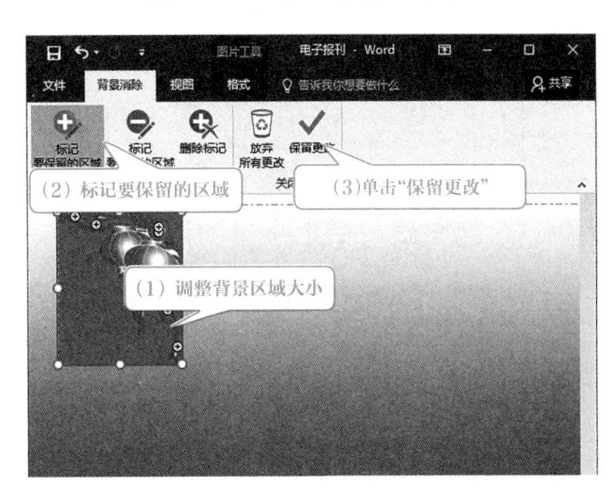

图 3-2-7　调整背景区域的操作过程

图片的白色背景区域部分，除了可以用“删除背景”方法外，还可以通过“图片工具”→“格式”→“调整”→“颜色”→“设置透明色”，单击白色区域即可。

4. 插入艺术字

单击“插入”→“文本”→“艺术字”→“填充—白色，边框红，主题色2”，选择第3行第4列，将“请在此处键入文字”改为“2019”，设置字号为“60”。

将鼠标放在艺术字外侧框线上，鼠标呈移动状态时，按住鼠标左键不放可移动文字位置。单击“绘图工具”→“格式”→“艺术字样式”→“文字效果”→“转换”→“双波形下上”，效果如图3-2-8所示。

图3-2-8　艺术字效果

用同样方法，分别插入艺术字“新年快乐”，采用“填充—水绿色—阴影”样式（第一行第四列位置），“字体”格式设为“黑体，小初”。

继续插入艺术字“我爱你·中国”，艺术字样式为“填充—白色，文本2，轮廓，背景2”（第三行第四列位置），字体设置为“华文新魏，50号”，“艺术字样式”的“文本填充”设置为“红色”，“文本边框”设置为“黄色”，“文本效果”的“发光”设置为“金色，8pt发光，个性色4”（第二行第四列）。

小贴士

本实例中“我爱你·中国”右下方有灰色，是因为回车符也应用了该艺术字样式。如果考虑到会影响整体效果而不设置，那么在设置艺术字样式时只选中文字不选中回车符即可。

5. 插入自选图形

单击“插入”→“形状”→“星与旗帜”→“十字星”效果，鼠标移至适当位置，按住鼠标左键不放，拖曳出一个十字星图形。选中该形状，设置样式，操作过程如图3-2-9所示。

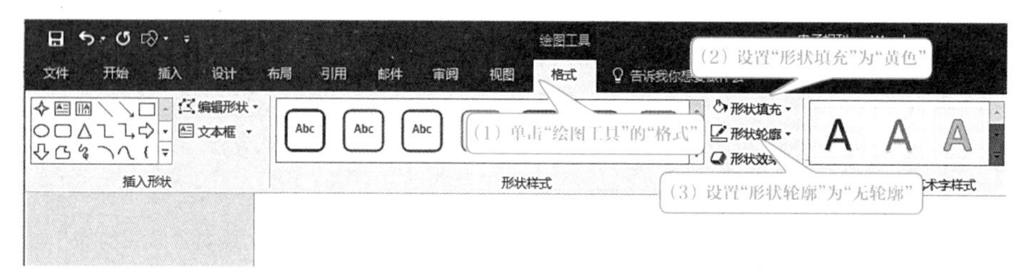

图 3-2-9　设置图形颜色的操作过程

小技巧

1. 绘制图形时按住“Shift”键，所绘制的图形高度和宽度相同，如正圆、正方形。
2. 用鼠标在移动图形过程中使用“Alt”键可实现图形位置的微调。

用相同方法制作完成另外一个十字星。

知识链接

1. 图片的插入方式

单击“插入”→“图片”，在弹出的下拉菜单中会显示“插入”“链接到文件”和“插入和链接”3种方式，如图3-2-10所示。

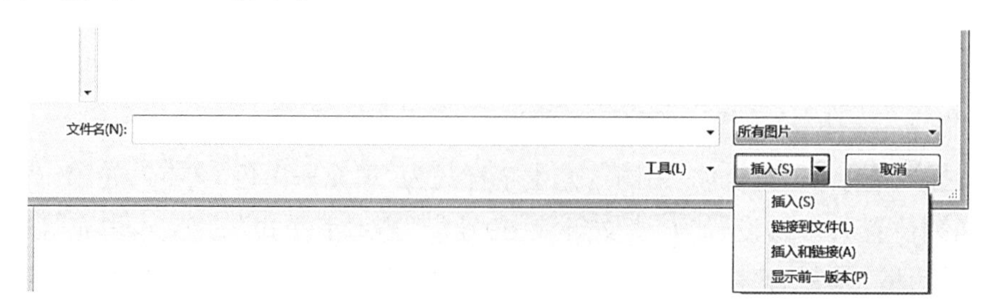

图 3-2-10　图片插入的3种方式

（1）插入：与直接单击"插入"按钮效果相同，应用此方式插入后的图片将保存在文档中。

（2）链接到文件：图片插入文档后将在文档中建立图片链接，此时在文档中可以看到图片的显示效果，一旦对图片进行了修改，Word中的图片就会自动更新。

（3）插入和链接：图片不但插入并且会保存在文档中，同时也与源文件建立了链接关系。

2. 图片与文字环绕方式

在Word 2016中，图片的位置排列方式主要有嵌入文本行和文字环绕两类。图片具体对齐方式有"顶端居左""顶端居中""顶端居右""中间居左""中间居中""中间居右""底端居左""底端居中""底端居右"。

为达到图片与文字紧密结合的目的，可通过"图片工具"→"排列"→"自动换行"来设置图文环境效果。图片与文字环绕方式如表3-2-1所示。

表3-2-1 图片与文字环绕方式

环绕方式	说明
嵌入型	插入的图片当作一个字符插入到文档中
四周环绕型	将图片插入到文字中间
紧密型环绕	类似于四周型环绕，但文字可进入到图片的空白处
衬于文字下方	图片插入到文字的下方，而不影响文字的显示
浮于文字上方	将图片插入到文字上方
上下型环绕	使图片在两行文字中间，旁边无字
穿越型环绕	类似于紧密型

技能拓展

Office 2007引入了SmartArt模板功能，方便用户轻松制作出精美的业务流程图。在Office 2016里，这一功能得到了加强，在原有的类别下增加了大量新模板，还新增了"图片"类别。具体操作如下：

（1）单击"插入"→"插图"→"SmartArt"，在弹出的对话框中进行选择，操作过程如图3-2-11所示。

（2）添加形状，操作过程如图3-2-12所示。

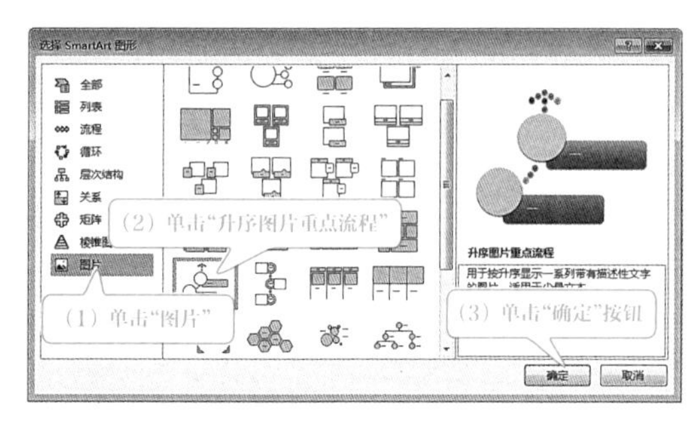

图 3-2-11 插入SmartArt图形的操作过程

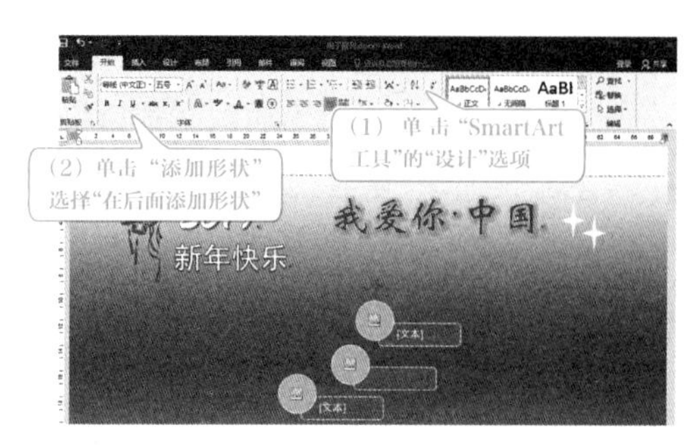

图 3-2-12 插入形状的操作过程

（3）插入图片，操作过程如图3-2-13所示。用相同的方法插入相应图片。

（4）输入文本，单击文本位置，输入需要的文本内容，文本输入后的效果如图3-2-14所示。

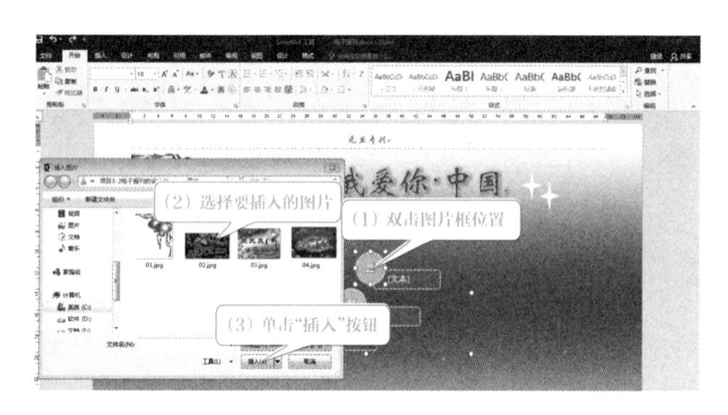

图 3-2-13 插入图片的操作过程

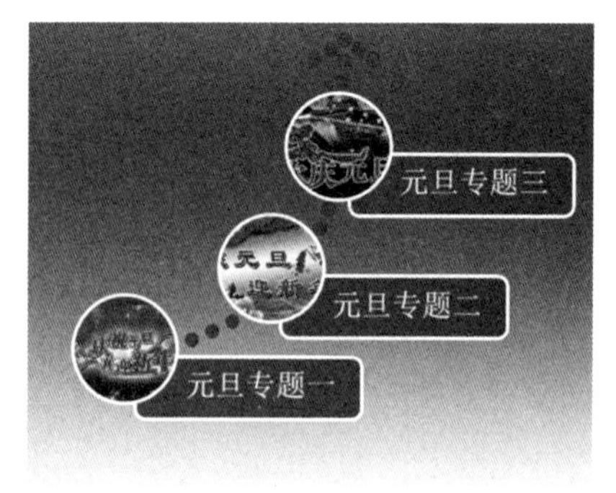

图 3-2-14 文本输入后效果图

自我评价

评价内容		评价等级		
		好	一般	尚需努力
知识技能评价	1. 掌握图片的插入及格式设置操作			
	2. 掌握艺术字的插入及格式设置操作			
	3. 掌握自选图形的插入及格式设置操作			
	4. 熟悉SmartArt的插入及格式设置操作			

任务3　报刊正文编排

任务描述

(1)打开文档。

(2)设置分栏及首字下沉。

(3)插入文本框及设置格式。

任务实施

1. 打开文档

打开“电子报刊”文档。

2. 复制文字

打开素材文件夹中的“文字”文件，将“元旦，即世界多数国家……中国农历成为初一。”这段文字复制到灯笼下方位置。

3. 首行缩进

设置段落的“首行缩进”为2个字符，“行距”为1.5倍行距。

4. 首字下沉

选中“中国古代……”这一段的文字，单击“插入”→“文本”→“首字下沉”→“首字下沉选项”，在弹出的对话框中进行相应的参数设置，如图3-2-15所示。设置效果，如图3-2-16所示。

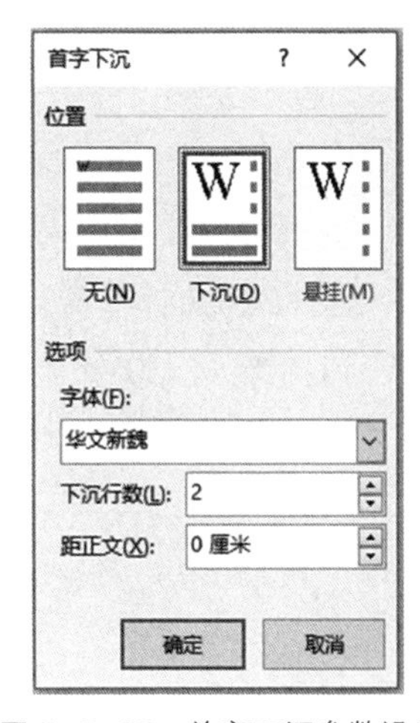

图 3-2-15　首字下沉参数设置

5. 分栏

全选步骤2插入的文字，单击“布局”→“设置”→“栏”→“三栏”。

小贴士

为了使分栏出现等高效果，文末最后一个回车符不要选中。

6. 插入艺术字并设置格式

插入艺术字“节日的由来”(第1行第4列位置，填充白色、着色1：艺术字→转换→下弯弧)“吉祥中国年”(第3行第4列位置，黑体，初号，竖排)。

7. 插入文本框及链接

(1) 单击“插入”→“文本”→“文本框”→“绘制横排文本框”，拖曳鼠标后即可看到所画的文本框。设置“形状高度”为“4.87厘米”，“形状宽度”为“5.19厘米”。

（2）复制两个文本框，按左中右顺序排列，并选中三个文本框，单击“格式”→“排列”→“对齐”→“顶端对齐”，实现三个文本框处于同一条水平线上。

（3）将“在地球静止的……中国农历成为初一”文本内容复制到最左侧的文本框内，并设字体格式为“黑体、小四”，段落设为“1.5倍行距”。

小技巧

如果文本内容超越文本框高度，文字内容很难全选，可通过单击选择文本框来设置字体大小。

（4）创建链接。选择左侧第一个文本框，单击“绘图工具”→“格式”→“文本”→“创建链接”，鼠标移至中间第二个文本框内，当鼠标呈倒出字符状态后单击，第一个文本框溢出的文本自动移至第二个文本框内。

用同样方法，可将第二个文本框链接到第三个文本框内。

8. 设置文本框的格式

选择文本框，单击“绘图工具”→“格式”→“形状样式”，设置“形状填充”为“无填充颜色”，“形状轮廓”为“无轮廓”。

小技巧

按住“Shift”键不放，依次单击三个文本框，此时三个文本框全部选中，即可同时更改样式。

9. 插入图片并设置格式

（1）插入“05.jpg”图片文件。

（2）选中图片，单击“图片工具”→“格式”→“排列”→“环绕文字”→“浮于文字上方”，改变图片位置。

（3）选中图片，单击“图片工具”→“格式”→“调整”→“艺术效果”→“线条图”（第一行第五列位置）。

10. 保存文档

文档的最终效果如图3-2-16所示。

图 3-2-16 最终效果图

知识链接

1. 图形之间的组合

在实际应用中，常常需要对多个图形进行整体操作，为了便于选择和操作，可组合成一个对象。

（1）选择多个图形。按下“Ctrl”键或“Shift”键的同时依次用鼠标左键单击选中文档中的多个图形，每个图形的周围会出现8个控制点，选择效果如图3-2-17所示。

图 3-2-17　多个图形的选择

（2）在被选中的图形上单击鼠标右键，从弹出的快捷菜单中选择“组合”→“组合”，如图3-2-18所示。

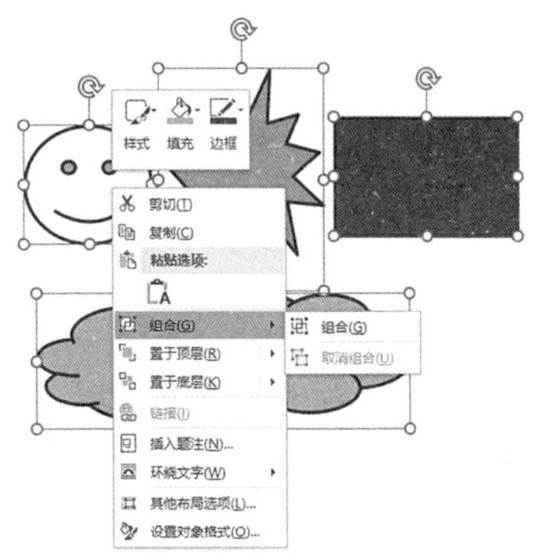

图 3-2-18　对象的组合

（3）完成后在图形的最外围出现8个控制点，说明组合已成功。

（4）如果要将组合的图形取消，则选中组合后的图形，单击鼠标右键，在弹出的快捷菜单中选择“组合”→“取消组合”即可。

2. 图形的叠放次序

当绘制的多个图形位置相同时，会层叠，但不会互相排斥，可以通过调整图形的叠放次序来排列图形的上下层关系。

以如图3-2-19所示的图形为例，当前图形的排列顺序从上到下依次为太阳、云、笑脸。

图 3-2-19　图形初始排列

选中“笑脸”图形，单击“绘图工具”→“格式”→“排列”→“上移一层”，即将笑脸上移一层，置于中间那层，再单击一次“上移一层”，则笑脸置于最顶层。上述的两次“上移一层”操作，等同于一次“置于顶层”。“下移一层”“置于底层”操作方法相同。

3. 图形的对齐与分布

当文档中有多个图形时，为了使这些图形更有条理，经常需要对这些图形进行对齐与排列分布。

对齐图形对象的方式有很多种，当选定的多个图形对象呈纵向排列，可选用左对齐、水平居中和右对齐等方式。当选定的多个图形对象呈横向排列，可选用顶端对齐、垂直居中和底端对齐等方式。

技能拓展

Word 2016 提供了许多常用的内置公式，单击“插入”→“符号”→“公式”下拉三角形按钮，选择你要插入的公式即可。如果要插入其他的公式，则通过“插入新公式”，在文档中“在此处键入公式”位置插入新的公式。在“公式工具”的“设计”选项中根据图3-2-20所示的公式编辑区进行编辑。

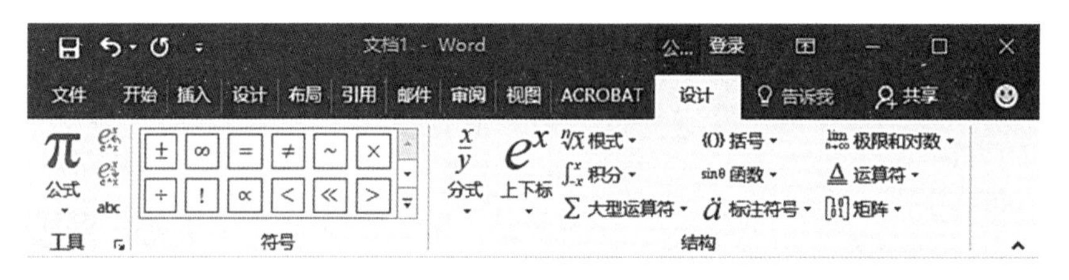

图 3-2-20　公式编辑功能区

尝试完成以下公式：

$$(uv)^{(n)}=\sum_{k=0}^{n} c^{k}u(n-k)_{v}(k)$$

自我评价

评价内容		评价等级		
		好	一般	尚需努力
知识技能评价	1. 掌握首字下沉的操作			
	2. 熟悉页面的分栏操作			
	3. 掌握文本框的插入及格式设置操作			
	4. 了解文本框的链接操作			

思考与练习

（1）除了为文档页面设置背景颜色外，还可以增加其他效果，请举例说明。

（2）如何快速对齐多个文本框？

（3）对于插入的图片可以更改它的形状吗？如果可以，请举例说明。

项目 3-3
邀请函的制作与打印

学习目标

(1)了解邮件合并的功能。
(2)熟悉邮件的创建方式。
(3)掌握数据源及记录的选择。
(4)掌握合并域的插入。
(5)掌握文件的打印设置。

项目描述

学院第六届“好声音·我想跟你一起唱”即将来临,学生会干部准备给学院的每位教师发送一封邀请函。为了提高工作效率,他们准备用邮件合并功能快速完成邀请函的制作,并打印出来发给每位老师。

任务1　邀请函的制作

任务描述

(1)新建文档。
(2)设计邀请函的样式。
(3)利用Word邮件合并功能,在相应位置插入合并域。
(4)邮件合并预览。

任务实施

1. 新建文档

启动Word 2016,创建文档,并以“好声音邀请函.docx”命名保存。

2. 设置页面格式

设置页面格式,纸张大小、纸张方向等如图3-3-1所示。

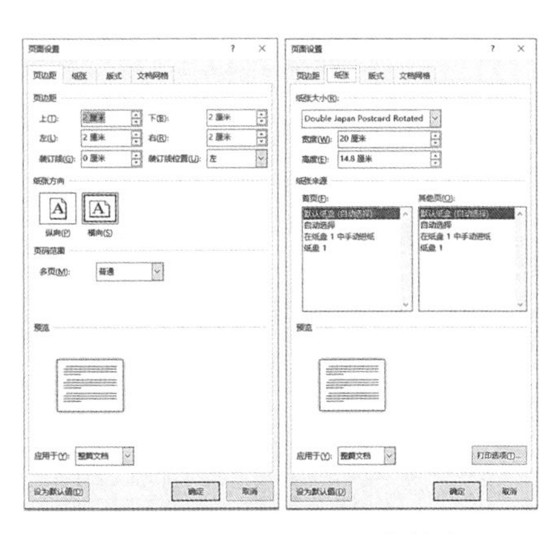

图 3-3-1　“页面设置”的参数设置

3. 创建邀请函内容

邀请函内容及排版效果如图3-3-2所示。

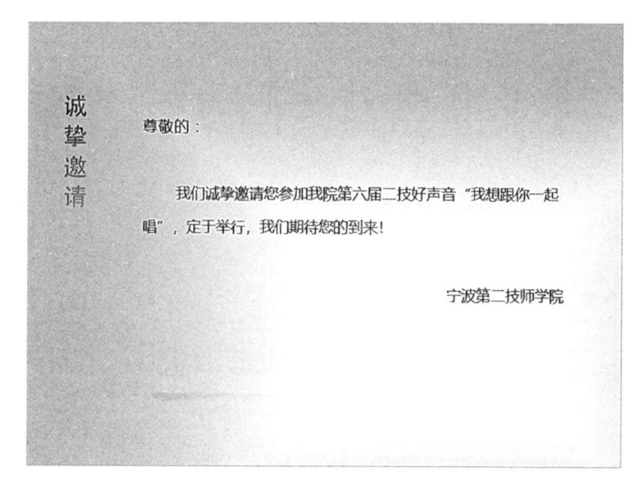

图 3-3-2　文档设置效果

4. 邮件合并命令，选择数据源及记录

单击“邮件”→“开始邮件合并”→“选择收件人”→“使用现有列表”，邮件合并界面如图3-3-3所示。在弹出的“选择数据源”对话框中找到“好声音邀请函.xlsx”文件，单击“打开”按钮，弹出如图3-3-4所示的对话框，选择数据所在的工作表，单击“确定”按钮，将文档与数据建立链接。

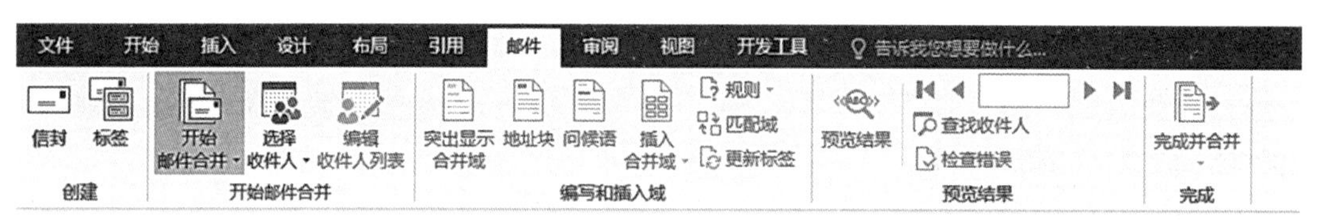

图3-3-3　邮件合并界面

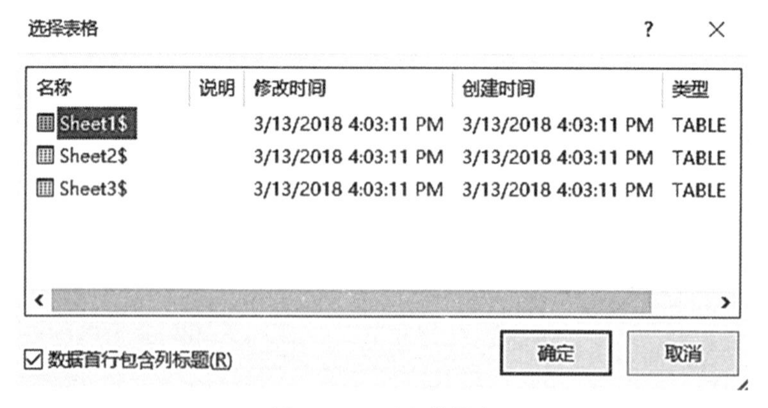

图 3-3-4　选择数据表

数据源文件可以是Excel文件，也可以是数据库文件。

5. 插入合并域

将光标定位到要插入的位置，单击“编写和插入域”→“插入合并域”，选择要插入字段的名称即可。合并域完成后效果如图3-3-5所示。

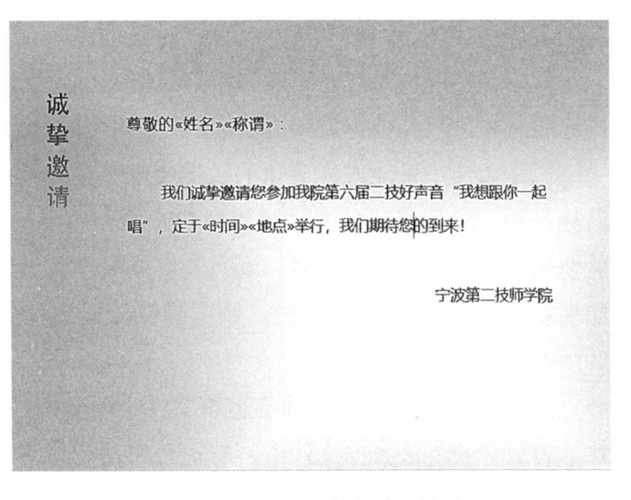

图 3-3-5 合并域完成后效果

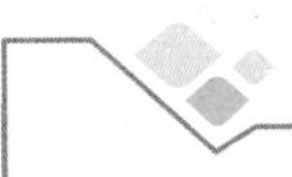
小贴士

在文档区域可更改域的显示格式，如字体大小、颜色等。

6. 预览邀请函

单击“预览结果”，可预览合并后的邀请函。通过单击“上一记录”“下一记录”“首记录”和“尾记录”查看每张邀请函。其中一条记录显示如图3-3-6所示。

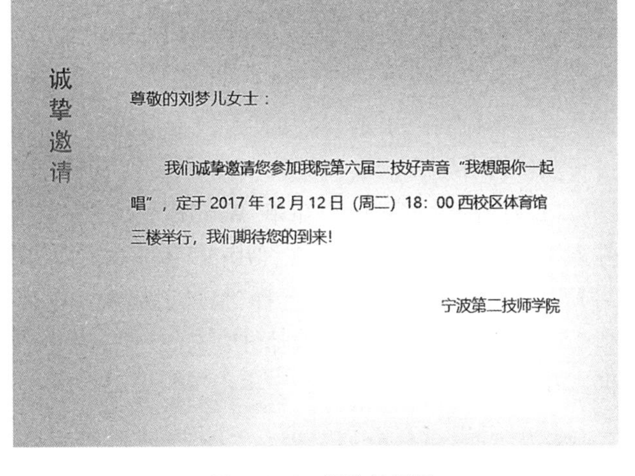

图 3-3-6 预览效果图

7. 保存文档

保存含合并域的文件，也可以利用“合并到新文档”将合并结果导出。

小贴士

除了要保存创建的邀请函文档外，连接的数据文件不可删除。

知识链接

邮件合并是自动从数据源检索出不同的信息来替换主文档中的合并域，这样就把各文档中相同的内容与有变化的不同数据合并起来自动生成一个新的文档。

邮件合并的步骤如下：

第一步：选择文档类型和主文档。

第二步：连接到数据文件并选择记录。

第三步：在主文档中插入合并域。

第四步：预览合并后的新文档，完成邮件合并。

主文档中的内容分为两部分，一部分是固定不变的，包含了所有文本都包含的内容；另一部分是可变的，与数据源文件中的内容对应。如果计算机安装了传真机，则在文档类型列表中还显示“传真”。

数据源是包含要合并到文档中信息的文件。如要在邮件合并中使用名称和地址列表，操作时必须连接到数据源，才能使用数据源中的信息。

域是文档中可能发生变化的数据或邮件合并文档中套用信函、标签中的占位符。域的名称是用一对特殊的书名号“《》”括起来的。如果没有数据文件，可单击“键入新列表”，然后使用打开的窗体创建列表。该列表将被保存为可以重复使用的邮件数据库(.mdb)文件。如果正在创建合并邮件或传真，则应确保数据文件包含电子邮件地址列或传真号列，因在后续过程中要使用该列。

邮件合并过程中，可选择在数据文件中要使用的记录，因为连接到某一特定数据文件，并不表示必须将该数据文件中所有记录(行)信息均合并到文档。

技能拓展

巧用筛选合并邮件

在设置邮件合并收件人时，可以通过设置不同的筛选条件，实现只对满足条件的记录进行邮件合并。

(1)打开“学生成绩通知单”Word模板文档，单击“邮件”→“开始邮件合并” →“选择收件人” →“使用现有列表”，在弹出的“选择数据源”对话框中找到“成绩表.xls”文件，如图3-3-7所示，单击“打开”按钮，选择“整张工作表”，单击“确定”按钮，将文档与数据建立链接。

(2)单击“邮件”→“开始邮件合并” →“编辑收件人列表”，打开“邮件合并收件人”对话框。在“调整收件人列表”栏中单击“筛选”，如图3-3-8所示。

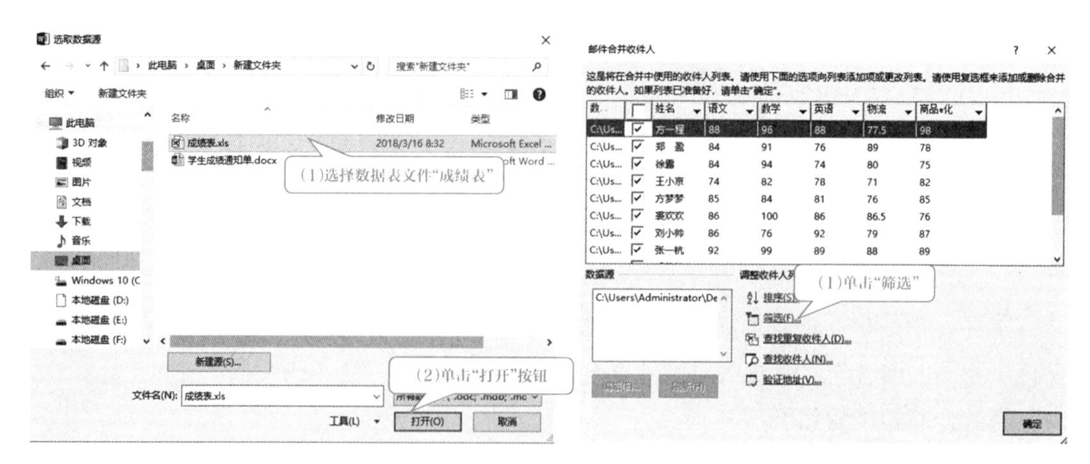

图3-3-7　选取数据源　　　　图3-3-8　邮件合并收件人

(3)打开“查询选项”对话框，在“筛选记录”选项卡中，分别设置“域”、“比较条件”和“比较对象”，如图3-3-9所示。

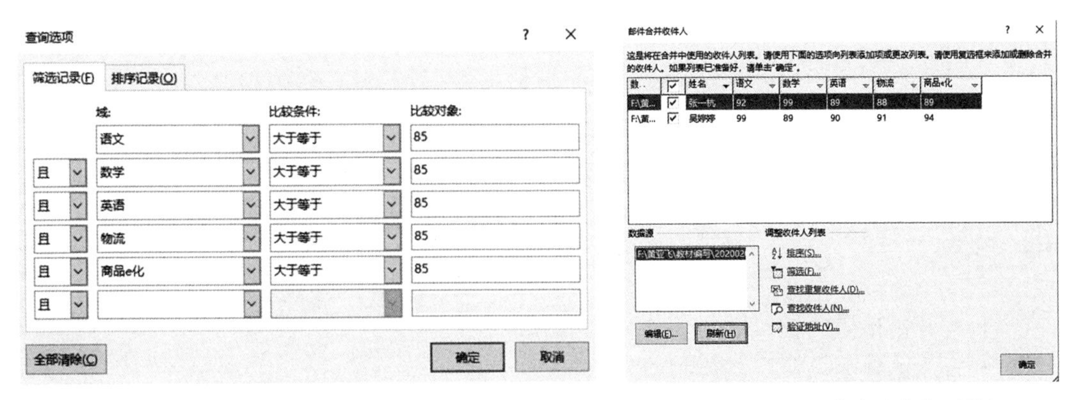

图3-3-9　设置筛选条件　　　　图3-3-10　筛选后收件人列表

（4）单击“确定”按钮，返回“邮件合并收件人”对话框，单击“刷新”按钮，如图3-3-10所示为筛选后收件人列表。

（5）单击“确定”按钮，完成“邮件合并收件人”设置。在模板文件中插入合并域，合并域完成后效果如图3-3-11所示。

喜　报

«姓名»同学家长：

恭喜您的孩子在本学期期中考试中每门功课都取得了优秀的成绩，现将您的孩子本学期期中的成绩反馈给您，同时感谢您对班级工作的支持。

姓名	语文	数学	英语	物流	商品 E 化
«姓名»	«语文»	«数学»	«英语»	«物流»	«商品 e 化»

图3-3-11　插入合并域

（6）单击“预览结果”，只显示通过筛选后满足条件的记录，结果如图3-3-12所示。

喜　报

张一杭同学家长：

恭喜您的孩子在本学期期中考试中每门功课都取得了优秀的成绩，现将您的孩子本学期期中的成绩告知给您，同时感谢您对班级工作的支持。

姓名	语文	数学	英语	物流	商品 E 化
张一杭	92	99	89	88	89

图3-3-12　邮件合并预览效果图

任务2　邀请函的打印

任务描述

（1）打开邀请函文档。

（2）打印邀请函。

（3）发送电子邮件——邀请函。

任务实施

1. 打开文档

双击“好声音邀请函.docx”，启动Word 2016时弹出如图3-3-13所示对话框，单击“是”打开文档。

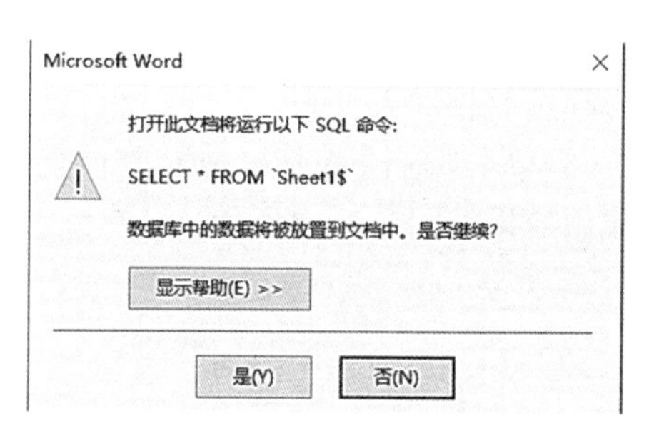

图 3-3-13　数据库连接

2. 合并打印

单击“邮件”→“完成并合并”→“打印文档”，弹出如图3-3-14所示对话框。

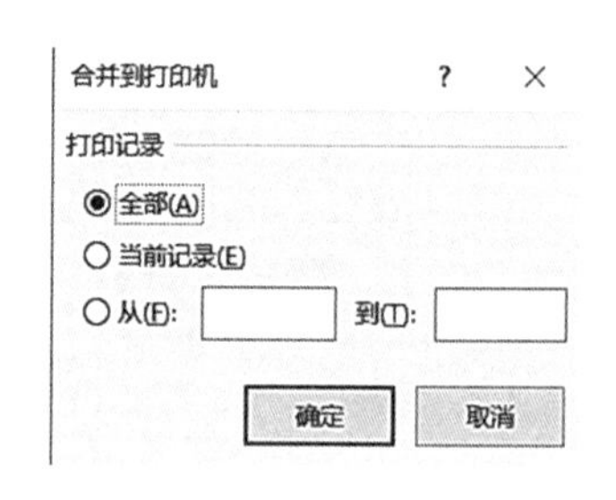

图 3-3-14　合并打印的记录

打印记录时可以选全部，也可以指定几条记录。

3. 设置打印机选项

选择“全部”单选按钮，单击“确定”按钮，弹出打印机选项设置对话框，如图3-3-15所示。

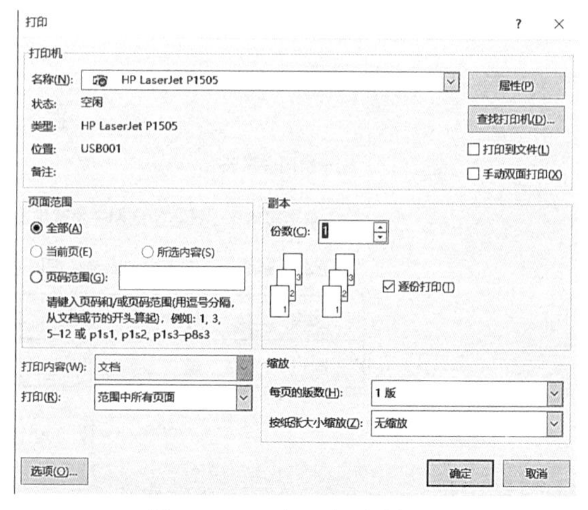

图 3-3-15　打印机选项设置

4. 打印邀请函

选择正确的打印机，单击“确定”，则开始打印邀请函。

邀请函通常会以请柬的方式发送给被邀请人，但现在很多单位提倡无纸化办公，一般会以邮件的方式发送邀请函。

在Word 2016中，通过设置可以解决系统默认不打印背景色和图像的问题。选择“文件”→“选项”命令，在弹出的对话框中选择“显示”选项下的“打印选项”，选中“打印背景色和图像”复选框即可。

5. 发送电子邮件

单击“邮件”→“完成并合并”→“发送电子邮件”，打开“合并到电子邮件”对话框，在对话框中进行合并到电子邮件的设置，单击“确定”按钮，即可实现发送，如图3-3-16所示。

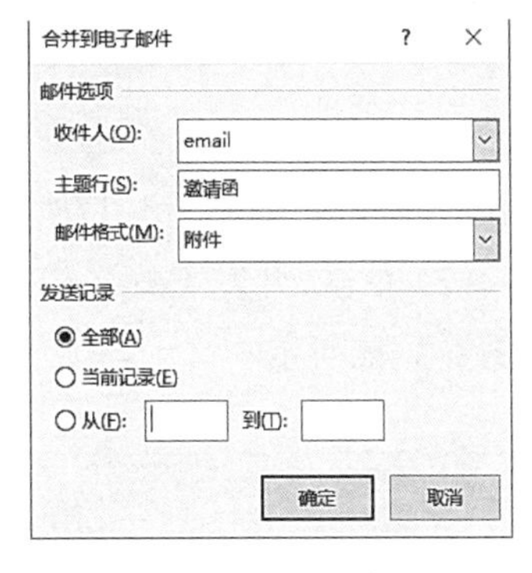

图 3-3-16 合并到电子邮件的设置

知识链接

打印选项介绍

(1) 选择打印机。在“打印机”区域的“名称”列表框中，当前显示的是系统默认的打印机名。如果系统安装有多台打印机，可单击右侧的下拉箭头，在下拉列表中选择要使用的打印机。选定后，在“名称”框下即显示该打印机的有关信息。如果打印机状态为“空闲”，单击“确定”按钮，可以使文档立即打印，否则会使文档进驻一个打印队列等待的状态。

(2) 设定打印范围。在“页面范围”区域中可以设定文档要打印的范围。

全部：打印整篇文档。

当前页：打印插入点所在页。如果当前选定了多页，则打印所选内容中的第一页。

所选内容：打印当前所选定的内容。此单选框仅在打开“打印”对话框前先选中文档中的部分内容时才可使用。

页码范围：打印指定的页。如在文本框中输入“1，3，5–7”，则表示打印第1页、第3页和第5页至第7页的内容。

(3) 设定打印份数。在“副本”区域中，可以在“份数”框中指定文档要打印几份。若选择“逐份打印”，则会按照如下顺序打印：第一份的第1页至最后1页，第二份的第1页至最后1页，……若没选择此项，则打印顺序为：各份的第1页，各份的第2页，……

(4) 实现双面打印。单击“文件”选项卡下“打印”命令，打开“打印”设置窗口。在“设置”栏下，单击“单面打印”下拉按钮，在下拉列表中进行选择。如果提供了“双面打印”选项，则打印机已设置有双面打印；如果没有提供“双面打印”选项，则选择“手动双面打印”选项。执行打印时，当打印完正面后，需要手动将纸翻过来，重新装入打印机后再进行打印。

（5）设定缩放效果。在“缩放”区域中，“每页的版数”可以让用户在其下拉列表中设定在一张纸上打印多少页的内容。若选择“1版”，则每张纸上打印1页，这实际上是按正常情况打印，文档内容没有缩小。若选择“2版”“4版”，则文档内容缩小打印，每张纸上打印2页、4页。

“按纸张大小缩放”可以将文档内容放大或缩小打印在较大或较小的纸上。

技能拓展

为文档增加背景音乐的操作步骤

（1）单击“文件”→“选项”→“自定义功能区”→勾选“开发工具”，在弹出的对话框中进行相应的操作，如图3-3-17所示。

（2）单击“开发工具”→“控件”→“旧式工具”→“其他控件”，选择相应控件进行操作，如图3-3-18所示。

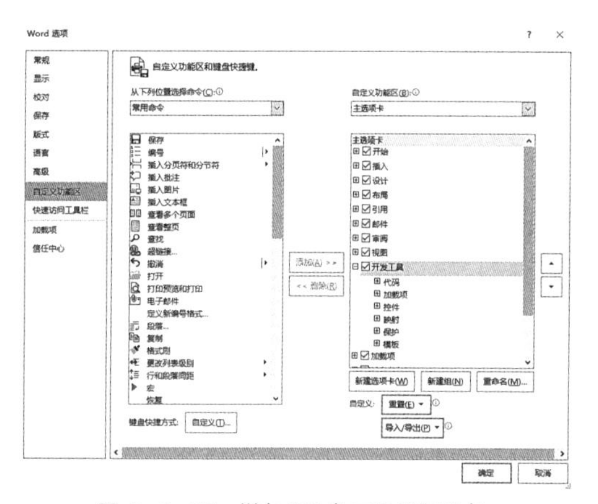

图 3-3-17　增加“开发工具”选项卡

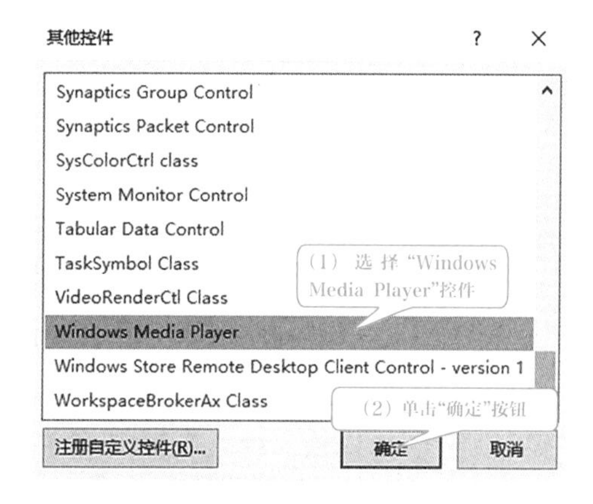

图 3-3-18　Windows Media Player控件的选择

（3）选择“Windows Media Player”控件后，在文档区域出现Windows Media Player的播放器界面，选中该界面，单击鼠标右键，选择“属性”选项，弹出“属性”对话框，如图3-3-19所示。

（4）设置属性参数，操作过程如图3-3-20所示。

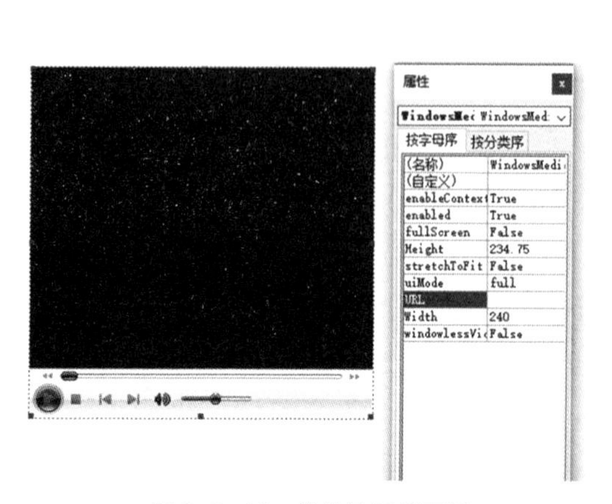

图 3-3-19　控件及属性面板

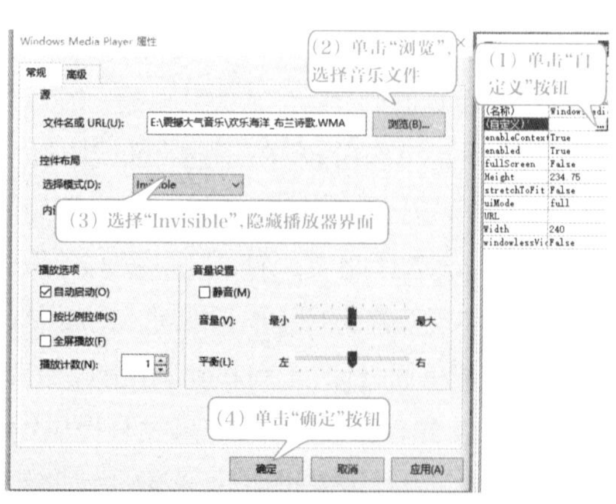

图 3-3-20　属性设置的操作过程

（5）保存文档，退出后再次打开文件，即可听到已选择播放的音乐。

1. 源文件的类型一般为.mp3或.wma文件。
2. 选择模式中可以选择显示或隐藏播放器。
3. 循环播放次数由播放计数值来决定。
4. 如果删除音乐文件，那么文档打开后就不会播放此音乐了。

自我评价

评价内容		评价等级		
		好	一般	尚需努力
知识技能评价	1. 了解邮件合并的输出方式			
	2. 掌握邮件合并到打印机的方法			
	3. 熟悉打印记录的选择			
	4. 了解打印机的设置			

思考与练习

（1）如何设置打印多份内容？

（2）如何在打印的同时更新域？

项目3-4 毕业论文的排版

学习目标

（1）了解论文的一般格式。
（2）熟悉长文档的编辑方法。
（3）掌握样式的创建、修改。
（4）掌握样式的使用。

项目描述

小尹完成了毕业论文的输入，需要根据论文的格式要求来排版。

任务1　论文正文排版

任务描述

（1）打开文档。
（2）设置分页位置。
（3）创建和修改样式。
（4）样式的应用。

任务实施

1. 打开文档

打开素材文件夹中的“论文.docx”文档。

2. 设置分页位置

在“中文摘要”“Abstract”“第一章 Internet和HTML简介”“第二章 系统的使用环境”“致谢”“参考文献”文本前插入“下一页”分节符。以“中文摘要”为例，将光标定位在“中”字前，单击“布局”→“页面设置”→“分隔符”→“下一页”，当前光标后的内容自动放入下一页。用相同方法完成其他分节符的操作。

小贴士

可以使用“Ctrl+Y”实现重复插入“下一页”分页符。

3. 创建标题样式

（1）单击“开始”→“样式”按钮，打开“样式”窗格，如图3-4-1所示。

（2）在弹出的“样式”窗格中，单击“新建样式”按钮，在弹出的对话框里进行相应的设置，操作过程如图3-4-2所示。

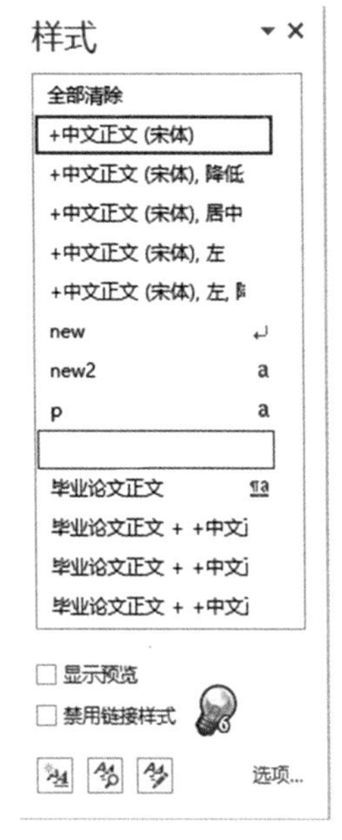

图 3-4-1 “样式”窗格

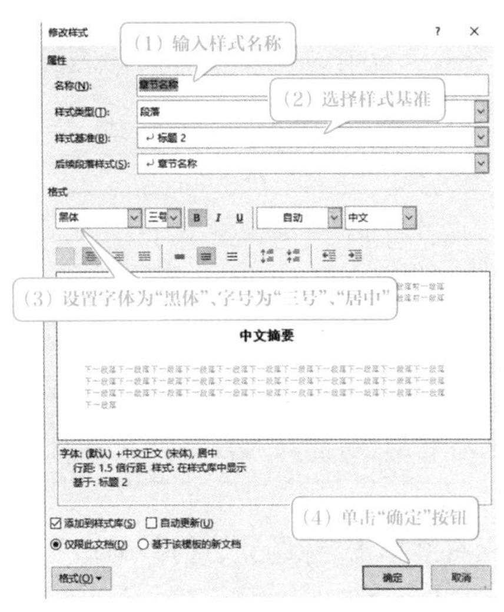

图 3-4-2 创建标题样式的操作过程

小贴士

可以通过“Alt+Ctrl+Shift+S”组合键快速打开“样式”任务窗格。

（3）设置正文的段落样式，操作过程如图3-4-3所示。

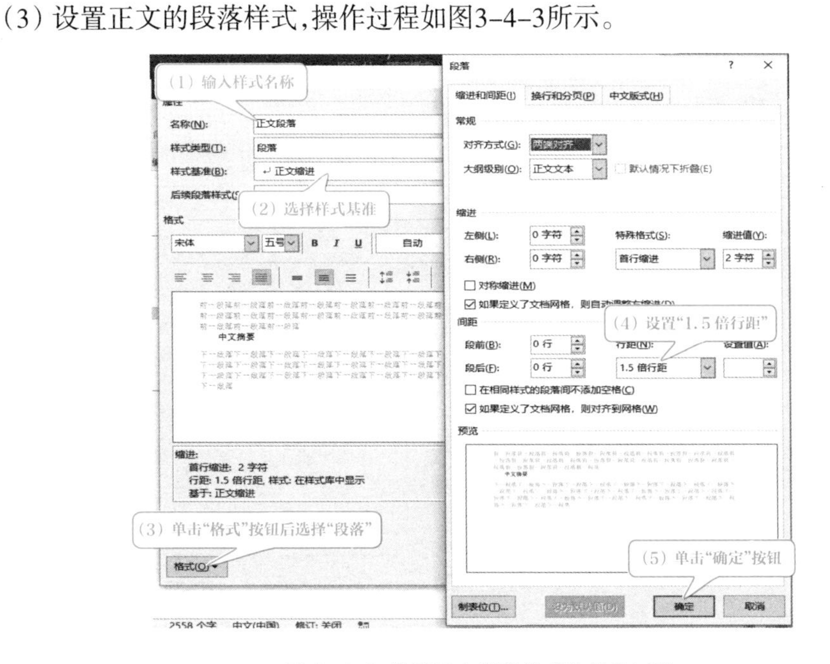

图 3-4-3 设置正文段落样式的操作过程

> 如果新建样式的样式类型是“字符”，那么单击“格式”按钮，在下拉菜单中就只有“字体”“边框”“语言”和“快捷键”四个命令。

（4）设置部分文字效果，操作过程如图3-4-4所示。

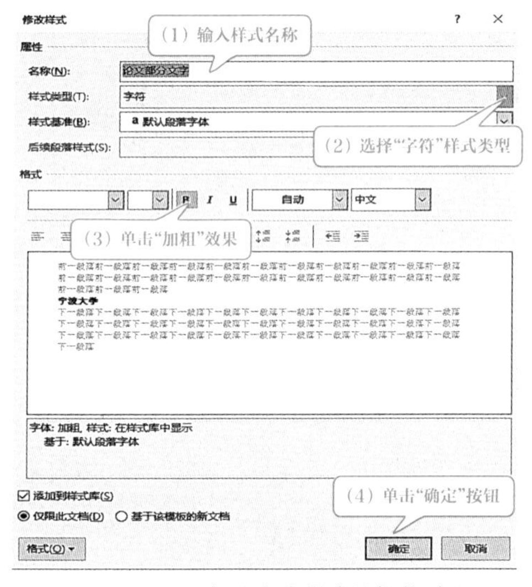

图 3-4-4 设置部分文本样式的操作过程

> 1. 修改样式时，样式的名称可以不修改，也可以重命名样式的名称，在“修改样式”对话框的“名称”文本框中直接输入样式名修改。
>
> 2. 修改样式时，如果单击选中“自动更新”复选框，那么当用户在文档中修改了段落格式时，Word 2016就会自动更新样式中的格式。这里需要注意：“自动更新”功能只对段落样式有效。

（5）设置项目编号。在“样式”任务窗格中用鼠标右键单击“标题3”，选择“修改”，在弹出的“修改样式”窗口中进行相应的设置，操作过程如图3-4-5所示。

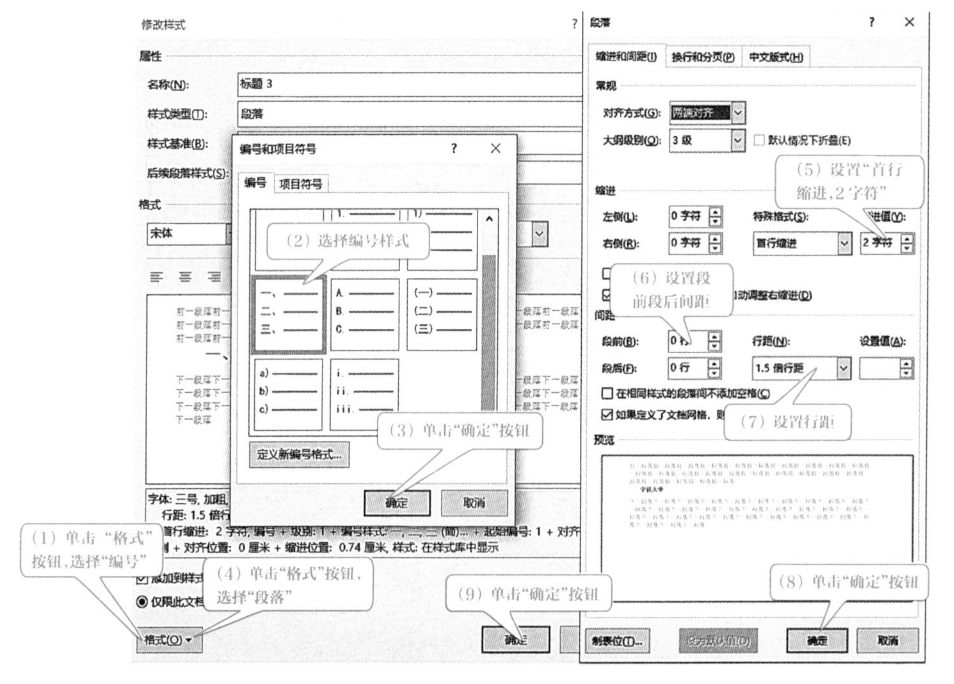

图 3-4-5 设置编号的操作过程

(6)设置项目符号。在“样式”任务窗格中用鼠标右键单击“毕业论文正文”,在弹出的快捷菜单中选择“修改”,在“修改样式”窗口操作,如图3-4-6所示。

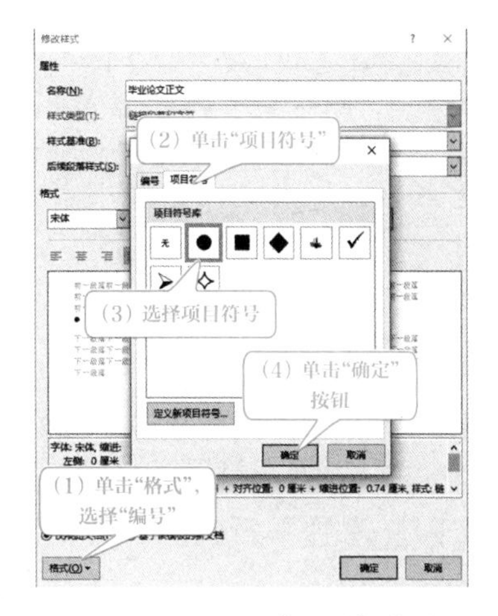

图 3-4-6　设置项目符号的操作过程

4. 样式的应用

(1)为“中文摘要”“Abstract”“第一章 Internet和HTML简介”“第二章 系统的使用环境”“致谢”“参考文献”设置“章节名称”样式,操作过程如图3-4-7所示。以下样式的应用均采用这种方式。

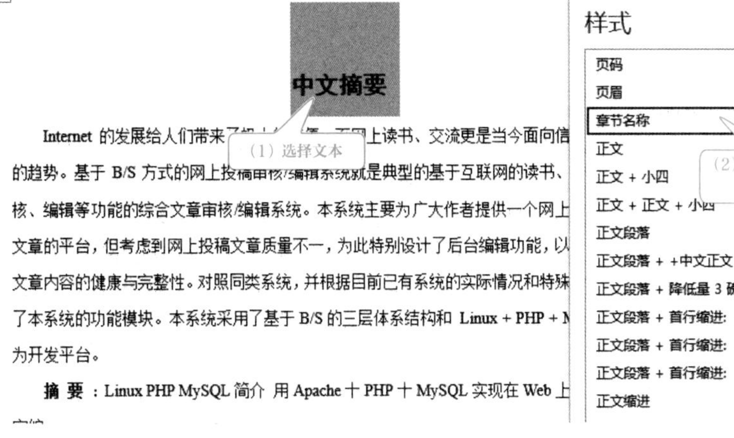

图 3-4-7　使用样式的操作过程

(2)为所有段落(除第一点设置的标题文字外)设置为“正文段落”样式,方法同上。

(3)为“摘要”“关键词”“Keywords”设置为“论文部分文字”样式,方法同上。

(4)为第一章中的“Internet 概述”“Internet的发展”“工作原理”和“HTML概述”四个段落文字设置为“标题3”样式。

(5)为第二章中的“系统使用环境”“所用软件介绍”“Linux的特点”三个段落文字设置为“毕业论文正文”样式。“参考文献”的具体内容设置为“毕业论文正文”样式。

知识链接

1. 样式

样式是应用于文本的一系列字符格式和段落格式的组合体，利用它可以快速设置文本的外观,提高编排文档的速度。

单击“新建样式”按钮,在弹出的“新建样式”对话框中操作即可(要注意样式的名称有大小写之分，且同一文档中样式的名称不能重复）。另外，还可以使用“管理器”对样式进行复制、删除和重命名等操作。

2. 项目符号和编号

项目符号和编号是放在段落前的一个符号和编号。合理使用项目符号和编号，可以使文档的层次结构更清晰、更有条理，不然会适得其反，平添麻烦。

（1）自动编号。自动识别输入：当输入“1.”，然后输入项目，按回车键，下一行就会出现一个“2.”。如果不想要这个编号，按一下“Backspace”键，编号就消失了。还可以通过“撤销”命令来撤销自动编号。

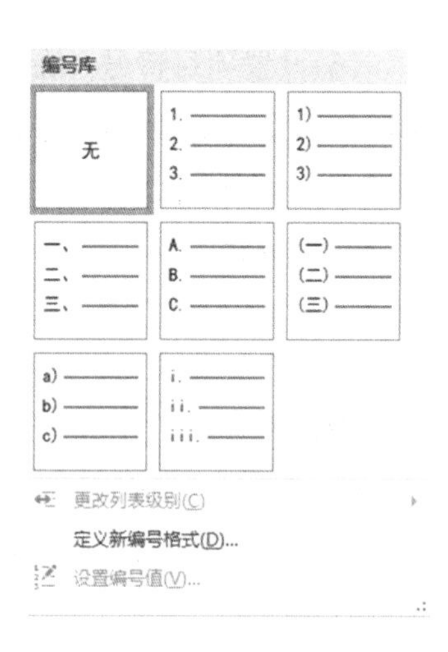

图 3-4-8　编号设置

（2）编号设置。单击“段落”→“编号”，弹出列表如图3-4-8所示。如果想使用另外的编号，则可以单击“定义新编号格式”，弹出如图3-4-9所示对话框，可以根据自己想要的结果进行更改设置。

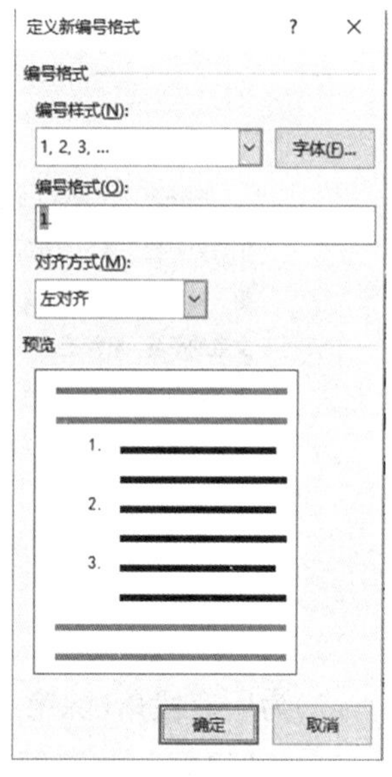

图 3-4-9　定义新编号格式

项目符号和多级符号的设置方法与编号设置方法类似。

（3）删除项目符号与编号。选中要删除的项目符号与编号的文本，单击“项目符号”或“项目编号”的按钮即可。若要删除单个项目符号或编号，则单击该项目符号或编号，按“Backspace”键或“Delete”键，系统会自动调整编号列表的数字顺序。

技能拓展

题注

题注就是给图片、表格、公式等项目添加的名称和编号，以方便读者查找和阅读。

使用题注功能可以保证文档中的图片、表格等项目能够按顺序进行自动编号。如果移动、插入或删除带题注的项目时，Word可以自动更新题注的编号，方便进行交叉引用。

1. 添加题注

在Word中，可以在插入的表格、图片、公式等项目中添加题注，可按以下步骤操作：

（1）选中要添加题注的项目。

（2）单击“引用”→“题注”→“插入题注”，打开如图3-4-10所示“题注”对话框。

（3）在“题注”对话框中显示了用于所选项目题注的标签和编号，只要在后面直接输入题注内容即可。如图3–4–10中的“图表 1”即是题注，“图表”是标签，“1”是编号。

（4）如果要选择其他标签，如对象是表格，就应该在“标签”后面的下拉列表框中选择合适的标签。

（5）如果没有合适的标签，可以单击“新建标签”按钮，在弹出的“新建标签”对话框中输入新的标签名即可，如图3–4–11所示。单击“确定”按钮。如果要删除标签，可以在选中该标签后单击“删除标签”按钮（系统自带标签无法删除）。

图 3–4–10 “题注”对话框

（6）如果要设置题注的编号格式，可单击“编号”按钮，弹出对话框如图3–4–12所示。

图 3–4–11　新建标签

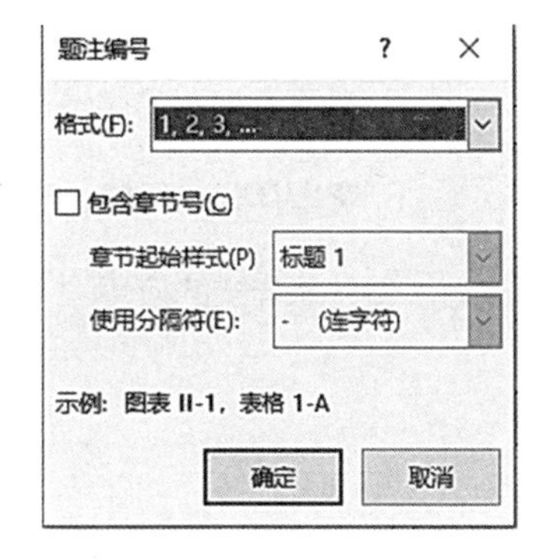

图 3–4–12　题注编号

（7）在“格式”下拉列表中选择合适的编号即可改变题注的编号。如果选中了“包含章节号”，则可以使题注中包括章节号。章节所用的标题样式必须是独有的，如果章标题使用了“标题1”样式，那么“标题1”样式就只能用于章标题，而不能应用于该文档的其他正文文本。因为如果章标题为“标题1”样式，Word就会自动将第一个具有“标题1”样式的标题所包含的内容作为第一章，第二个具有“标题1”样式的标题所包含的内容作为第二章。

（8）在“题注编号”对话框的“章节起始样式”框中选择该章节标题所用的标题样式，“使用分隔符”框中选择一种分隔符，然后单击“确定”按钮，返回“自动插入题注”对话框。

（9）在“位置”列表框中设置题注的位置，有“所选项目上方”和“所选项目下方”两个选项，完成后单击“确定”按钮。

2. 修改题注

在Word中，题注可以有不同的编号格式，如“1，2，3……”“a，b，c……”“甲，乙，丙，丁……”等。可以在加题注时，设定不同的编号格式，或对已有的编号格式进行修改，具体操作步骤如下：

（1）选定要修改编号格式的题注。

（2）单击“引用”→“题注”→“插入题注”，打开“题注”对话框。

（3）单击“编号”按钮，打开“题注编号”对话框，在“格式”下拉列表中选择所需的编号格式，然后单击“确定”按钮，返回“题注编号”对话框。

（4）单击“确定”按钮。

经过上述操作，题注的编号格式即修改完毕。

3. 删除题注

选中要删除的题注，按“Delete”键即可删除题注。

自我评价

评价内容		评价等级		
		好	一般	尚需努力
知识技能评价	1. 了解论文的一般格式			
	2. 熟悉长文档的编辑方法			
	3. 掌握样式的新建、修改和删除操作			
	4. 熟悉样式的应用			

任务2　论文封面与目录的制作

任务描述

（1）打开文档。

（2）制作论文目录。

（3）设计论文封面。

任务实施

1. 打开文档

打开上节课已排版的“论文.docx”文档。

2. 制作论文目录

将光标定位于第一页，单击“引用”→“目录”→“自定义目录”，操作过程如图3-4-13所示。

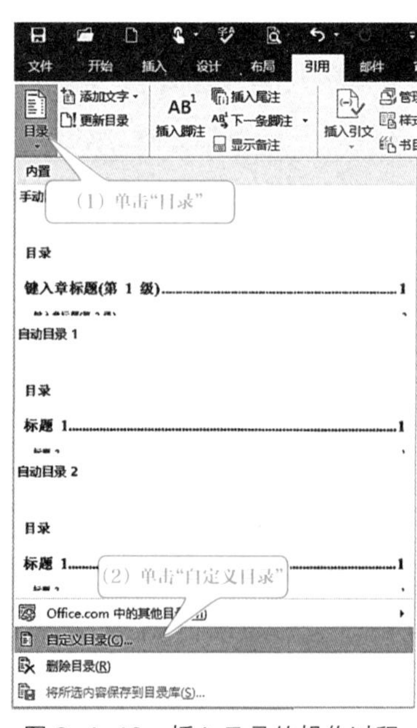

图 3-4-13　插入目录的操作过程

在“目录”下拉列表中有“手动目录”“自动目录1”“自动目录2”等选项，选择这些选项可以直接使用预定义的格式生成目录。其中选择“手动目录”选项，可以自己填写目录的标题，不受文档内容的限制。

在弹出的对话框里进行相应的设置，设置目录效果的操作过程如图3-4-14所示。

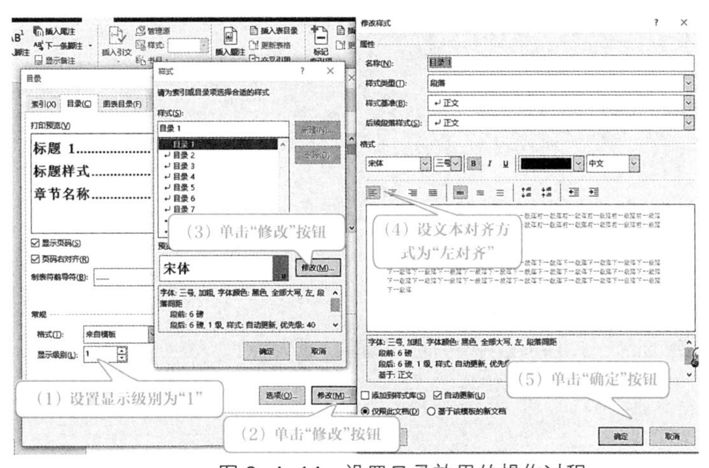

图 3-4-14 设置目录效果的操作过程

设置完成后，目录效果如图3-4-15所示。

中文摘要......3

ABSTRACT......4

第一章 INTERNET 和 HTML 简介......5

第二章 系统的使用环境......7

致 谢......8

参考文献......9

图 3-4-15 目录效果

小贴士

目录中的页码是由Word自动生成的。在建立目录后，可以利用目录快速地查找文档中的内容。将鼠标光标移动到目录的页码上，按下“Ctrl”键并单击鼠标左键即可转到文档中的相应标题处。

3. 设计论文封面

（1）在目录“中文摘要”前插入“下一页”分节符，在第一页空白页位置添加封面内容。

（2）在空白页面中输入文本信息并设置格式。

（3）在需要填写信息的位置输入“空格”并选中空格，加下划线，如图3-4-16所示。

4. 保存文档

把文件保存为“论文.docx”。

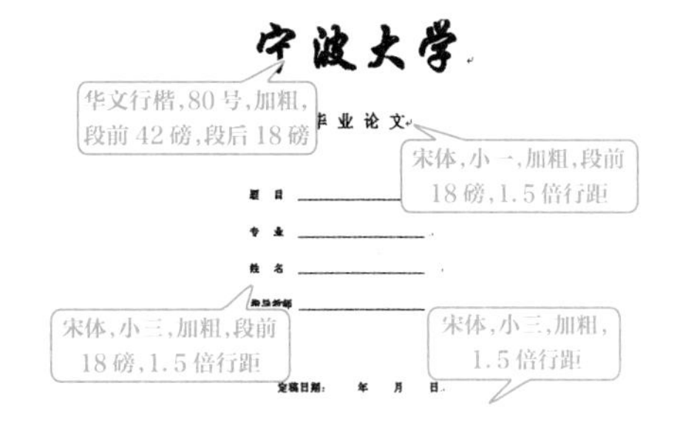

图 3-4-16 封面效果图

知识链接

1. 利用大纲级别创建目录

（1）设置大纲级别。打开“论文”文件，选中“中文摘要”，单击“开始”→“段落”选项按钮，打开“段落”对话框，在“大纲级别”下拉列表中选择“1级”，单击“确定”按钮，如图3-4-17所示。

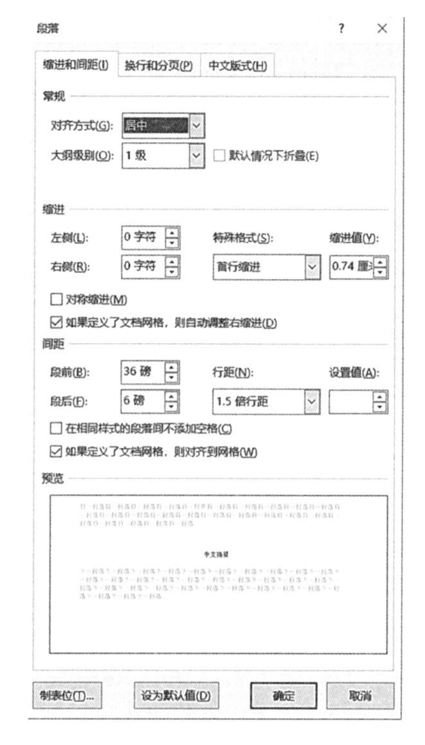

图 3-4-17　大纲级别设置

（2）通过相同操作设置其他含有“章节名称”样式文本的大纲级别为“1级”。

（3）在“中文摘要”前插入“下一页”分节符。将光标定位在第一页空白处，单击“引用”→“目录”→“插入目录”，在弹出的对话框中进行相应的设置，操作过程如图3-4-14所示，完成的目录效果如图3-4-15所示。

2. 更新目录

在生成目录后，再对文档进行编辑和加工，此时若页码或目录内容发生了变化，可右击目录区域，选择“更新域”快捷菜单项。

小贴士

如果只是页码发生改变，可单击选中“只更新页码”单选项；如果标题发生了变化，就需要单击选中“更新整个目录”单选项。

3. 插入脚注操作

脚注和尾注是对文本的补充说明。脚注一般位于页面的底部，可以作为文档某处内容的注释；尾注一般位于文档的末尾，可用于列出引文的出处等。

将光标定位于“中文摘要”中第一段“Internet”这个词的后面，单击“引用”→“脚注”→“插入脚注”，则在该页最下方出现插入脚注的标记，在“1”后面输入“互联网”即可。

尾注的插入方法和脚注相同。

技能拓展

批注和修订

Word 2016的审阅功能包括批注和修订两类操作，通过审阅可以清楚地了解文档中每一次插入、删除、移动、格式更改或批注操作，以便多人修改文档。“审阅”选项卡的功能区如图3-4-18所示。

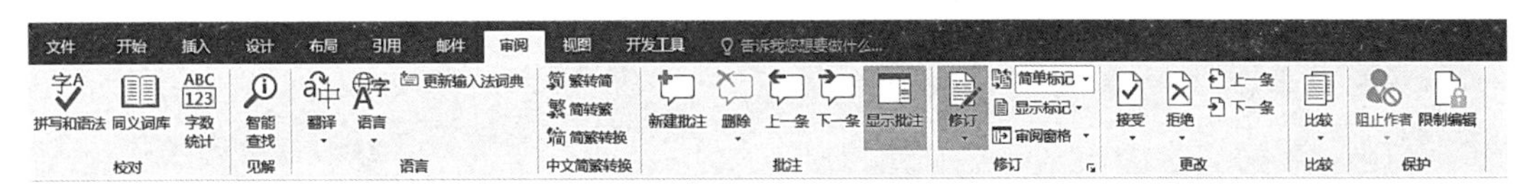

图 3-4-18　审阅功能区

审阅功能通过单击“审阅”→“修订”→“修订”按钮，将其激活，Word才会记录用户对文档的每一个操作。

“审阅”选项卡中“更改”功能区用于查看、接受或拒绝修订的内容；“比较”功能区用于比较修改前后的文档或将多人修订的文档合并到同一个文档中。

尝试用批注和修订功能修改文档，添加批注和修订的效果如图3-4-19所示。

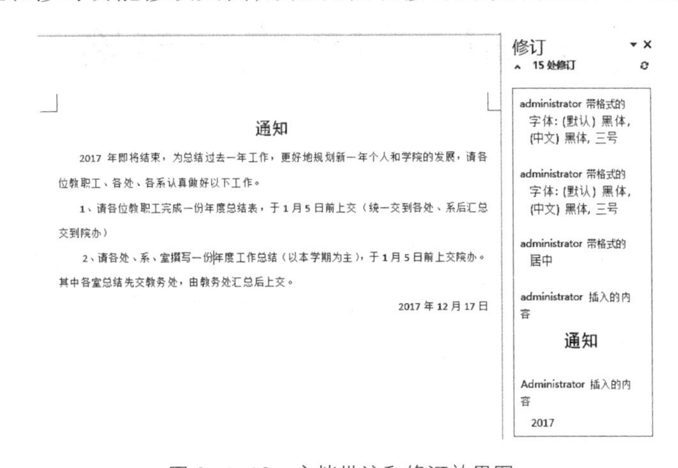
通知

2017 年即将结束，为总结过去一年工作，更好地规划新一年个人和学院的发展，请各位教职工、各处、各系认真做好以下工作。

1、请各位教职工完成一份年度总结表，于 1 月 5 日前上交（统一交到各处、系后汇总交到院办）

2、请各处、系、室撰写一份年度工作总结（以本学期为主），于 1 月 5 日前上交院办。其中各室总结先交教务处，由教务处汇总后上交。

2017 年 12 月 17 日

图 3-4-19　文档批注和修订效果图

自我评价

<table>
<tr><th rowspan="2" colspan="2">评价内容</th><th colspan="3">评价等级</th></tr>
<tr><th>好</th><th>一般</th><th>尚需努力</th></tr>
<tr><td rowspan="4">知识技能评价</td><td>1. 熟悉插入目录的种类及方法</td><td></td><td></td><td></td></tr>
<tr><td>2. 掌握目录样式的操作</td><td></td><td></td><td></td></tr>
<tr><td>3. 熟悉更新域的操作</td><td></td><td></td><td></td></tr>
<tr><td>4. 了解封面的设计</td><td></td><td></td><td></td></tr>
</table>

思考与练习

(1)如何重命名样式?

(2)如何快速删除样式?

(3)如何添加多级列表?

(4)论文中的内容大幅修改后，请问如何更新目录?

第四单元

Excel 2016 电子表格

单元介绍

电子表格处理软件Excel 2016是Office 2016套装软件中一个非常实用的组件，是处理办公事务的重要工具，它可以用来制作电子表格、完成各种复杂的数据运算、进行数据分析与预测、制作直观的图表等。

本单元将介绍Excel 2016的使用，通过学生档案表的设计与制作、企业工资表的分析与管理、销售业绩表的分析与打印三个项目，以数据的运算和分析、函数的运用、图表的运用等知识点为重点，将Excel 2016的各项功能和特点融入实际的工作情境中去，并通过任务的逐级分解来学习相应的知识点。

项目 4-1
学生档案表的设计与制作

学习目标

（1）了解Excel的作用及特点。
（2）熟悉Excel的窗口组成。
（3）掌握工作表的常规操作。
（4）掌握条件格式的使用。
（5）掌握单元格的格式化操作。

项目描述

某校为了更便捷地了解在校学生的基本情况，更方便地管理各专业学生的基本信息，现要求设计与制作一份“学生档案表”，并将学生的基本档案信息录入到该表中进行相应的设置。

任务1　认识Excel 2016

任务描述

（1）启动和退出Excel 2016。
（2）认识工作界面的组成。
（3）创建“空白工作簿”，以“学生档案表. xlsx”文件名保存在本地F盘中。

任务实施

一、启动和退出Excel 2016

启动和退出Excel 2016的常用方法有多种。具体操作参考项目3-1任务1认识Word 2016中的启动和退出Word 2016操作步骤。

小贴士

关闭“工作簿”时,如果没有进行保存操作,弹出“保存”对话框,单击“保存”按钮,保存并关闭当前文档;单击“不保存”按钮,则不保存并关闭当前文档;单击“取消”按钮,将返回当前文档。

二、认识开始界面和工作界面

1. 开始界面

启动Excel 2016程序之后,即可打开Excel开始界面,开始界面左侧显示最近使用的文档,右侧显示本地模板和联机模板,如图4-1-1所示。

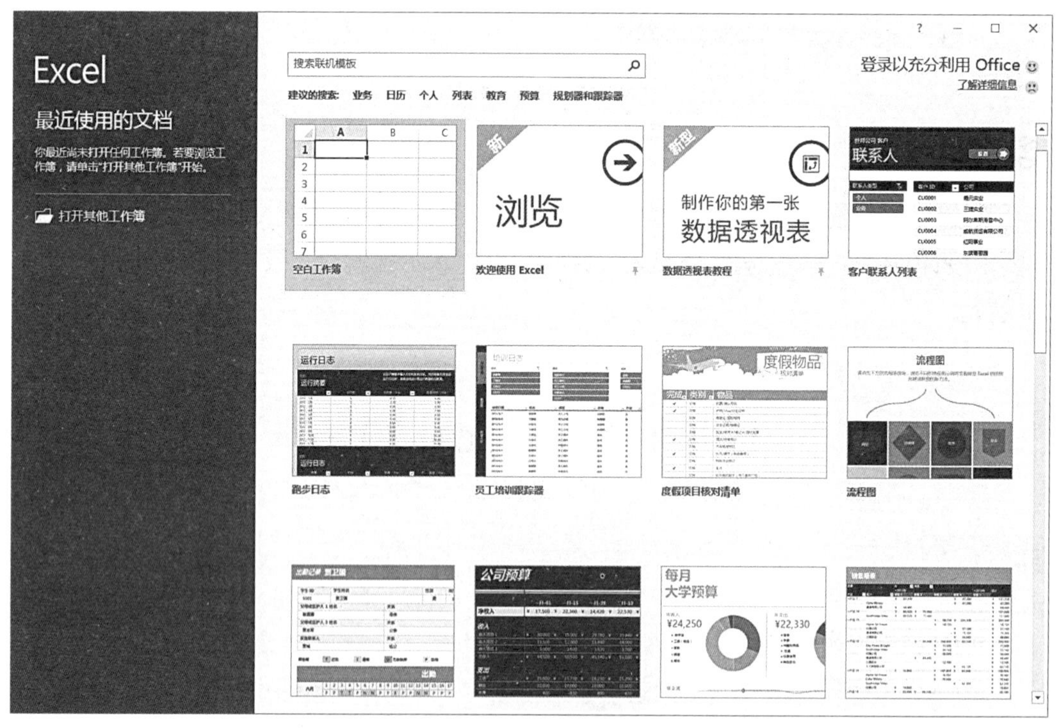

图4-1-1 Excel 2016开始界面

2. 工作界面

单击最近使用的“文档”或“空白工作簿”,即可打开工作界面,工作界面主要由快速访问工具栏、标题栏、功能区、编辑区、状态栏和视图栏等组成,如图4-1-2所示。

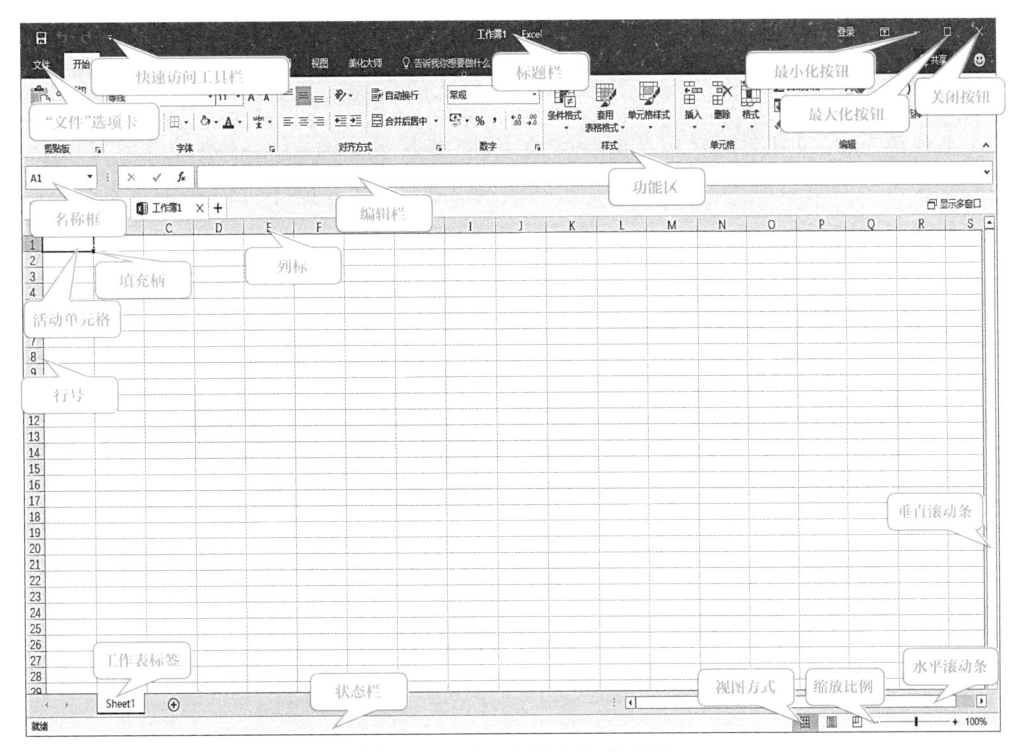

图4-1-2　Excel 2016工作界面

三、创建“空白工作簿”

在启动Excel 2016时，程序进入Excel开始界面，单击“空白工作簿”选项，创建一个新的空白工作簿，操作过程如图4-1-3所示。每新建一个工作簿，Excel会依次以“工作簿1、工作簿2”来命名。

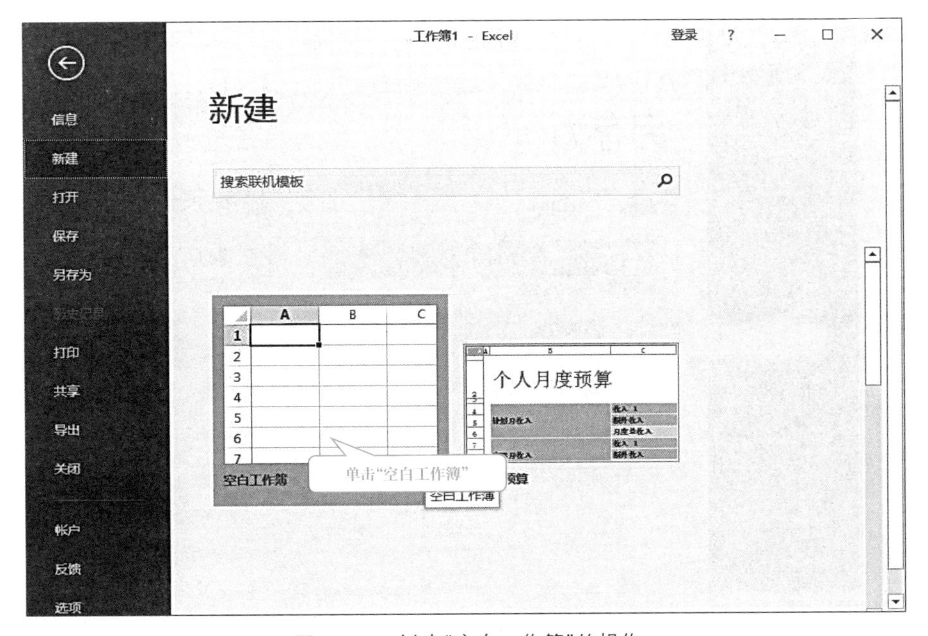

图4-1-3　创建“空白工作簿”的操作

工作簿是Excel用来处理和存储数据的文件，其扩展名为.xlsx，一个工作簿可以含有一个或多个工作表。实质上工作簿是工作表的容器，工作簿除了可以放工作表外，还可以存放宏表、图表等。

工作簿文件保存的操作过程如图4-1-4所示。

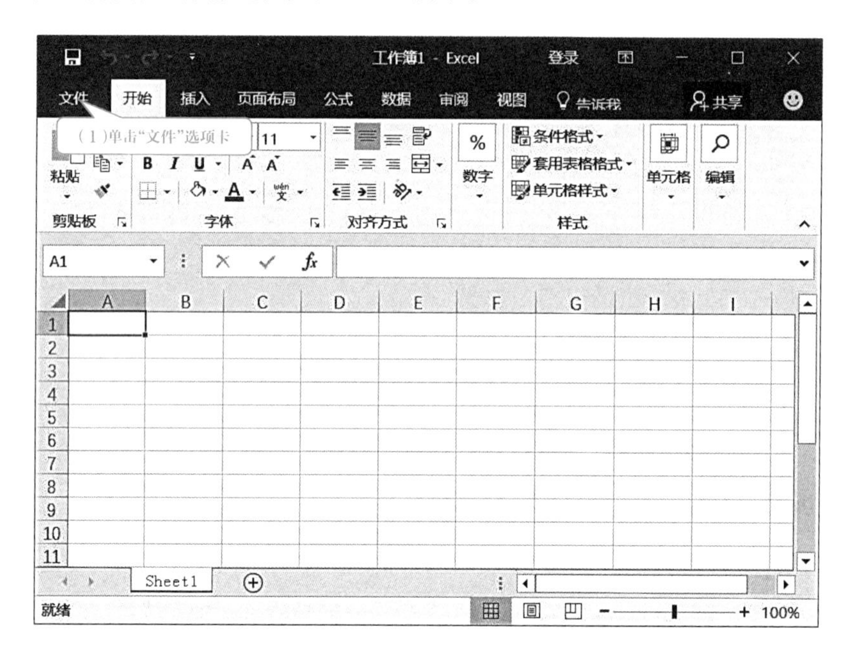

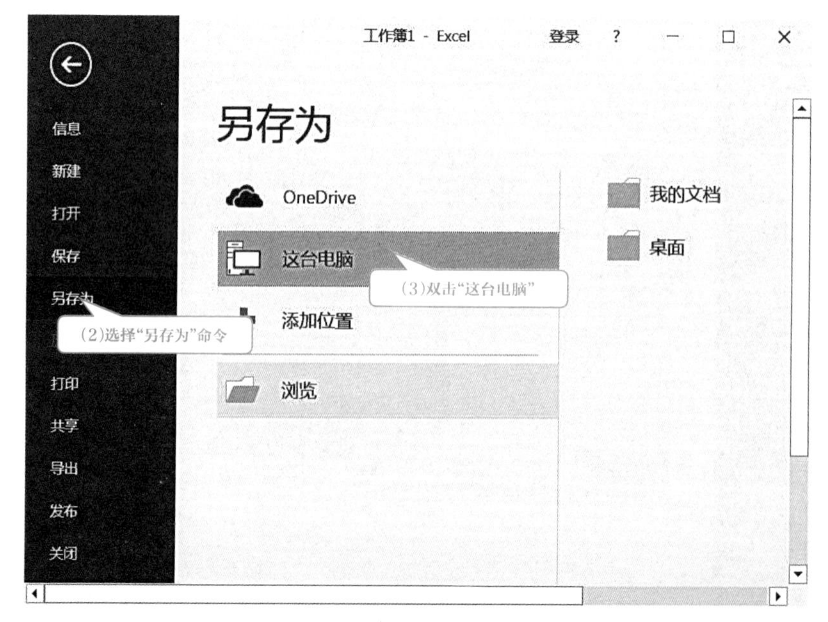

图4-1-4　文件保存操作过程（1）

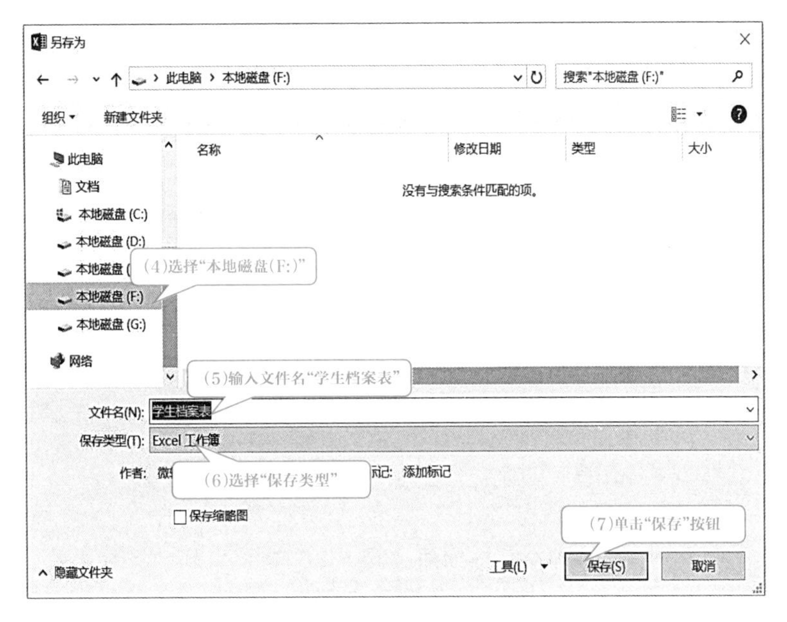

图4-1-4　文件保存操作过程(2)

小贴士

在"保存类型"下拉列表框中可以选择"Excel 97-2003工作簿",其目的是让保存后的工作簿可以在Excel 2003及以前的版本中打开。

知识链接

1. Excel中的文件类型与其相对应的扩展名

Excel中的文件类型与其相对应的扩展名如表4-1-1所示。

表4-1-1　Excel中的文件类型与其相对应的扩展名

文件类型	扩展名
Excel 2016	. xlsx
Excel 2016启用宏的工作簿	. xlsm
Excel 2016模板	. xltx
Excel 2016启用宏的模板	. xltxm

2. 工作表

工作表是工作簿的一部分,是Excel用来处理和存储数据的主要单元。默认情况下,一个工作簿中包含1张工作表Sheet1。

3. 单元格

单元格是表格中行与列的交叉部分，它是组成表格的最小单位。一个工作表有1048576（行）×16384（列）个单元格，每个单元格内容（文本）的长度为32767 个字符。单元格中只能显示 1024 个字符，而编辑栏中可以显示全部 32767 个字符。

因此，单元格、工作表、工作簿三者之间的关系是：单元格是构成工作表的基本单位，而工作表是构成工作簿的基本单位。

4. 单元格地址

工作表的每个单元格有一个唯一的名称，叫作单元格地址。地址一般用单元格所在的列标和行号组成字母数字串表示，如A1代表左上角第一个单元格，其中“A”代表列标，“1”代表行号。

5. 单元格区域

单元格区域是用两个对角（左上角和右下角）单元格地址表示的多个单元格。例如，单元格区域“A1:B2”由“A1、A2、B1、B2”共4个单元格组成。

技能拓展

1. 根据“样本模板”创建工作簿

除了创建空白工作簿之外，还可根据自己的实际需要使用Excel提供的“模板”来创建工作簿。例如，班主任为了按年和月跟踪所有学生的出勤情况，需要设计一份“学生出勤”记录表。具体操作如下：启动Excel 2016程序，在模板中选择“学生出勤记录”模板，如图4-1-5所示。

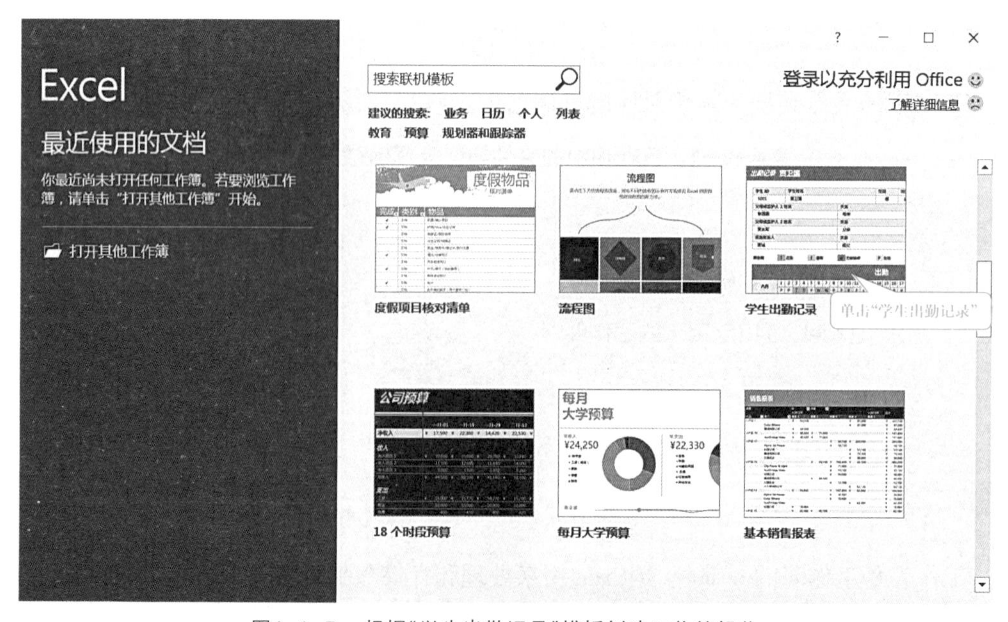

图4-1-5 根据“学生出勤记录”模板创建工作簿操作

2. 利用“自动保存”功能避免数据丢失

在表格的编辑过程中，意外情况是不可预测的，造成的损失也是在所难免的。通过Excel提供的“自动保存”功能，可以使发生意外时的损失降低到最小，具体操作过程如图4-1-6所示。

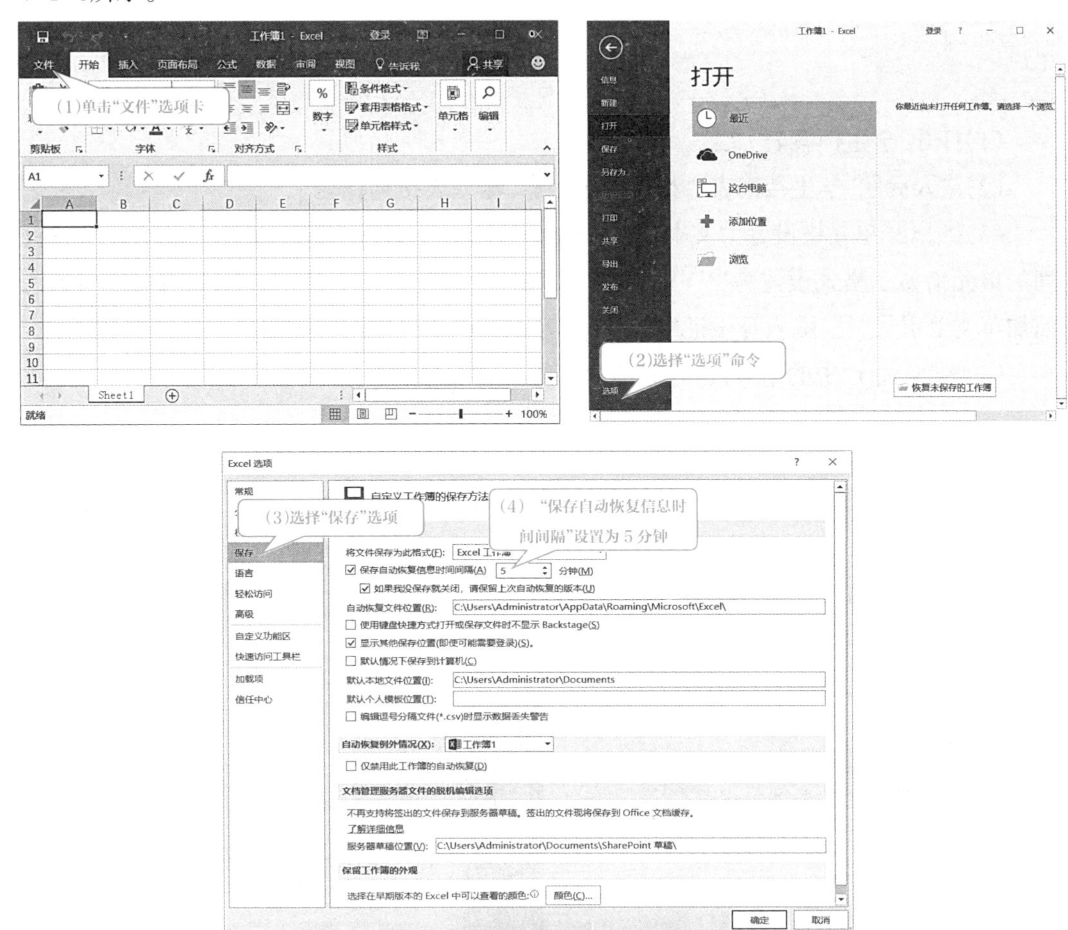

图4-1-6　设置“保存自动恢复信息时间间隔”操作过程

自我评价

评价内容		评价等级		
		好	一般	尚需努力
知识技能评价	1. 熟悉Excel 2016的启动和退出操作			
	2. 了解Excel 2016的窗口组成			
	3. 了解单元格、工作表、工作簿的概念			
	4. 掌握文件的新建和保存操作			

任务2　学生档案表的制作

任务描述

（1）打开“学生档案表”文件。

（2）输入标题“学生档案表”，根据学生信息，输入表格列标题。

（3）将“A3”单元格设置为文本格式并输入序号“01”，使用“填充柄”填入相应序号；将F列的单元格显示格式设置为“YYYY/MM/DD”格式，并输入出生年月；在K列身份证号输入前加英文单引号“'”，输入身份证号码，同时完成其他单元格内容的输入。

（4）将“Sheet1”中的第3行进行冻结窗口。

任务实施

1. 启动文件

启动Excel 2016，通过“文件”选项卡，打开位于本地磁盘F的“学生档案表”文件，操作过程如图4-1-7所示。

图4-1-7　打开“学生档案表”文件操作过程

2. 输入标题

单击“A1”单元格，输入标题“学生档案表”，按“Enter”键确认，设计并输入表格列标题内容，如图4-1-8所示。

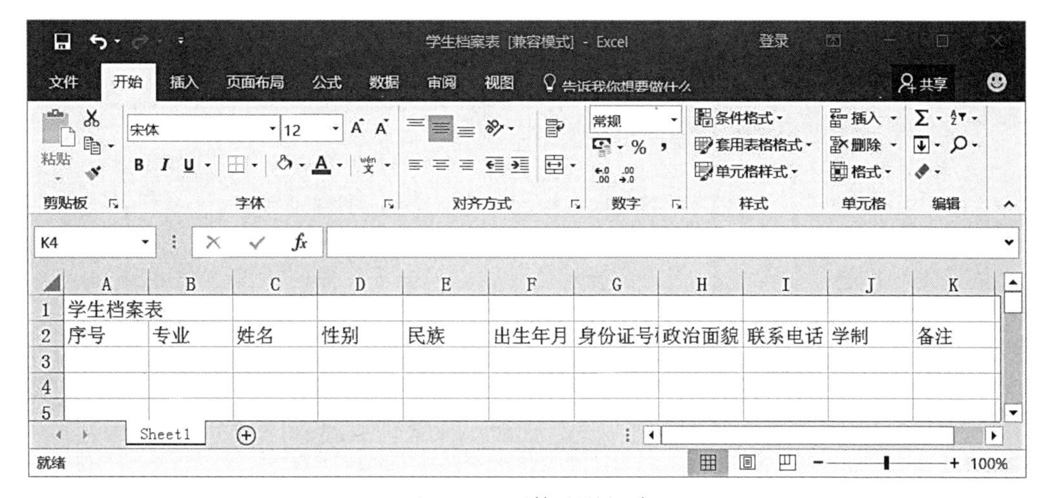

图4-1-8　列标题的设计

3. 输入数据

根据列标题输入相应数据信息，Excel 2016单元格可输入多种数据类型，常见的有文本、数值、日期、时间等，根据列标题内容进行数据内容输入。

（1）输入序号。在"A3"单元格中输入数字"01"，单击"确定"按钮后，会发现单元格中只显示数字"1"，对于这样的问题，应先将"A3"单元格的格式设置为"文本"格式，操作过程如图4-1-9所示。

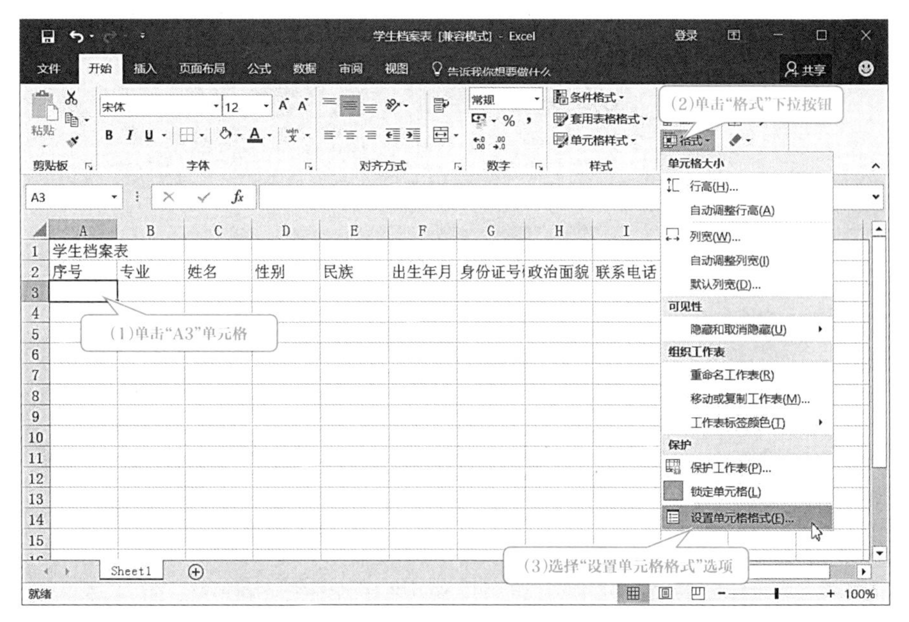

图4-1-9(1)　单元格"文本"格式设置操作过程(1)

图4-1-9(2)　单元格“文本”格式设置操作过程(2)

序号是一些有规律的序列，对于这样的序列，可以通过Excel中的自动填充功能填充数据，将鼠标指向“A3”单元格右下角的填充柄，指针将变为实心“+”字形，按住鼠标左键拖至目标单元格后松开鼠标，如图4-1-10所示。

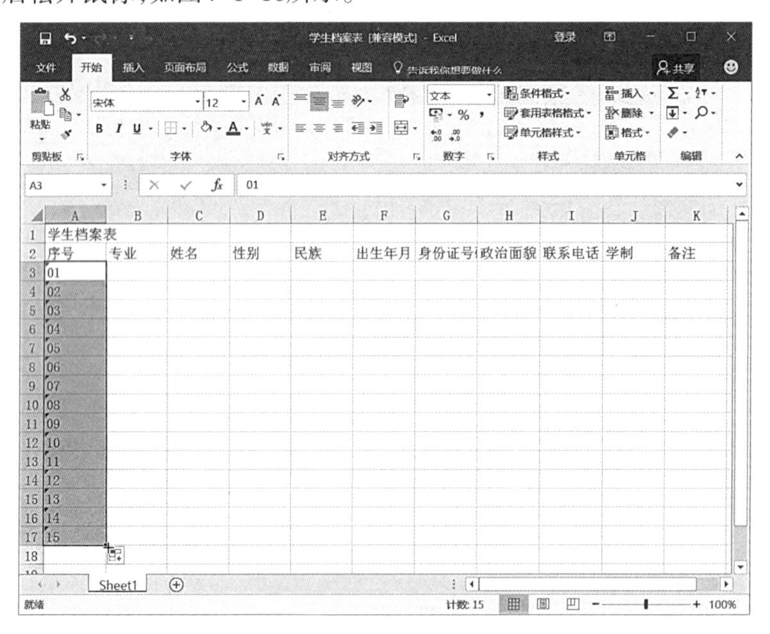

图4-1-10　使用填充柄填充

（2）输入出生年月。根据图4-1-11所示，设置“出生年月”单元格格式，并输入相应的出生年月。

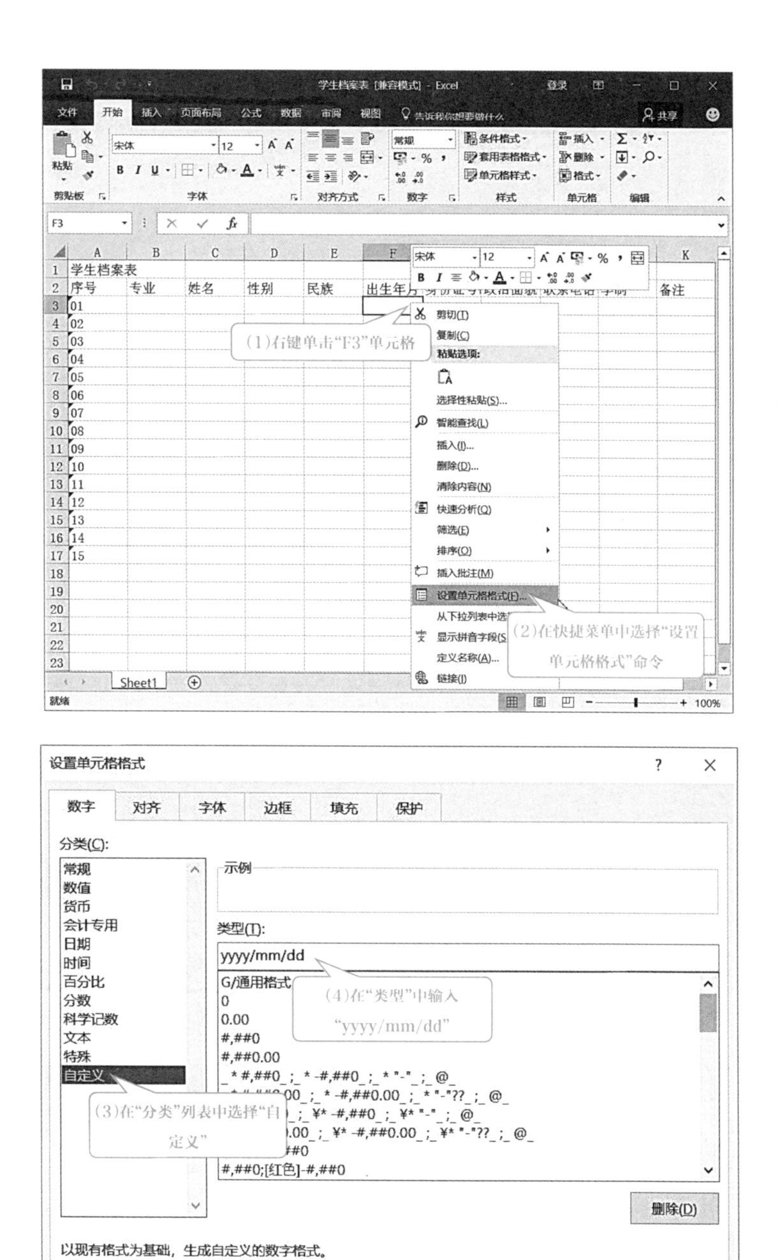

图4–1–11　设置出生年月的显示格式为“yyyy/mm/dd”操作过程

(3)输入身份证号。当数字长度超出单元格宽度或数值位数大于11位时，单元格中数字会以科学计数法表示，如1.234567E+17。如果要在单元格中输入身份证号，可以在数字前加上英文的单引号“'”，这是文本设置的另一种方法，如图4–1–12所示。

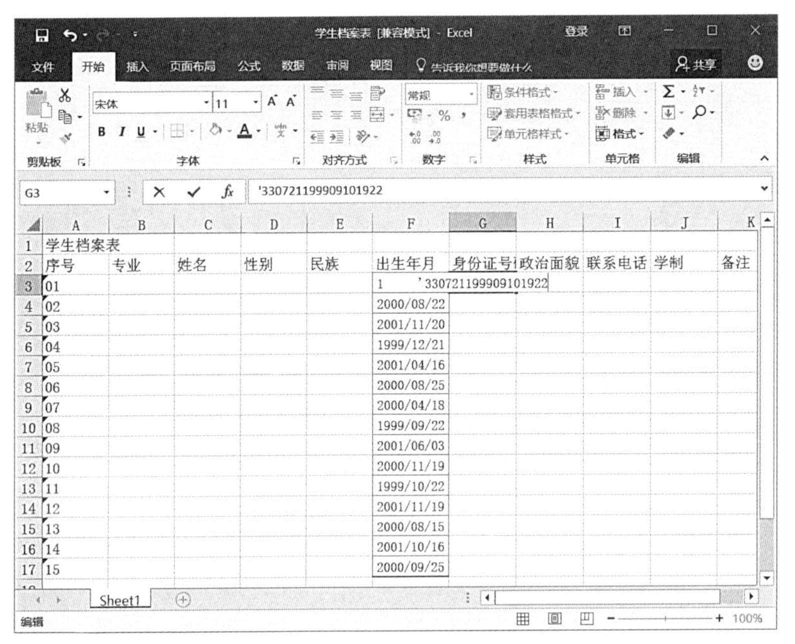

图4-1-12　输入身份证号示例

单元格中的数字以“#”符号显示时，表示该列没有足够的列宽，只需调整列宽即可。

（4）输入其他信息。当文本长度超出单元格宽度时，若右侧相邻的单元格中没有数据，则文本可以完全显示，否则将被截断显示，输入其他信息后的工作表如图4-1-13所示。

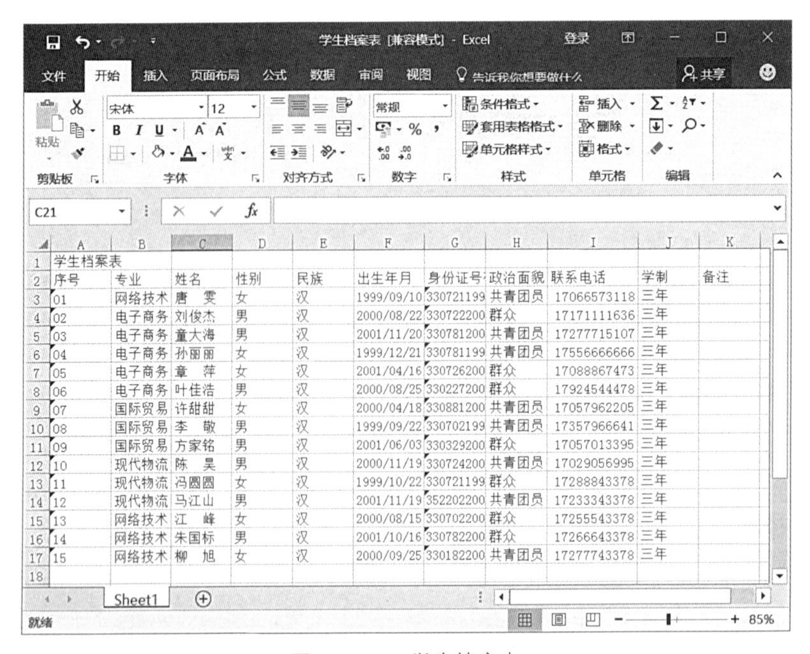

图4-1-13　学生档案表

单元格在默认状态下输入数值数据均右对齐，输入文本均左对齐。用户除了在“单元格”中直接输入数据，还可以在“编辑栏”中输入。

4. 冻结窗格

当输入行数和列数较多时，一旦向下滚动，上面的标题行也跟着滚动，在处理数据时往往很难分清各例数据对应的标题，此时利用“冻结窗格”功能可以很好地解决这一问题。

选择“学生档案表”中的第3行，在“视图”选项卡中单击“窗口”选项组中的“冻结窗格”下拉按钮，选择“冻结窗格”选项，操作过程如图4-1-14所示。

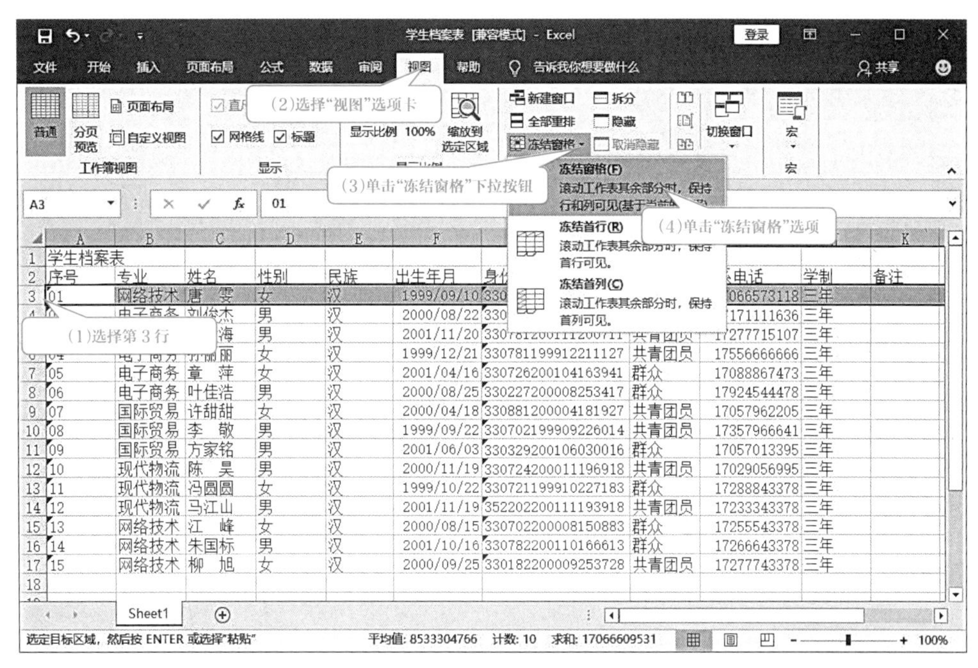

图4-1-14　“冻结窗格”操作过程

知识链接

1. 日期和时间的分隔符

在使用Excel进行各种表格编辑过程中，经常需要输入日期和时间。输入日期时，一般使用“/”或“-”分隔日期的年、月、日。输入时间时，可以使用“:”号将时、分、秒隔开。

2. 文本

文本是Excel常用的一种数据类型，如表格的标题、行标题与列标题等。文本数据包含字符、数字和键盘符号的组合。

技能拓展

1. 特殊符号的输入

在实际应用中可能需要输入特殊符号，如“§”“£”“¢”等。在Excel 2016中可以轻松输入这些符号。下面以输入“§”符号为例，具体操作如图4-1-15所示。

2. 重复数据的输入

如果要输入表格中已经存在的数据，可以先选择要输入数据的单元格，然后按“Alt+↓”组合键，就会显示该列已经有数据的列表，利用向上或向下箭头键在列表中选择需要的数据，再按“Enter”键完成输入。操作过程如图4-1-16所示。

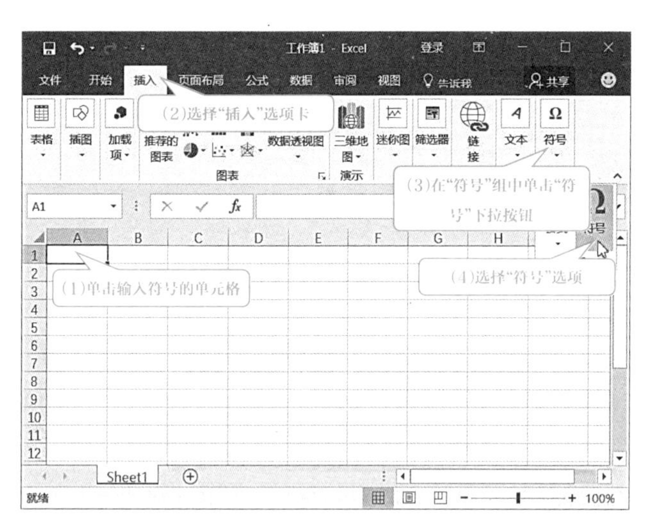

图4-1-15　输入特殊符号操作过程

出生年月	身份证号码	政治面貌	联系电话	学制
1999/09/10	330721199909101922	共青团员	17066573118	三年
2000/08/22	330722200008220339	群众	17171111636	三年
2001/11/20	330781200111200711	共青团员	17277715107	三年
1999/12/21	330781199912211127	共青团员	17556666666	三年
2001/04/16	330726200104163941	群众	17088867473	三年
2000/08/25	330227200008253417	群众	17924544478	三年
2000/04/18	330881200004181927		17057962205	三年
1999/09/22	330702199909226014	共青团员	17357966641	三年
2001/06/03	[illegible]	群众	17057013395	三年
2000/11/19	[illegible]	政治面貌	17029056995	三年
1999/10/22	[illegible]		17288843378	三年
2001/11/19	352202200111193918		17233343378	三年
2000/08/15	330702200008150883		17255543378	三年
2001/10/16	330782200110166613		17266643378	三年
2000/09/25	330182200009253728		17277743378	三年

(1)选择单元格后按“Alt+↓”组合键

出生年月	身份证号码	政治面貌	联系电话	学制
1999/09/10	330721199909101922	共青团员	17066573118	三年
2000/08/22	330722200008220339	群众	17171111636	三年
2001/11/20	330781200111200711	共青团员	17277715107	三年
1999/12/21	330781199912211127	共青团员	17556666666	三年
2001/04/16	330726200104163941	群众	[illegible]	三年
2000/08/25	330227200008253417	群众	[illegible]	三年
2000/04/18	330881200004181927	共青团员	17057962205	三年
1999/09/22	330702199909226014		17357966641	三年
2001/06/03	330329200106030016		17057013395	三年
2000/11/19	330724200011196918		17029056995	三年
1999/10/22	330721199910227183		17288843378	三年
2001/11/19	352202200111193918		17233343378	三年
2000/08/15	330702200008150883		17255543378	三年
2001/10/16	330782200110166613		17266643378	三年
2000/09/25	330182200009253728		17277743378	三年

(2)按“Enter”键完成输入

图4-1-16　输入重复数据操作过程

3. 多个单元格中相同数据的输入

在数据输入过程中经常会遇到要输入重复相同的数据，除了“复制”单元格之外，还有一种更快捷的方法。按住“Ctrl”键，用鼠标单击要输入数据的单元格；在最后一个单元格中输入文本“共青团员”；按“Ctrl+Enter”组合键，即可在所有选定的单元格中出现相同的文字。操作过程如图4-1-17所示。

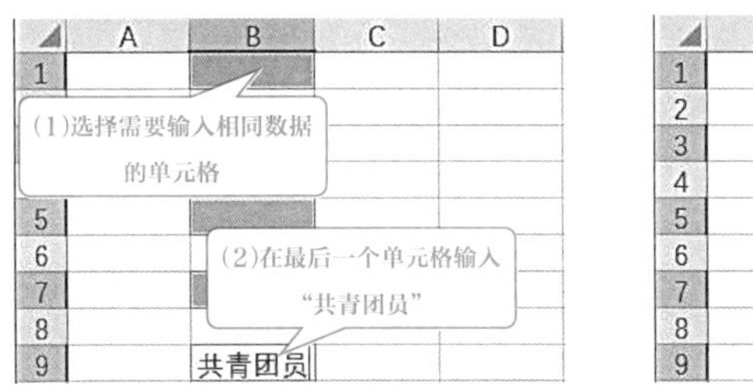

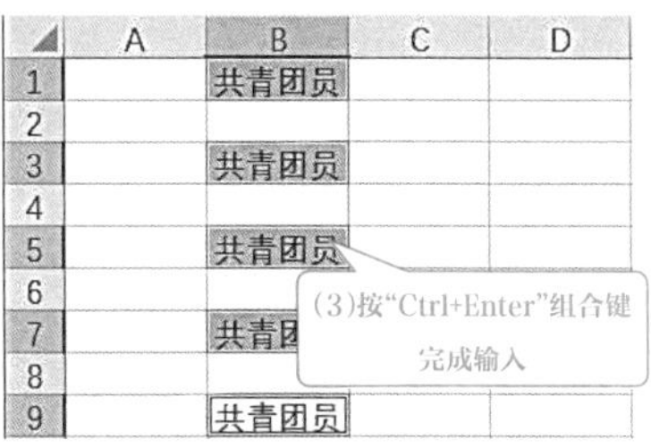

图4-1-17　多个单元格中输入相同数据操作过程

自我评价

评价内容		评价等级		
		好	一般	尚需努力
知识技能评价	1. 掌握文本格式的设置与输入			
	2. 掌握日期格式的设置与输入			
	3. 掌握身份证号格式的设置与输入			
	4. 掌握冻结窗格的操作			
	5. 熟悉插入特殊符号			

任务3　学生档案表的基本操作

任务描述

（1）将“Sheet1”重命名为“学生档案原表”，在“学生档案原表”后面插入一个新的工作表，重命名为“美化学生档案表”。

（2）将“学生档案原表”工作表标签设置为绿色，将“美化学生档案表”工作表标签设置为红色。

（3）将工作表“学生档案原表”中的内容复制到“美化学生档案表”中，同时隐藏“学生档案原表”，删除不需要的工作表。

任务实施

1. 重命名及插入工作表

右击工作表标签“Sheet1”，选择“重命名”命令，输入“学生档案原表”，按“Enter”键确认。操作过程如图4-1-18所示。

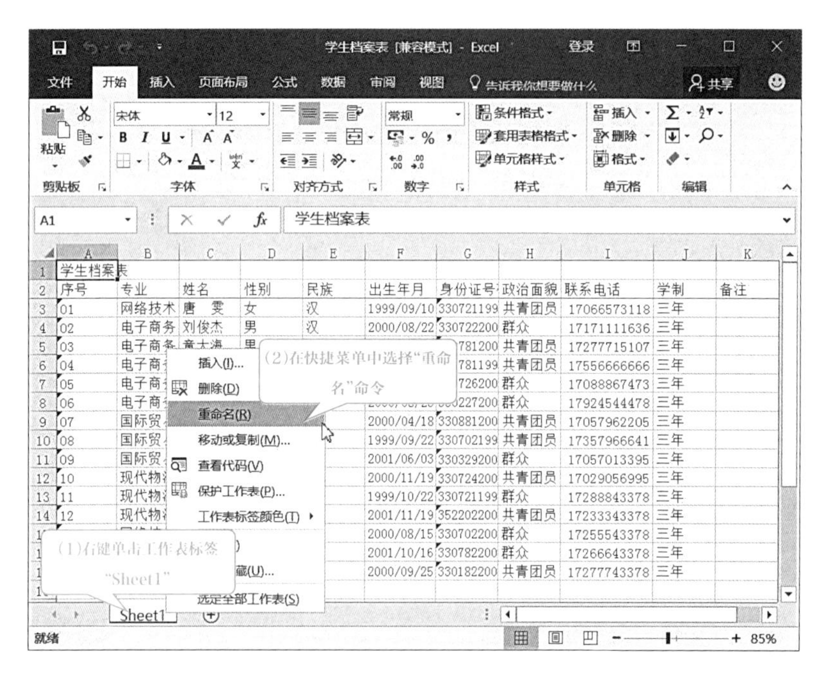

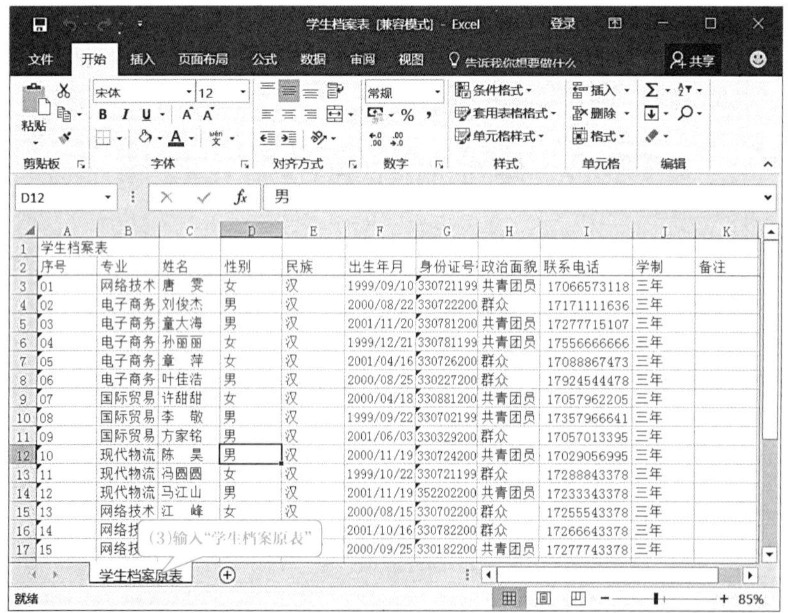

图4-1-18　将“Sheet1”重命名为“学生档案原表”操作过程

右击工作表标签“学生档案原表”，在弹出的快捷菜单中选择“插入”命令，在“插入”对话框中选择“工作表”，单击“确定”按钮，工作簿在“学生档案原表”之前自动添加新的工作表，用鼠标将新工作表拖动到“学生档案原表”之后，并将其重命名为“美化学生档案表”，操作过程如图4-1-19所示。

图4-1-19　在“学生档案原表”后插入“美化学生档案表”操作过程

小贴士

工作表之间的切换除了使用鼠标外，还可以通过键盘切换，按“Ctrl+PageUp”组合键，切换到上一个工作表，按“Ctrl+PageDown”组合键，切换到下一个工作表。

2. 改变工作表标签颜色

右击“学生档案原表”工作表标签，在弹出的快捷菜单中，选择“工作表标签颜色”→“标准色”→“绿色”，操作过程如图4-1-20所示。用相同的方法设置“美化学生档案表”工作表标签颜色为红色，效果如图4-1-21所示。

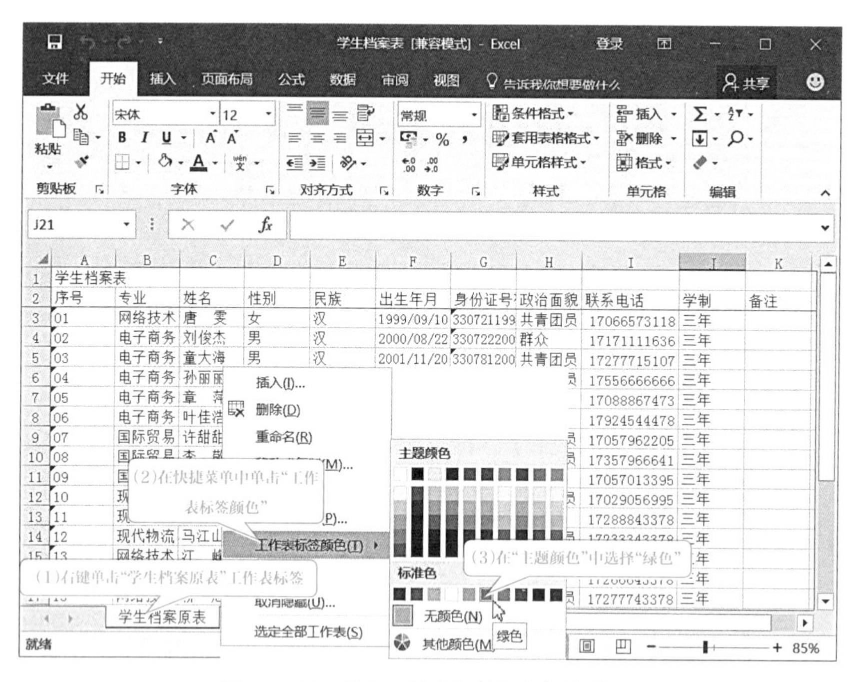

图4-1-20　设置工作表标签颜色操作过程

	A	B	C	D	E	F	G	H	I	J	K
1	学生档案表										
2	序号	专业	姓名	性别	民族	出生年月	身份证号	政治面貌	联系电话	学制	备注
3	01	网络技术	唐　雯	女	汉	1999/09/10	330721199	共青团员	17066573118	三年	
4	02	电子商务	刘俊杰	男	汉	2000/08/22	330722200	群众	17171111636	三年	
5	03	电子商务	童大海	男	汉	2001/11/20	330781200	共青团员	17277715107	三年	
6	04	电子商务	孙丽丽	女	汉	1999/12/21	330781199	共青团员	17556666666	三年	
7	05	电子商务	章　萍	女	汉	2001/04/16	330726200	群众	17088867473	三年	
8	06	电子商务	叶佳浩	男	汉	2000/08/25	330227200	群众	17924544478	三年	
9	07	国际贸易	许甜甜	女	汉	2000/04/18	330881200	共青团员	17057962205	三年	
10	08	国际贸易	李　敬	男	汉	1999/09/22	330702199	共青团员	17357966641	三年	
11	09	国际贸易	方家铭	男	汉	2001/06/03	330329200	群众	17057013395	三年	
12	10	现代物流	陈　昊	男	汉	2000/11/19	330724200	共青团员	17029056995	三年	
13	11	现代物流	冯圆圆	女	汉	1999/10/22	330721199	群众	17288843378	三年	
14	12	现代物流	马江山	男	汉	2001/11/19	352202200	共青团员	17233343378	三年	
15	13	网络技术	江　峰	女	汉	2000/08/15	330702200	群众	17255543378	三年	
16	14	网络技术	朱国标	男	汉	2001/10/16	330782200	群众	17266643378	三年	
17	15	网络技术	柳　旭	女	汉	2000/09/25	330182200	共青团员	17277743378	三年	

学生档案原表　美化学生档案表

图4-1-21　工作表标签颜色操作结果

3. 工作表内容的复制、隐藏及删除

选中工作表“学生档案原表”中的所有内容，右击选中的内容，在快捷菜单中选择“复制”命令，选择“美化学生档案表”工作表标签，右击“A1”单元格，在弹出的快捷菜单中选择“粘贴”命令，操作过程如图4-1-22所示。

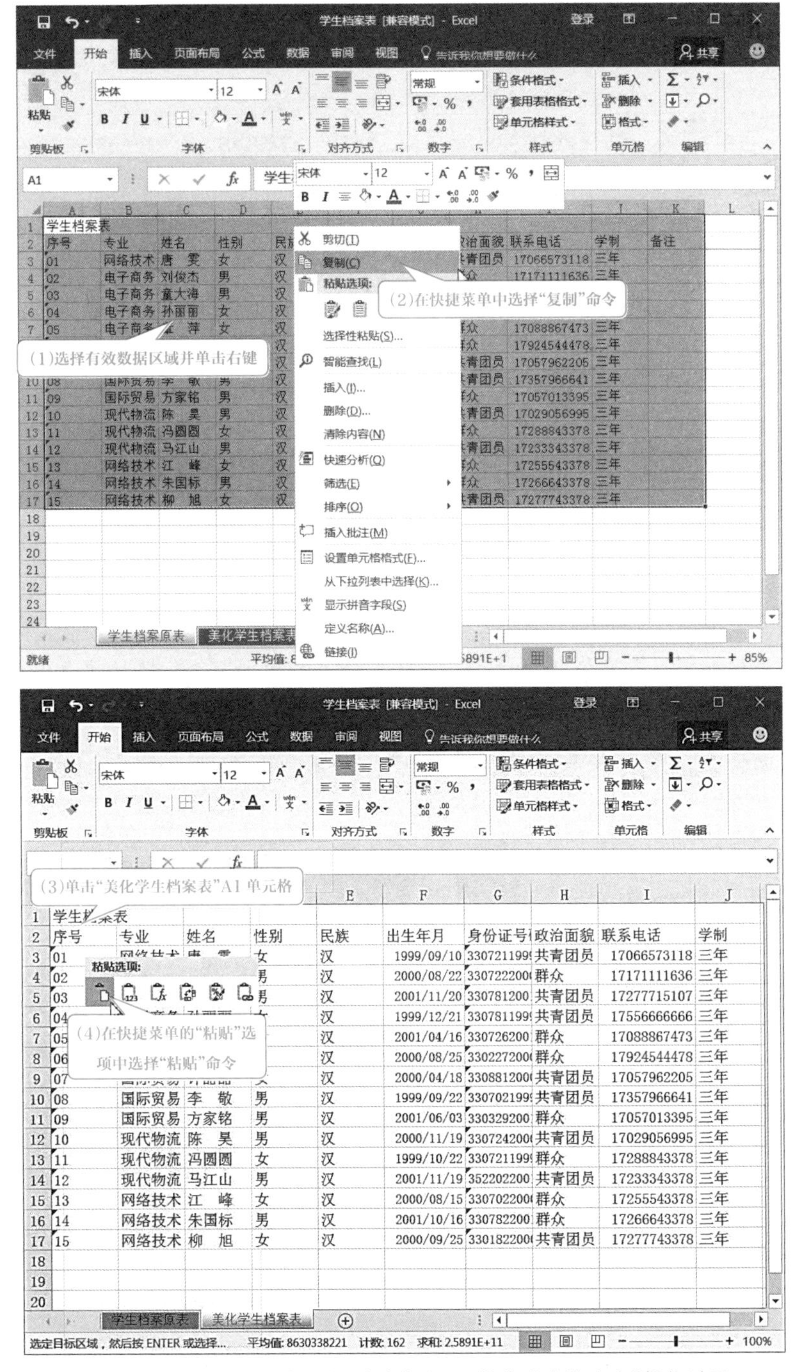

图4-1-22　“学生档案原表”内容复制到“美化学生档案表”操作过程

为了避免对“学生档案原表”的误操作，需要对该工作表进行隐藏，右击工作表标签“学生档案原表”，在弹出的快捷菜单中选择“隐藏”命令，操作过程如图4-1-23所示。

图4-1-23　隐藏“学生档案原表”操作过程

> **小贴士**
>
> 工作表被隐藏后，若需要取消隐藏，可以右击工作表标签，在快捷菜单中选择“取消隐藏”命令，在弹出的“取消隐藏”对话框中选择要取消隐藏的工作表，单击“确定”按钮，隐藏的工作表将重新显示出来。

若要删除已经不需要的工作表，右击工作表标签，在弹出的快捷菜单中选择“删除”命令，即可删除工作表，操作过程如图4-1-24所示。

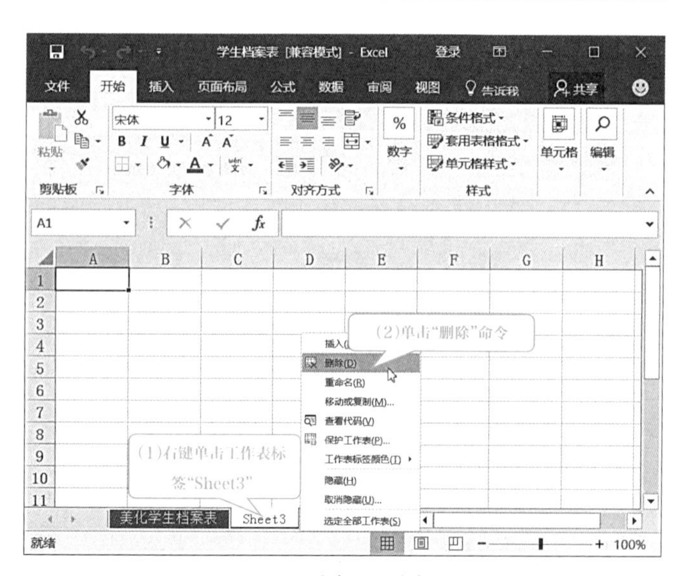

图4-1-24　删除工作表操作过程

技能拓展

1. 移动和复制工作表

在同一工作簿内移动工作表，即可改变工作表的排列顺序，其操作如下：按住鼠标左键，拖动要移动的工作表标签，当黑色箭头指向新位置后释放鼠标完成移动。

如果在同一工作簿中要复制工作表，先选择要复制的工作表，单击右键，选择“移动或复制”，然后选择复制后的工作表所在位置，勾选“建立副本”，最后单击“确定”即可完成操作。

2. 拆分工作表

在一个数据量较大的表格中，需要在某个区域编辑数据，而有时需要参照该工作表中其他位置上的内容，通过拆分工作表的功能，可以很好地解决这个问题。拆分工作表的具体操作如下：

（1）单击要从其上方和左侧拆分的单元格，切换到功能区中的“视图”选项卡；

（2）在“窗口”组中单击“拆分”按钮，即可将工作表拆分为4个窗格，操作过程如图4-1-25所示。

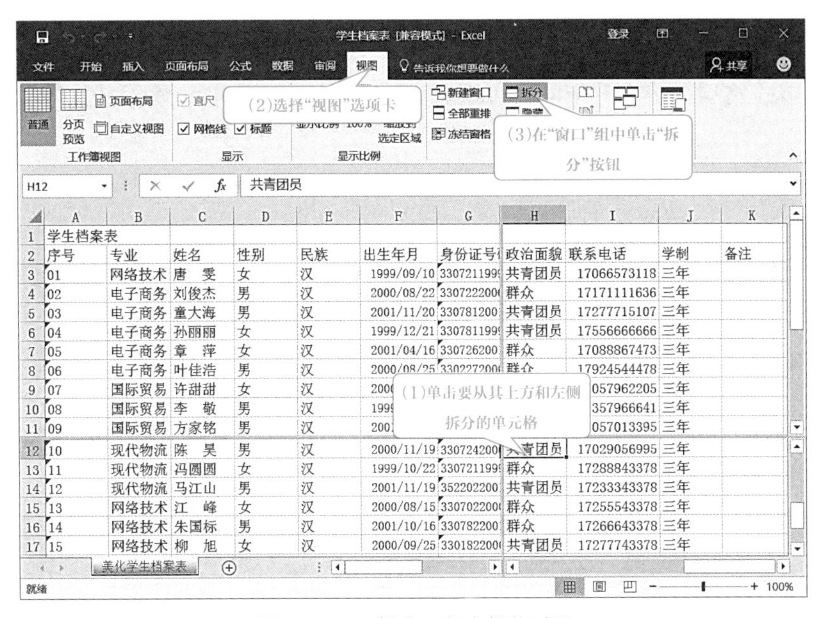

图4-1-25 拆分工作表操作过程

自我评价

评价内容		评价等级		
		好	一般	尚需努力
知识技能评价	1. 掌握工作表的重命名操作			
	2. 熟悉工作表标签颜色的设置			
	3. 掌握工作表的移动和复制操作			
	4. 掌握新建工作表和删除工作表的操作			
	5. 熟悉工作表的拆分操作			

任务4　学生档案表的格式化

任务描述

（1）将“美化学生档案表”中的标题字体设置为“华文新魏、28磅、深蓝色、合并后居中”。

（2）将表头设置为“黑体、12磅、浅绿色底纹”，调整所有单元格列宽为“自动调整列宽”并居中显示。

（3）给“美化学生档案表”中的有效数据区域添加深蓝色、粗实线外边框线，以及浅蓝色、细实线内部框线。

（4）将“美化学生档案表”中政治面貌为“共青团员”的单元格格式设置为“浅红填充色深红色文本”。

任务实施

1. 标题设置

选中“美化学生档案表”中“A1:K1”单元格区域，选择“开始”选项卡，单击“对齐方式”选项组中的“合并后居中”按钮，在“字体”选项组中设置字体格式为“华文新魏、28磅、深蓝色”，操作过程如图4-1-26所示。

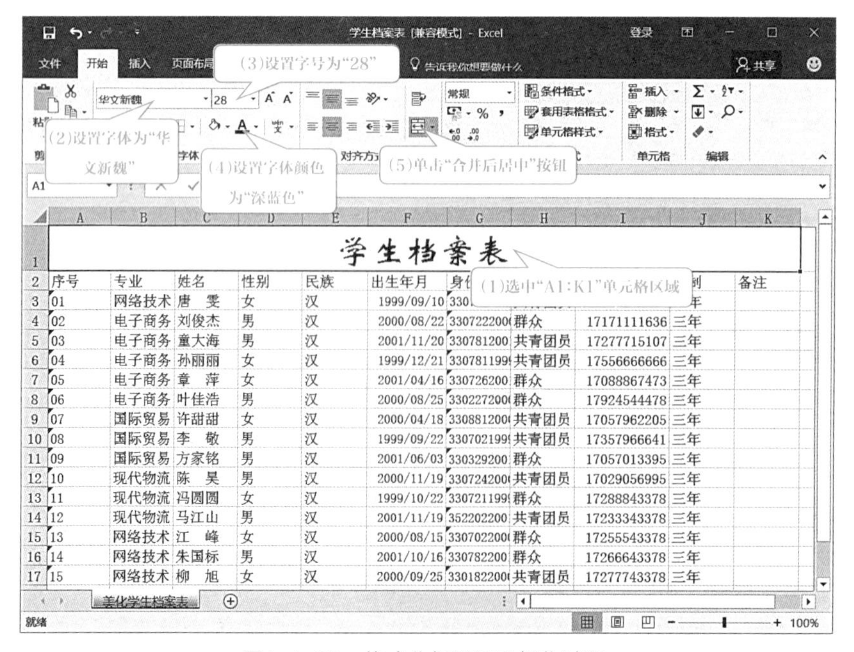

图4-1-26　格式化标题设置操作过程

对于已经合并的单元格，我们可以再次将其还原为多个单元格。只有第一个单元格中有数据，其余单元格中无内容。

2. 单元格设置

选中“A2:K2”单元格区域，如同格式化“标题”所示，设置“A2:K2”单元格区域字体为“黑体、12磅”，并将“A2:K2”单元格区域底纹设置为“浅绿色”，设置所有单元格的列宽为“自动调整列宽”并居中显示，操作过程如图4–1–27所示。

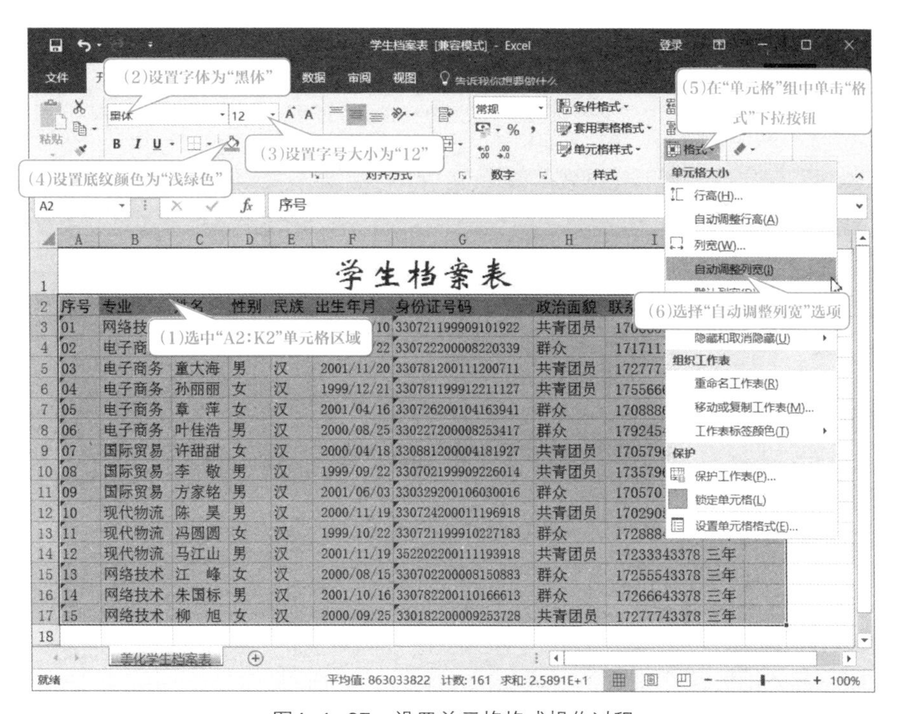

图4–1–27　设置单元格格式操作过程

小贴士

如果要详细设置字体对齐方式，可以选择单元格后，切换到功能区中的“开始”选项卡，单击“对齐方式”组中的对话框启动器，打开“设置单元格格式”对话框并选择“对齐”选项卡，可以分别在“水平对齐”和“垂直对齐”下拉列表框中选择所需的对齐方式。

3. 单元格添加边框线

选中工作表“美化学生档案表”中的“A2:K17”单元格区域，单击鼠标右键在快捷菜单中选择“设置单元格格式”选项，设置边框为“深蓝色、粗实线外边框线”，以及设置“浅蓝色、细实线内部框线”，操作过程如图4-1-28所示，效果如图4-1-29所示。

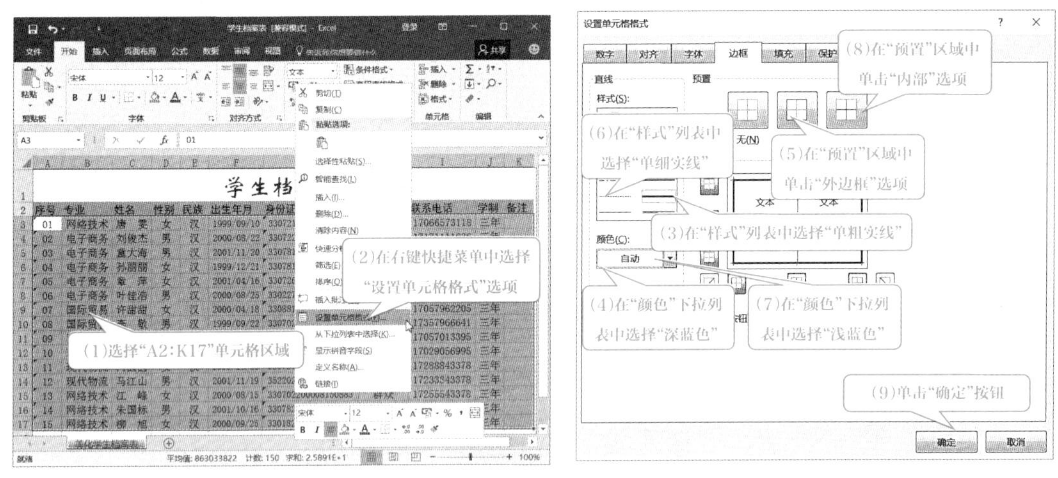

图4-1-28　添加边框线操作过程

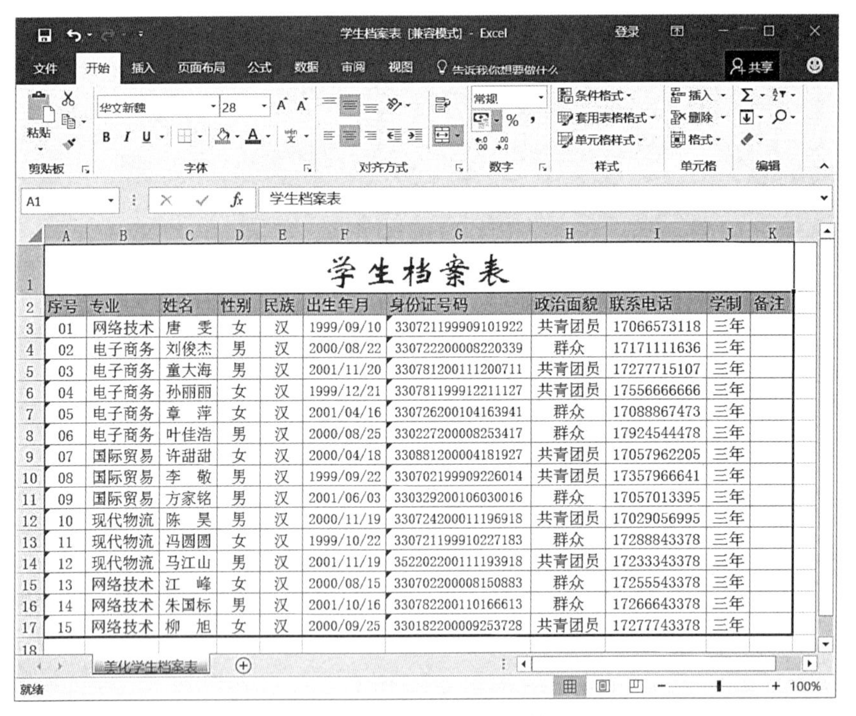

学生档案表

序号	专业	姓名	性别	民族	出生年月	身份证号码	政治面貌	联系电话	学制	备注
01	网络技术	唐　雯	女	汉	1999/09/10	330721199909101922	共青团员	17066573118	三年	
02	电子商务	刘俊杰	男	汉	2000/08/22	330722200008220339	群众	17171111636	三年	
03	电子商务	童大海	男	汉	2001/11/20	330781200111200711	共青团员	17277715107	三年	
04	电子商务	孙丽丽	女	汉	1999/12/21	330781199912211127	共青团员	17556666666	三年	
05	电子商务	章　萍	女	汉	2001/04/16	330726200104163941	群众	17088867473	三年	
06	电子商务	叶佳浩	男	汉	2000/08/25	330227200008253417	群众	17924544478	三年	
07	国际贸易	许甜甜	女	汉	2000/04/18	330881200004181927	共青团员	17057962205	三年	
08	国际贸易	李　敬	男	汉	1999/09/22	330702199909226014	共青团员	17357966641	三年	
09	国际贸易	方家铭	男	汉	2001/06/03	330329200106030016	群众	17057013395	三年	
10	现代物流	陈　昊	男	汉	2000/11/19	330724200011196918	共青团员	17029056995	三年	
11	现代物流	冯圆圆	女	汉	1999/10/22	330721199910227183	群众	17288843378	三年	
12	现代物流	马江山	男	汉	2001/11/19	352202200111193918	共青团员	17233343378	三年	
13	网络技术	江　峰	女	汉	2000/08/15	330702200008150883	群众	17255543378	三年	
14	网络技术	朱国标	男	汉	2001/10/16	330782200110166613	群众	17266643378	三年	
15	网络技术	柳　旭	女	汉	2000/09/25	330182200009253728	共青团员	17277743378	三年	

图4-1-29　单元格美化后效果

4. 设置条件格式

选中工作表“美化学生档案表”政治面貌所在的列“H3:H17”，选择“开始”选项卡，单击“样式”选项组中的“条件格式”下拉按钮，选择“突出显示单元格规则”下的“等于”选项，在文本框中输入“共青团员”，在“设置为”下拉列表框中选择“浅红填充色深红色文本”选项，单击“确定”按钮，操作过程如图4-1-30所示。

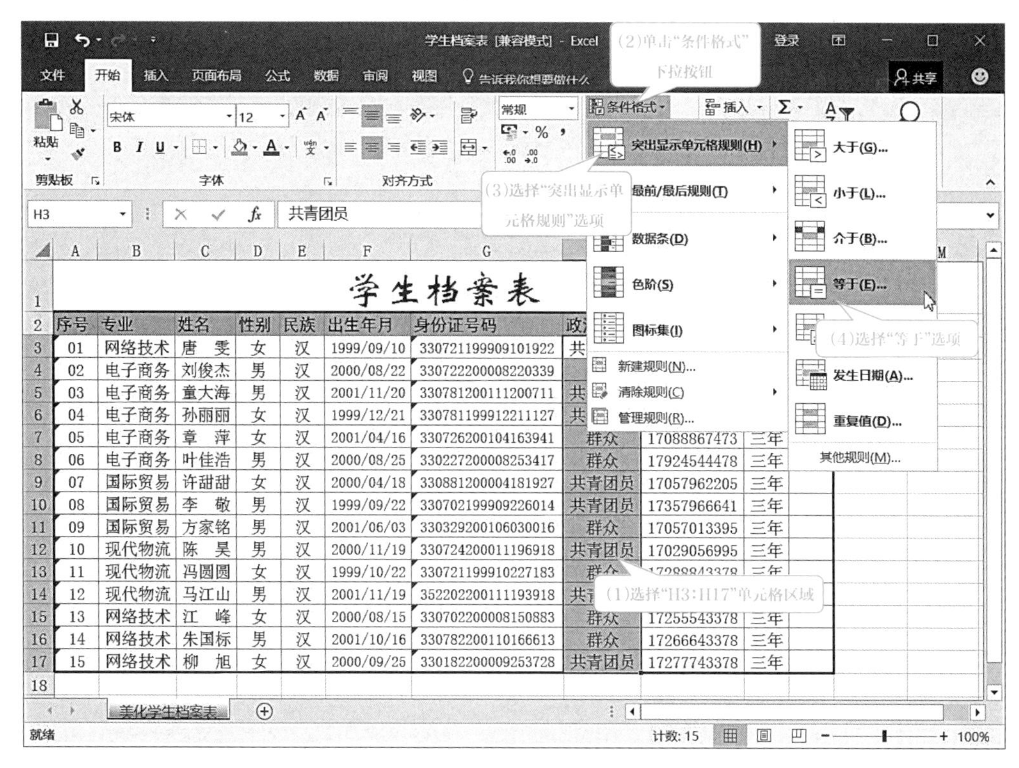

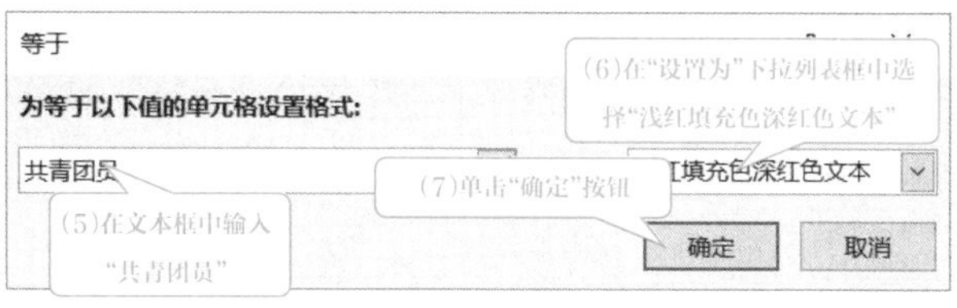

图4-1-30 设置条件格式操作过程

知识链接

1. 单元格的选定操作

单元格所有的操作必须在选定状态下才能进行，若要取消选择的单元格区域，则单击工作表中的任意单元格即可。

表4-1-2 单元格的选定操作

选择	操作
单元格中的文本	双击单元格进入编辑状态，再选取其中的文本
一个单元格	单击单元格
单元格区域	单击该区域中的第一个单元格，然后拖至最后一个单元格或单击该区域中的第一个单元格，在按住"Shift"键的同时单击该区域中的最后一个单元格

续表

选择	操作
所有单元格	单击“全选”按钮，或按组合键“Ctrl+A”
不相邻的单元格或单元格区域	选择第一个单元格或单元格区域，然后在按住“Ctrl”键的同时选择其他单元格或区域
整行或整列	单击行标可选择整行，单击列标可选择整列
相邻行或列	在行标或列标间拖动鼠标
不相邻的行或列	单击选定区域中第一行的行标或第一列的列标，然后在按住“Ctrl”键的同时单击其他行的行标或其他列的列标
行或列中的第一个或最后一个单元格	首先选择行或列中的一个单元格，然后按“Ctrl”键+方向键（对于行，使用向右键或向左键；对于列，使用向上键或向下键）
工作表中的第一个或最后一个单元格	按“Ctrl+Home”组合键可选择工作表中的第一个单元格 按“Ctrl+End”组合键可选择工作表中最后一个包含数据或格式设置的单元格

2. 利用“对齐”选项卡合并单元格

单元格的合并，除了前面介绍的通过“对齐方式”组中“合并后居中”按钮来合并单元格外，还可以通过右键菜单中“设置单元格格式”来合并单元格。具体操作如下：选择需要合并的单元格区域→单击菜单中的“格式”→“单元格”命令，打开“单元格格式”对话框→单击“对齐”选项卡→选中“合并单元格”复选框→单击“确定”按钮（注：选定区域包含多重数值，合并单元格只保留左上角的值）。如果需要对单元格中的文本对齐方式进行更改，可以使用“对齐”选项卡下的“文本对齐方式”选项来更改。

技能拓展

1. 文本在单元格内自动换行

如果工作表中有大量单元格的文本需要换行，除了使用“Alt+Enter”组合键进行换行，还可以让文本在单元格内自动换行。具体操作如下：选定要进行自动换行的单元格，切换功能区到“开始”选项卡，在“对齐方式”组中单击“自动换行”按钮，即可使单元格内的文字自动换行。

2. 精确设置列宽和行高

选择要调整的列或行，切换到功能区中的“开始”选项卡，单击“单元格”组中“格式”按钮右侧的向下箭头，从弹出的下拉菜单中选择“列宽（行高）”命令，在文本框中输入具体的列宽（行高）值，然后单击“确定”按钮，操作过程如图4-1-31所示。

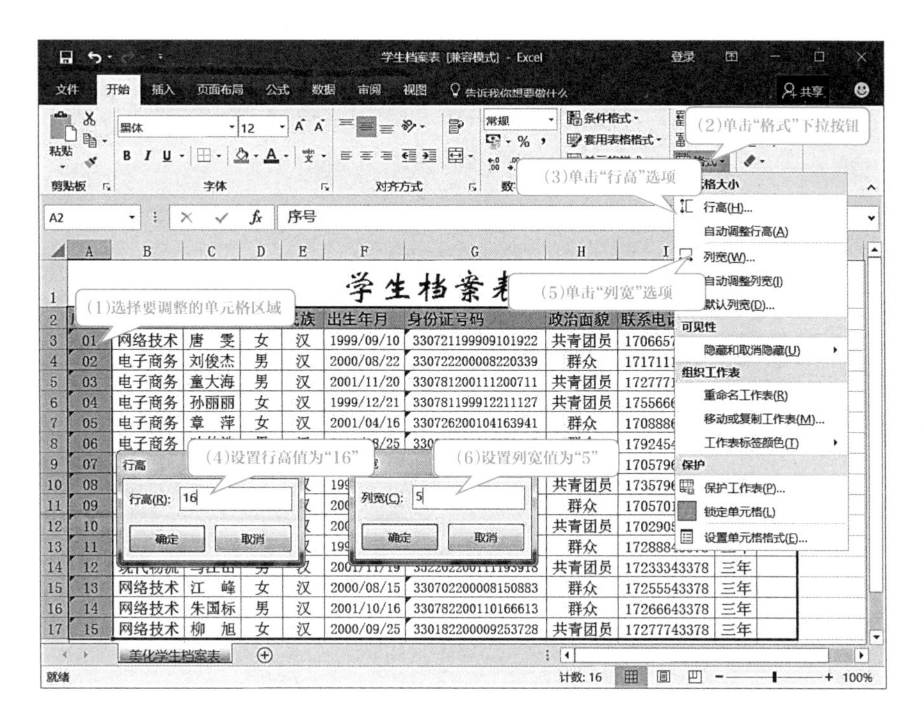

图4-1-31 精确设置列宽(行高)值操作过程

3. 给单元格绘制斜线

如果要绘制具有对角线的单元格,则在"开始"选项卡下"字体"组中单击"边框"下拉按钮,选择"其他边框"命令,进入"设置单元格格式"对话框的"边框"选项卡进行设置。在"样式"列表框中选择边框的线条,单击"边框"选项组中的"斜线"按钮,如图4-1-32所示。单击"确定"按钮,即可为单元格添加斜线。

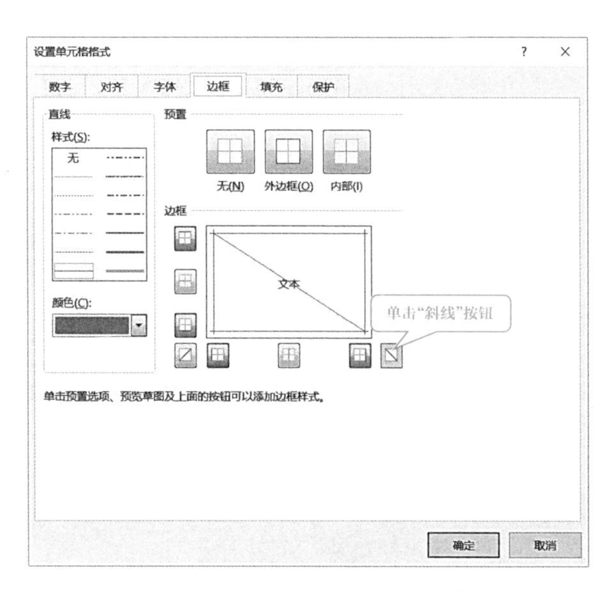

图4-1-32 在单元格中绘制斜线

自我评价

评价内容		评价等级		
		好	一般	尚需努力
知识技能评价	1. 掌握单元格字体的设置			
	2. 熟悉列宽（行高）的设置			
	3. 掌握边框和底纹的设置			
	4. 掌握条件格式的使用			
	5. 熟悉斜线表头的绘制			

思考与练习

(1)思考如何在单元格中输入货币符号。

(2)根据班级上一学期学生成绩情况，设计与制作一份成绩表，并加以美化。

(3)根据本学期的课程试设计一张课程表。

项目 4-2

企业工资表的分析与管理

学习目标

（1）掌握公式及函数的运用。

（2）掌握数据排序的操作。

（3）掌握数据分类汇总的操作。

（4）掌握数据自动筛选操作。

（5）熟悉数据高级筛选的操作。

项目描述

某公司财务管理人员为了更好地对企业员工的工资进行分析与管理，也为了方便企业员工更加直观地了解各自工资的组成及调薪情况，现要求根据员工的基本信息、基本工资、考核奖金、补贴、加班工资、缺勤天数、缺勤扣款情况等，对工资表进行分析与管理。

任务1　企业工资表的计算

任务描述

（1）打开“企业员工工资表.xlsx”，利用自动求和命令求出工作表“各部门工资”中的“应发工资”列数据。

（2）利用公式求出工作表“各部门工资”中的“考勤扣款”列数据，具体公式描述为：考勤扣款=缺勤天数×100（缺勤一天扣100元）。

（3）利用公式求出工作表“各部门工资”中的“实发工资”列数据，具体公式描述为：实发工资=应发工资−考勤扣款。

（4）在最后一行添加平均工资，利用AVERAGE函数统计出工作表“各部门工资”中各列数据的平均值，结果保留两位小数。

任务实施

1. 计算“应发工资”

打开“企业员工工资表”，在工作表“各部门工资”中单击“J3”单元格，选择“公式”选项卡→单击“函数库”选项组中的“自动求和”按钮→单击“输入”按钮→双击“J3”单元格右下角的“填充柄”，操作过程如图4-2-1所示，求和操作结果如图4-2-2所示。

(2)选择“公式”选项卡
(3)单击“自动求和”按钮
(4)单击“输入”按钮
(1)单击“J3”单元格
(5)双击“填充柄”
=SUM(F3:I3)

业员工工资表

序号	部门	[illegible]	[illegible]	[illegible]	[illegible]资	考核奖金	补贴	加班工资	应发工资	缺勤天数	考勤扣款	实发工资
01	行政部	唐　雯	本科	文员	4000	960	200	=SUM(F3:I3)				
02	人事部	刘俊杰	研究生	主管	5000	1100	400	400	SUM(number1, [number2], ...)			
03	人事部	童大海	专科	职员	2500	8[illegible]						
04	财务部	孙丽丽	研究生	财务总监	5000	11[illegible]						
05	财务部	章　萍	本科	主管	4000	9[illegible]						
06	财务部	叶佳浩	专科	职员	2800	965	200	350		1		
07	企划部	许甜甜	本科	经理	4500	850	500	350		1.5		
08	企划部	李　敏	专科	职员	2500	1200	200	550		0		
09	企划部	方家铭	专科	职员	2500	950	200	350		1		
10	研发部	陈　昊	研究生	主管	5000	850	400	400		2		
11	研发部	冯圆圆	专科	技术员	3500	910	300	350		0.5		
12	研发部	马江山	本科	技术员	3800	1160	300	400		0		
13	销售部	江一峰	专科	业务员	2800	850	300	600		1.5		
14	销售部	朱国标	研究生	销售经理	5000	1060	500	400		0.5		
15	销售部	柳　旭	专科	业务员	2500	800	300	500		3		

各部门工资　工资分析　工资管理

图4-2-1　自动求和操作过程

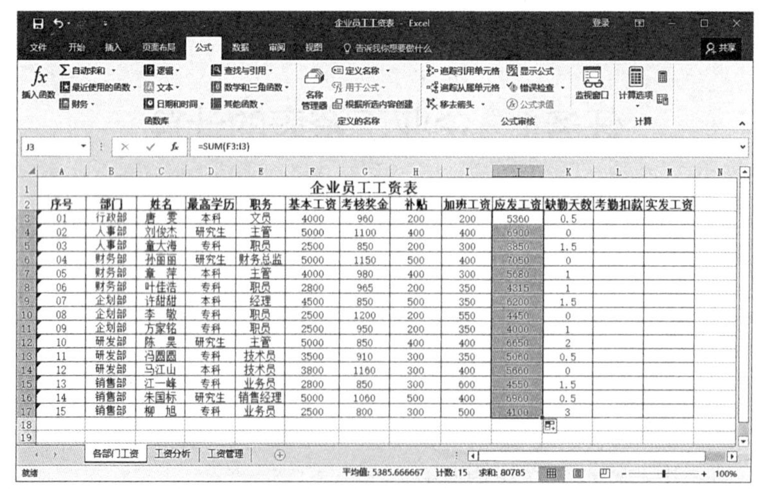

企业员工工资表

序号	部门	姓名	最高学历	职务	基本工资	考核奖金	补贴	加班工资	应发工资	缺勤天数	考勤扣款	实发工资
01	行政部	唐　雯	本科	文员	4000	960	200	200	5360	0.5		
02	人事部	刘俊杰	研究生	主管	5000	1100	400	400	6900	0		
03	人事部	童大海	专科	职员	2500	850	200	300	3850	1.5		
04	财务部	孙丽丽	研究生	财务总监	5000	1150	500	400	7050	0		
05	财务部	章　萍	本科	主管	4000	980	400	300	5680	1		
06	财务部	叶佳浩	专科	职员	2800	965	200	350	4315	1		
07	企划部	许甜甜	本科	经理	4500	850	500	350	6200	1.5		
08	企划部	李　敏	专科	职员	2500	1200	200	550	4450	0		
09	企划部	方家铭	专科	职员	2500	950	200	350	4000	1		
10	研发部	陈　昊	研究生	主管	5000	850	400	400	6650	2		
11	研发部	冯圆圆	专科	技术员	3500	910	300	350	5060	0.5		
12	研发部	马江山	本科	技术员	3800	1160	300	400	5660	0		
13	销售部	江一峰	专科	业务员	2800	850	300	600	4550	1.5		
14	销售部	朱国标	研究生	销售经理	5000	1060	500	400	6960	0.5		
15	销售部	柳　旭	专科	业务员	2500	800	300	500	4100	3		

图4-2-2　“应发工资”操作结果

小贴士

在函数运用中，如果引用区域中包含“0”值单元格，则计算在内；如果引用区域中包含空白或字符单元格，则不计算在内。

2. 计算“考勤扣款”

在工作表“各部门工资”中单击“L3”单元格，输入公式“=K3*100”，单击“输入”按钮，双击“L3”单元格右下角的“填充柄”，即可完成“考勤扣款”的计算，操作过程如图4-2-3所示，操作结果如图4-2-4所示。

(1)单击“L3”单元格，输入公式“=K3*100”

(2)单击“输入”按钮

(3)双击“填充柄”

图4-2-3　利用公式计算“考勤扣款”操作过程

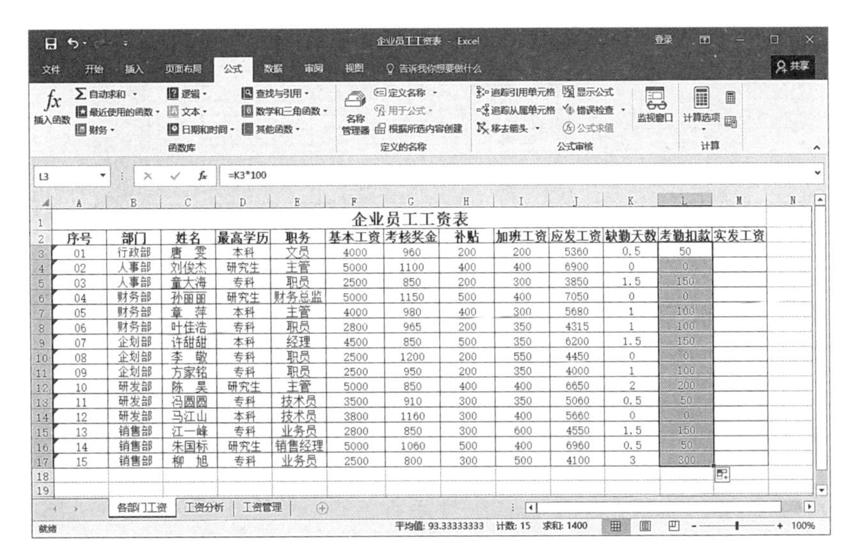

企业员工工资表												
序号	部门	姓名	最高学历	职务	基本工资	考核奖金	补贴	加班工资	应发工资	缺勤天数	考勤扣款	实发工资
01	行政部	唐　雯	本科	文员	4000	960	200	200	5360	0.5	50	
02	人事部	刘俊杰	研究生	主管	5000	1100	400	400	6900	0	0	
03	人事部	童大海	专科	职员	2500	850	200	300	3850	1.5	150	
04	财务部	孙丽丽	研究生	财务总监	5000	1150	500	400	7050	0	0	
05	财务部	章　萍	本科	主管	4000	980	400	300	5680	1	100	
06	财务部	叶佳浩	专科	职员	2800	965	200	350	4315	1	100	
07	企划部	许甜甜	本科	经理	4500	850	500	350	6200	1.5	150	
08	企划部	李　敬	专科	职员	2500	1200	200	550	4450	0	0	
09	企划部	方家铭	专科	职员	2500	950	200	350	4000	1	100	
10	研发部	陈　昊	研究生	主管	5000	850	400	400	6650	2	200	
11	研发部	冯圆圆	专科	技术员	3500	910	300	350	5060	0.5	50	
12	研发部	马江山	本科	技术员	3800	1160	300	400	5660	0	0	
13	销售部	江一峰	专科	业务员	2800	850	300	600	4550	1.5	150	
14	销售部	朱国标	研究生	销售经理	5000	1060	500	400	6960	0.5	50	
15	销售部	柳　旭	专科	业务员	2500	800	300	500	4100	3	300	

图4-2-4　利用公式计算“考勤扣款”操作结果

3. 计算“实发工资”

在工作表“各部门工资”中单击“M3”单元格，输入公式“=J3-L3”，单击“输入”按钮，双击“M3”单元格右下角的“填充柄”，即可完成“实发工资”的计算，操作过程如图4-2-5所示，操作结果如图4-2-6所示。

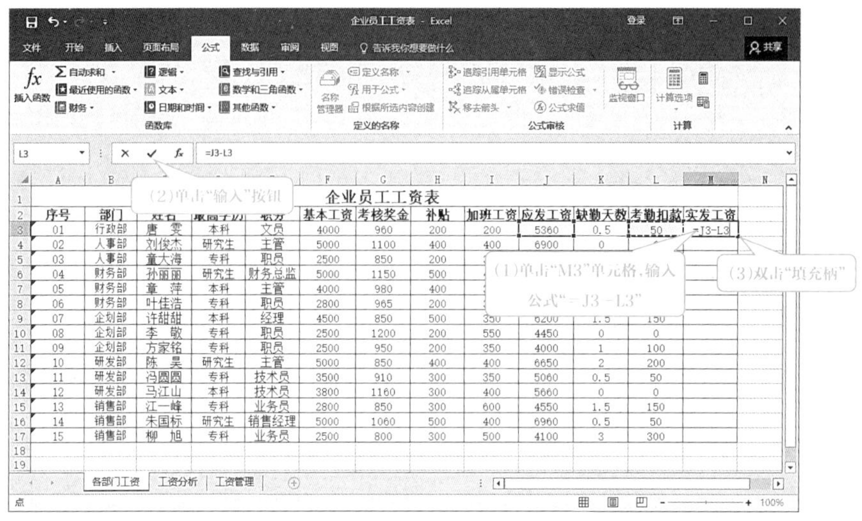

图4-2-5　利用公式计算"实发工资"操作过程

企业员工工资表

序号	部门	姓名	最高学历	职务	基本工资	考核奖金	补贴	加班工资	应发工资	缺勤天数	考勤扣款	实发工资
01	行政部	唐　雯	本科	文员	4000	960	200	200	5360	0.5	50	5310
02	人事部	刘俊杰	研究生	主管	5000	1100	400	400	6900	0	0	6900
03	人事部	童大海	专科	职员	2500	850	200	300	3850	1.5	150	3700
04	财务部	孙丽丽	研究生	财务总监	5000	1150	500	400	7050	0	0	7050
05	财务部	章　萍	本科	主管	4000	980	400	300	5680	1	100	5580
06	财务部	叶佳浩	专科	职员	2800	965	200	350	4315	1	100	4215
07	企划部	许甜甜	本科	经理	4500	850	500	350	6200	1.5	150	6050
08	企划部	李　敬	专科	职员	2500	1200	200	550	4450	0	0	4450
09	企划部	方家铭	专科	职员	2500	950	200	350	4000	1	100	3900
10	研发部	陈　昊	研究生	主管	5000	850	400	400	6650	2	200	6450
11	研发部	冯圆圆	专科	技术员	3500	910	300	350	5060	0.5	50	5010
12	研发部	马江山	本科	技术员	3800	1160	300	400	5660	0	0	5660
13	销售部	江一峰	专科	业务员	2800	850	300	600	4550	1.5	150	4400
14	销售部	朱国标	研究生	销售经理	5000	1060	500	400	6960	0.5	50	6910
15	销售部	柳　旭	专科	业务员	2500	800	300	500	4100	3	300	3800

平均值: 5292.333333　计数: 15　求和: 79385

图4-2-6　利用公式计算"实发工资"操作结果

4. 计算"平均工资"

在工作表"各部门工资"中的最后一行添加一行"平均工资"，合并"A18:E18"，单击"F18"单元格，选择"公式"选项卡，单击"函数库"选项组中的"自动求和"下拉按钮，选择"平均值"选项，单击"输入"按钮，利用"填充柄"复制公式计算出其余各列的平均工资（除缺勤天数外），结果保留两位小数。操作过程如图4-2-7所示，操作结果如图4-2-8所示。

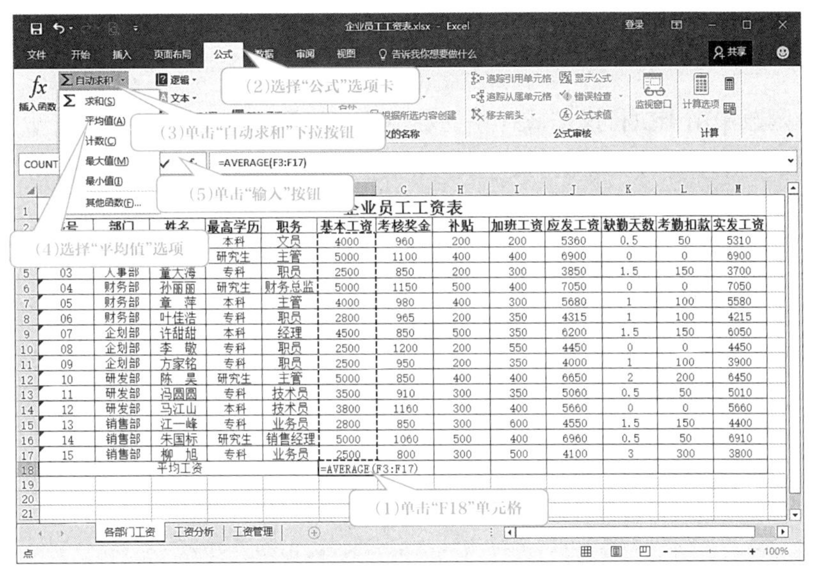

图4-2-7　利用函数计算“平均工资”操作过程

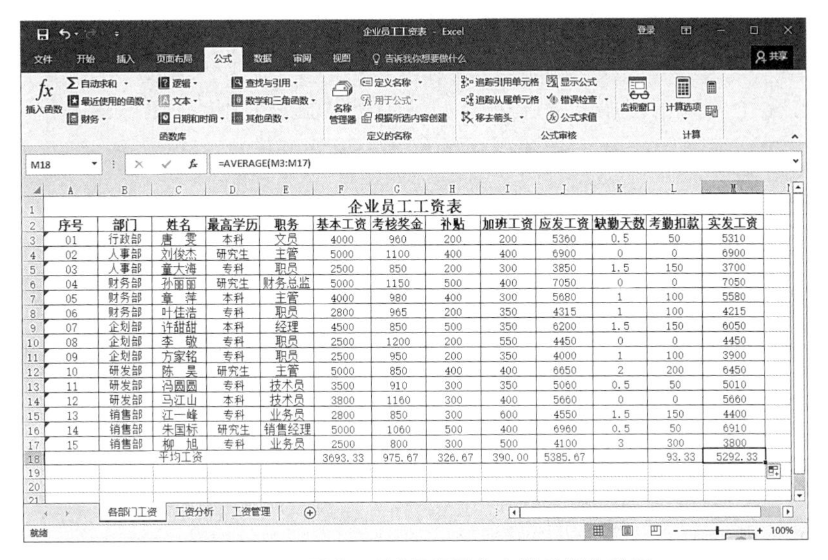

图4-2-8　“平均工资”保留两位小数后操作结果

小贴士

AVERAGE主要功能是求出所有参数的算术平均值，参数个数不能超过30个。

知识链接

1. 函数

函数是预先编写的公式，可以对一个或多个值执行运算，并返回一个或多个值。函数可以简化和缩短工作表中的公式，尤其是用于公式执行很长或复杂的计算。

2. 参数

公式或函数中用于执行操作或计算的数值称为参数。函数中使用的常见参数类型有数值、文本、单元格引用或单元格名称、函数返回值等。

3. 常量

常量的广义概念是指不变化的量，例如在计算机程序运行中，不会被程序修改的量。如日期2018-11-8、数字、文本编号都是常量。

4. 运算符

运算符是指一个标记或符号，指定表达式内执行的运算的类型。如算术、比较、逻辑和引用运算符等。

5. 单元格引用

在使用公式进行数据计算时，除了可以直接使用常量数据之外，还可以引用单元格。例如：公式“=K3*100”中，引用了单元格“K3”，同时还使用了常量“100”。

引用单元格是通过特定的单元格符号来标识工作表上的单元格或单元格区域，指明公式中所使用的数据位置。通过单元格的引用，可以在公式中使用工作表中不同单元格的数据，或者在多个公式中使用同一单元格的数值，还可以引用同一工作簿不同工作表的单元格、不同工作簿的单元格甚至其他应用程序中的数据。

6. 常用函数的运用

Excel提供了大量的系统函数，功能非常丰富。按照其功能来划分，主要有统计函数、日期与时间函数、数学与三角函数、财务函数、逻辑函数、文本函数、数据库函数等。

在输入函数时，必须以“=”开头，输入函数的一般格式为：=函数名（参数1，参数2，……）

7. 查询错误公式

公式如果在输入过程中出现了错误，会造成公式的计算错误。不同原因造成的公式错误，产生的结果也是不一样的。例如：

“#DIV/ 0”：除数为0，当单元格里为空时，在进行除法运算时，就会出现该错误。

“#N/A”：缺少函数参数，或者没有可用的数值，产生这个错误的原因，往往是因为输入的格式不对。

“#NAME？”：公式中引用了无法识别的成分，当公式中使用的名称被删除时，常会产生这个错误。

“#NULL”：使用了不正确的单元格或单元格区域引用。

“#NUM！”：在需要输入数字的函数中，输入了其他格式的参数，或者输入的数字超出了函数范围。

“#REF！”：引用了一个无效的单元格，当该单元格被删除时，就会产生该错误。

“VALUE！”：公式中的参数产生了运算错误，或者参数的类型不正确。

技能拓展

1. 插入函数

选择“公式”选项卡，单击“函数库”选项组中的“插入函数”按钮，弹出“插入函数”对话框。在“常用函数”列表框中显示的是最近使用的10个函数，它会随着用户使用函数的情况和频率的不同，发生函数名和排列位置的变化。单击“或选择类别”的下拉列表框，可以选择其他类别的函数，根据所选函数的类别不同，对应“选择函数”列表框中的函数也不相同，选择函数后，在对话框的下方有相应的功能提示，如图4-2-9所示。

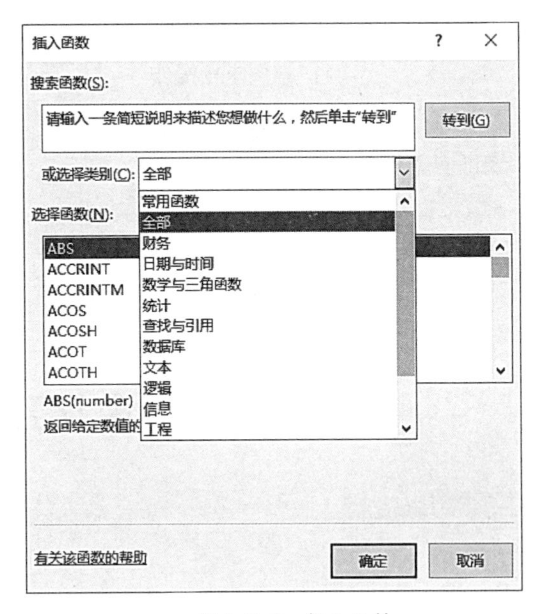

图4-2-9　插入函数

2. 将公式运算结果转换成数值

在Excel中，运用“公式”或“函数”进行运算时，在编辑栏中会自动显示相应的公式。如果用户不希望在编辑栏中显示公式，可以将其转换为计算结果，操作为：

（1）右击要将公式转换为计算结果的单元格，在弹出的菜单中选择“复制”命令复制该数据，然后再次右击该单元格，在弹出的菜单中选择“选择性粘贴”命令。

（2）打开“选择性粘贴”对话框，在“粘贴”选项组内选中“数值”单选按钮，单击“确定”按钮，当再次选择包含公式的单元格时，在编辑栏中将只显示计算结果。

3. 公式自动更正

在创建公式或函数时，可能会因为不小心或不熟悉而造成输入错误，例如，多了运算符、括号不对称、引号不对称等。遇到类似情况时，Excel会自动在工作表中出现建议修改公式的信息。例如在公式中输入两个“=”时会弹出错误提示，如图4-2-10所示。

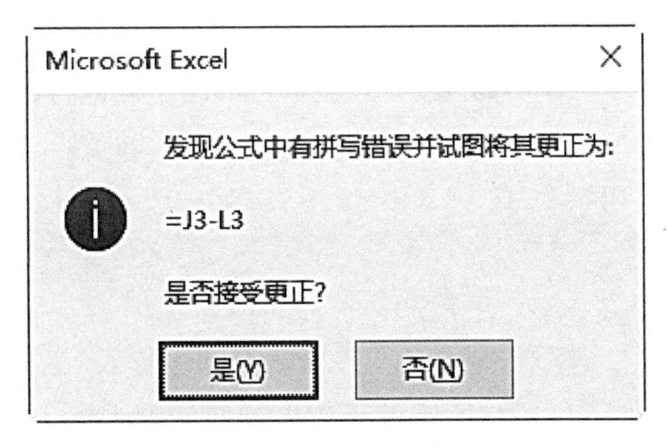

图4-2-10　公式自动更正功能

自我评价

评价内容		评价等级		
		好	一般	尚需努力
知识技能评价	1. 掌握求和操作			
	2. 掌握公式的编辑操作			
	3. 掌握求平均数操作			
	4. 熟悉单元格的引用			

任务2　企业工资表的数据处理

任务描述

（1）打开“企业员工工资表”，通过手动输入公式，利用MAX、MIN函数求出工作表“各部门工资”中 “实发工资”列数据最高工资和最低工资，结果存入“M19、M20”单元格中。

（2）利用COUNTIF函数求出“实发工资”列数据中“实发工资大于6000”的人数，结果存入M21单元格中。

（3）根据“缺勤天数”列数据，利用IF函数，求出“是否全勤”列数据，当缺勤天数“=0”时为“全勤”，否则为“不全勤”。

（4）将工作表“工资分析”中的数据，按照“部门”将“实发工资”由高到低进行排序。

（5）对工作表“工资分析”中的数据进行分类汇总，统计出各个部门各列数据的平均数，汇总结果显示在数据清单的下方。

（6）分级显示，只显示各部门平均值行，设置各平均值的小数位保留2位小数。

任务实施

1. 计算“最高工资”与“最低工资”

打开“企业员工工资表”，在工作表“工资分析”中单击“M19”单元格，输入“=M” ，借助如图4–2–11所示的函数自动匹配列表输入公式“=MAX（M3:M17）”，求出“实发工资”列数据最高工资，用同样的方法利用MIN函数在“M20”单元格求出“实发工资”列数据最低工资，操作结果如图4–2–12所示。

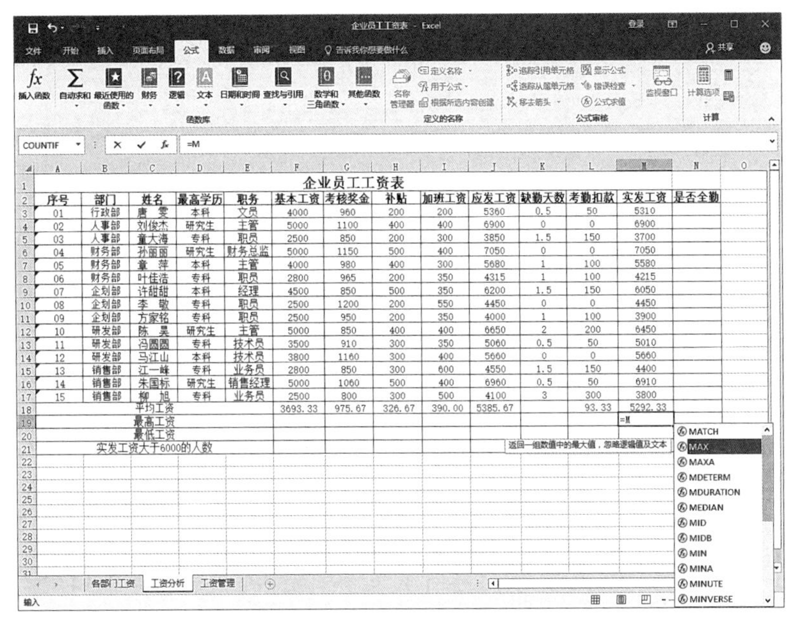

企业员工工资表

序号	部门	姓名	最高学历	职务	基本工资	考核奖金	补贴	加班工资	应发工资	缺勤天数	考勤扣款	实发工资	是否全勤
01	行政部	唐 雯	本科	文员	4000	960	200	200	5360	0.5	50	5310	
02	人事部	刘俊杰	研究生	主管	5000	1100	400	400	6900	0	0	6900	
03	人事部	童大海	专科	职员	2500	850	200	300	3850	1.5	150	3700	
04	财务部	孙丽丽	研究生	财务总监	5000	1150	500	400	7050	0	0	7050	
05	财务部	章 萍	本科	主管	4000	980	400	300	5680	1	100	5580	
06	财务部	叶佳浩	专科	职员	2800	965	200	350	4315	1	100	4215	
07	企划部	许甜甜	本科	经理	4500	850	500	350	6200	1.5	150	6050	
08	企划部	李 敬	专科	职员	2500	1200	200	550	4450	0	0	4450	
09	企划部	方家铭	专科	职员	2500	950	200	350	4000	1	100	3900	
10	研发部	陈 昊	研究生	主管	5000	850	400	400	6650	2	200	6450	
11	研发部	冯圆圆	专科	技术员	3500	910	300	350	5060	0.5	50	5010	
12	研发部	马江山	本科	技术员	3800	1160	300	400	5660	0	0	5660	
13	销售部	江一峰	专科	业务员	2800	850	300	600	4550	1.5	150	4400	
14	销售部	朱国标	研究生	销售经理	5000	1060	500	400	6960	0.5	50	6910	
15	销售部	柳 旭	专科	业务员	2500	800	300	500	4100	3	300	3800	
平均工资					3693.33	975.67	326.67	390.00	5385.67		93.33	5292.33	
最高工资												=M	
最低工资													
实发工资大于6000的人数													

图4-2-11　函数自动匹配列表

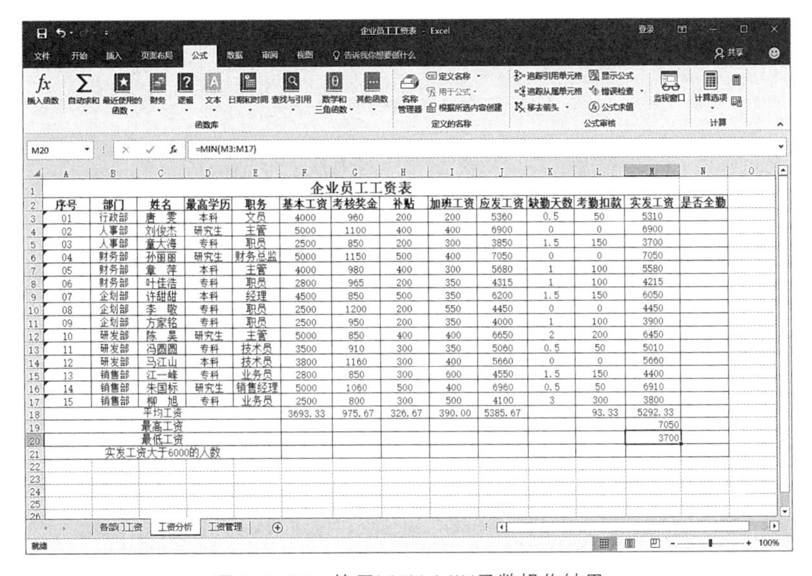

企业员工工资表

序号	部门	姓名	最高学历	职务	基本工资	考核奖金	补贴	加班工资	应发工资	缺勤天数	考勤扣款	实发工资	是否全勤
01	行政部	唐 雯	本科	文员	4000	960	200	200	5360	0.5	50	5310	
02	人事部	刘俊杰	研究生	主管	5000	1100	400	400	6900	0	0	6900	
03	人事部	童大海	专科	职员	2500	850	200	300	3850	1.5	150	3700	
04	财务部	孙丽丽	研究生	财务总监	5000	1150	500	400	7050	0	0	7050	
05	财务部	章 萍	本科	主管	4000	980	400	300	5680	1	100	5580	
06	财务部	叶佳浩	专科	职员	2800	965	200	350	4315	1	100	4215	
07	企划部	许甜甜	本科	经理	4500	850	500	350	6200	1.5	150	6050	
08	企划部	李 敬	专科	职员	2500	1200	200	550	4450	0	0	4450	
09	企划部	方家铭	专科	职员	2500	950	200	350	4000	1	100	3900	
10	研发部	陈 昊	研究生	主管	5000	850	400	400	6650	2	200	6450	
11	研发部	冯圆圆	专科	技术员	3500	910	300	350	5060	0.5	50	5010	
12	研发部	马江山	本科	技术员	3800	1160	300	400	5660	0	0	5660	
13	销售部	江一峰	专科	业务员	2800	850	300	600	4550	1.5	150	4400	
14	销售部	朱国标	研究生	销售经理	5000	1060	500	400	6960	0.5	50	6910	
15	销售部	柳 旭	专科	业务员	2500	800	300	500	4100	3	300	3800	
平均工资					3693.33	975.67	326.67	390.00	5385.67		93.33	5292.33	
最高工资												7050	
最低工资												3700	
实发工资大于6000的人数													

图4-2-12　使用MAX、MIN函数操作结果

2. 统计满足条件数据

（1）单击“M21”单元格，选择“公式”选项卡，单击“函数库”选项组中的“插入函数”按钮，在弹出的“插入函数”对话框中，在“或选择类别”中选择“全部”，在“选择函数”列表框中选择函数“COUNTIF”，单击“确定”按钮，在“函数参数”对话框的“Range”右侧的文本框中输入“实发工资”列数据区域“M3:M17”，在“Criteria”右侧的文本框中输入统计条件“>6000”，单击“确定”按钮。操作过程如图4-2-13所示，操作结果如图4-2-14所示。

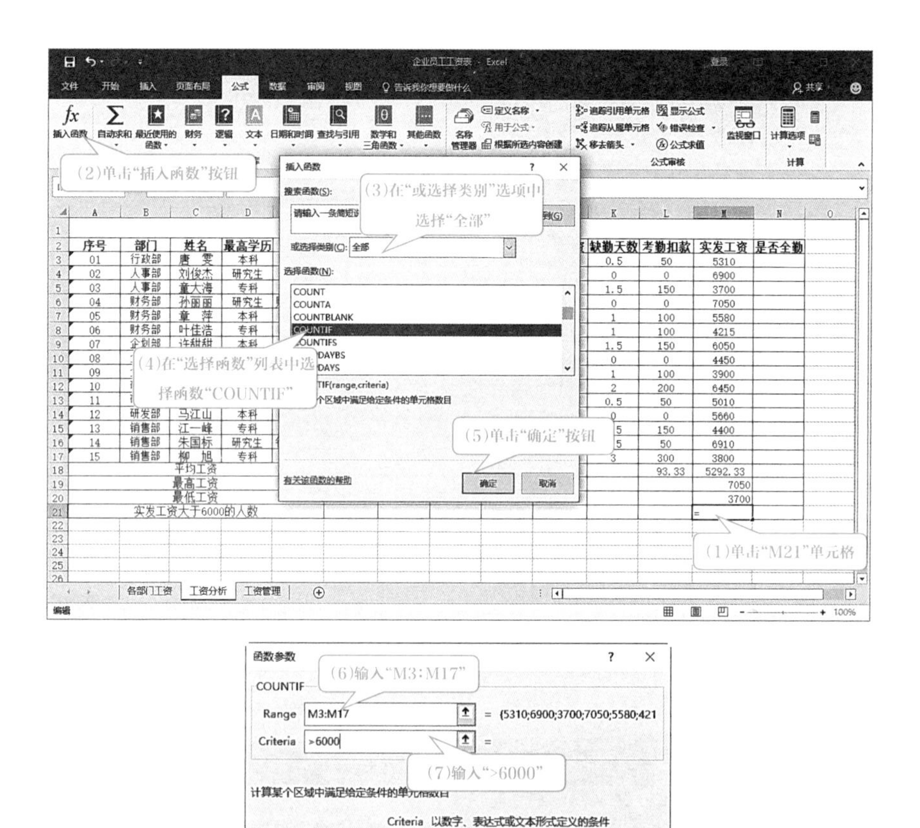

图4-2-13 使用COUNTIF函数操作过程

M21 =COUNTIF(M3:M17,">6000")

企业员工工资表

序号	部门	姓名	最高学历	职务	基本工资	考核奖金	补贴	加班工资	应发工资	缺勤天数	考勤扣款	实发工资	是否全勤
01	行政部	唐　雯	本科	文员	4000	960	200	200	5360	0.5	50	5310	
02	人事部	刘俊杰	研究生	主管	5000	1100	400	400	6900	0	0	6900	
03	人事部	童大海	专科	职员	2500	850	200	300	3850	1.5	150	3700	
04	财务部	孙丽丽	研究生	财务总监	5000	1150	500	400	7050	0	0	7050	
05	财务部	章　萍	本科	主管	4000	980	400	300	5680	1	100	5580	
06	财务部	叶佳浩	专科	职员	2800	965	200	350	4315	1	100	4215	
07	企划部	许甜甜	本科	经理	4500	850	500	350	6200	1.5	150	6050	
08	企划部	李　敏	专科	职员	2500	1200	200	550	4450	0	0	4450	
09	企划部	方家铭	专科	职员	2500	950	200	350	4000	1	100	3900	
10	研发部	陈　昊	研究生	主管	5000	850	400	400	6650	2	200	6450	
11	研发部	冯圆圆	专科	技术员	3500	910	300	350	5060	0.5	50	5010	
12	研发部	马江山	本科	技术员	3800	1160	300	400	5660	0	0	5660	
13	销售部	江一峰	专科	业务员	2800	850	300	600	4550	1.5	150	4400	
14	销售部	朱国标	研究生	销售经理	5000	1060	500	400	6960	0.5	50	6910	
15	销售部	柳　旭	专科	业务员	2500	800	300	500	4100	3	300	3800	
平均工资					3693.33	975.67	326.67	390.00	5385.67		93.33	5292.33	
最高工资												7050	
最低工资												3700	
实发工资大于6000的人数												5	

各部门工资 工资分析 工资管理

图4-2-14 使用COUNTIF函数操作结果

（2）单击“N3”单元格，选择“公式”选项卡，单击“函数库”选项组中的“插入函数”按钮，在弹出的“插入函数”对话框中，在“选择函数”列表框中选择函数“IF”，单击“确定”按钮，在“函数参数”对话框的“Logical_test”右侧的文本框中输入条件“K3=0”，在“Value_if_true”右侧的文本框中输入“全勤”，在“Value_if_false”右侧的文本框中输入“不全勤”，单击“确定”按钮，使用“填充柄”功能完成其他单元格的操作，操作过程如图4-2-15所示，操作结果如图4-2-16所示。

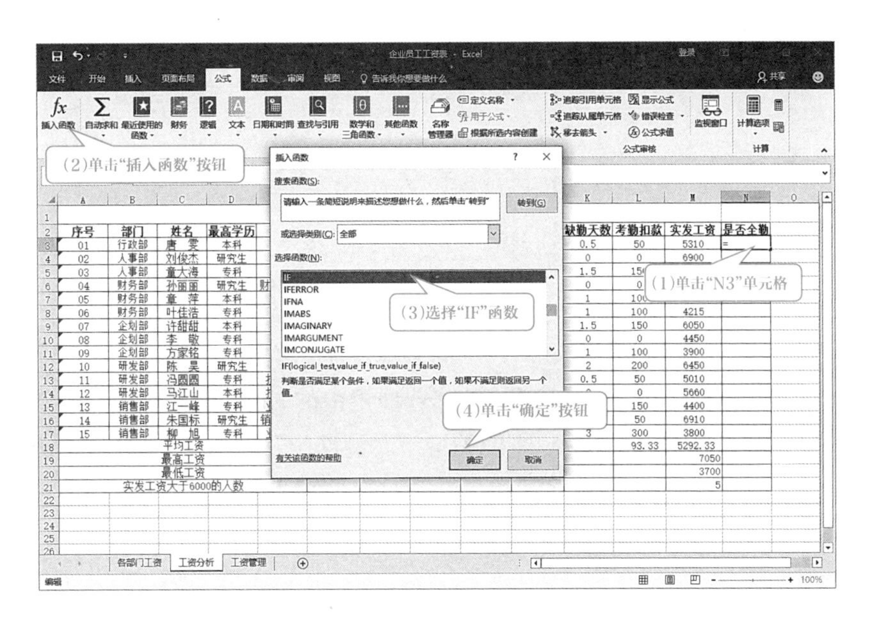

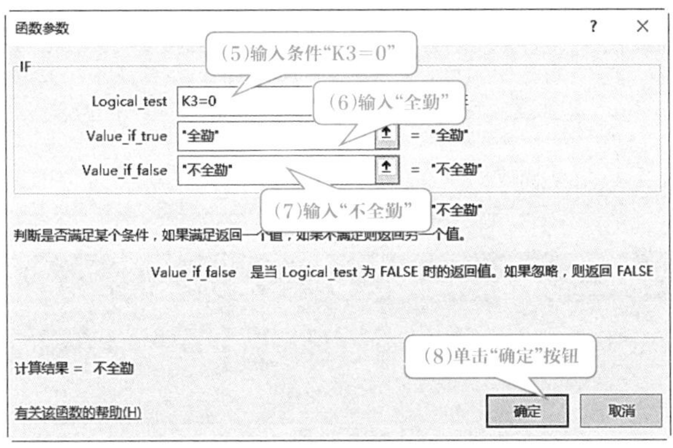

图4-2-15　使用IF函数操作过程

在“函数参数”对话框中输入中文后，系统会自动添加英文的双引号“""”将文本引用起来。

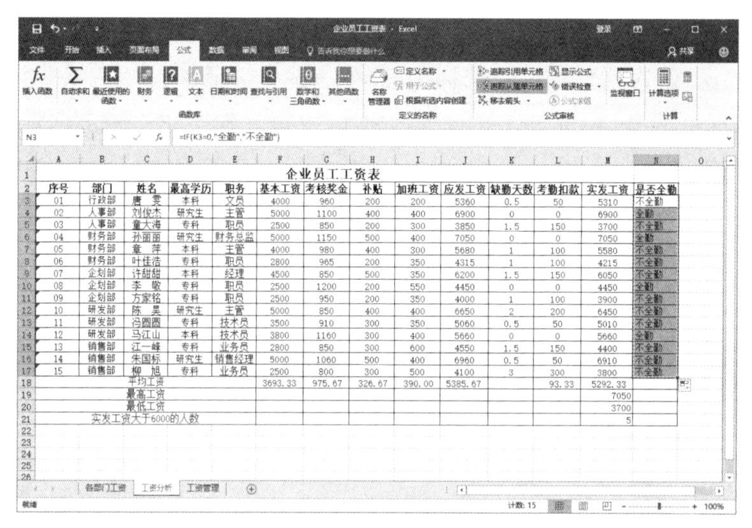

图4-2-16　使用IF函数操作结果

3. 数据排序

根据“部门”排序，再根据“实发工资”从高到低排序。选中“工资分析”中“A2:N17”数据区域，选择“数据”选项卡，单击“排序和筛选”选项组中的“排序”按钮，在弹出的“排序”对话框中，单击“添加条件”按钮，选择“主要关键字”为“部门”，对应的“次序”为“升序”；选择“次要关键字”为“实发工资”，对应的“次序”为“降序”，单击“确定”按钮，操作过程如图4-2-17所示，操作结果如图4-2-18所示。

小贴士

通常情况下，Excel对文本数据的排序是按照选定关键字的汉语拼音顺序或笔画顺序进行的。

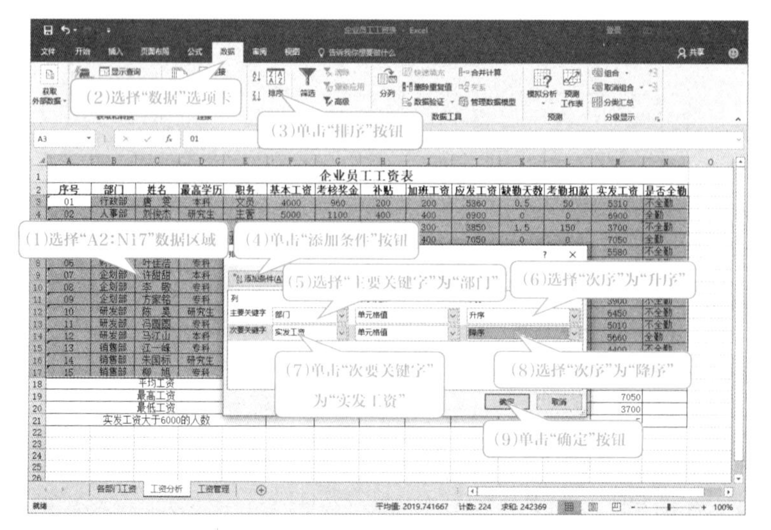

图4-2-17　数据排序操作过程

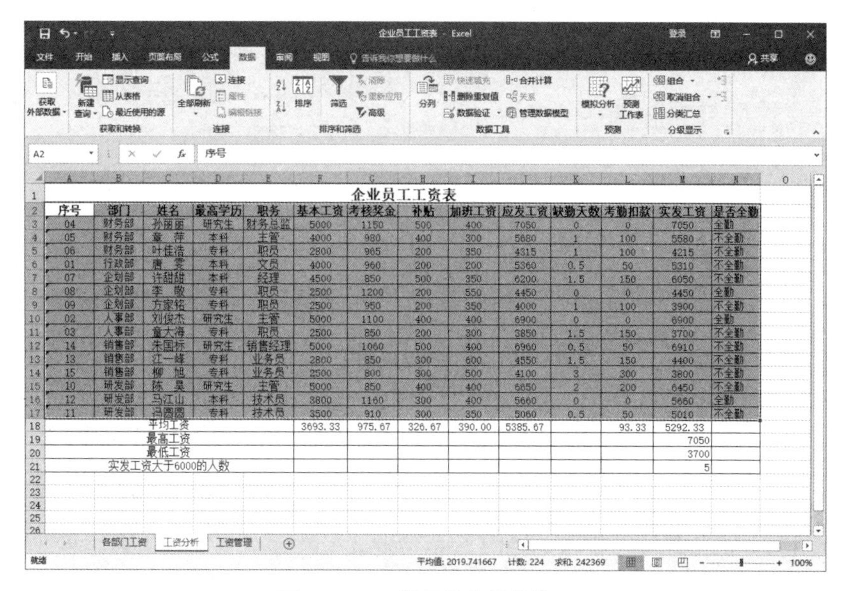

图4-2-18　数据排序操作结果

4. 分类汇总

选中“工资分析”中“A2:N17”数据区域，选择“数据”选项卡，单击“分级显示”选项组中的“分类汇总”按钮，在“分类字段”下拉列表框中选择“部门”选项，在“汇总方式”下拉列表框中选择“平均值”选项，在“选定汇总项”列表框中选中汇总对应的复选框，选中“汇总结果显示在数据下方”选项，单击“确定”按钮，操作过程如图4-2-19所示，操作结果如图4-2-20所示。

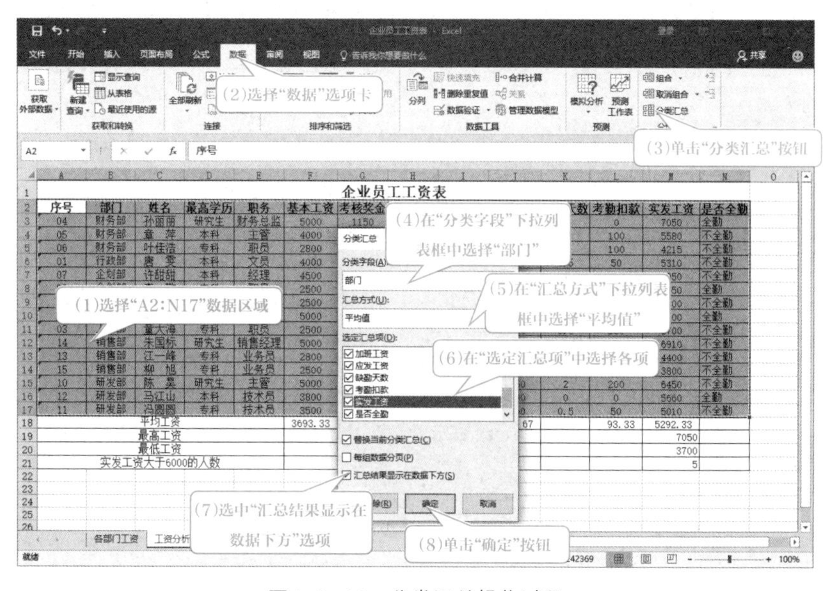

图4-2-19　分类汇总操作过程

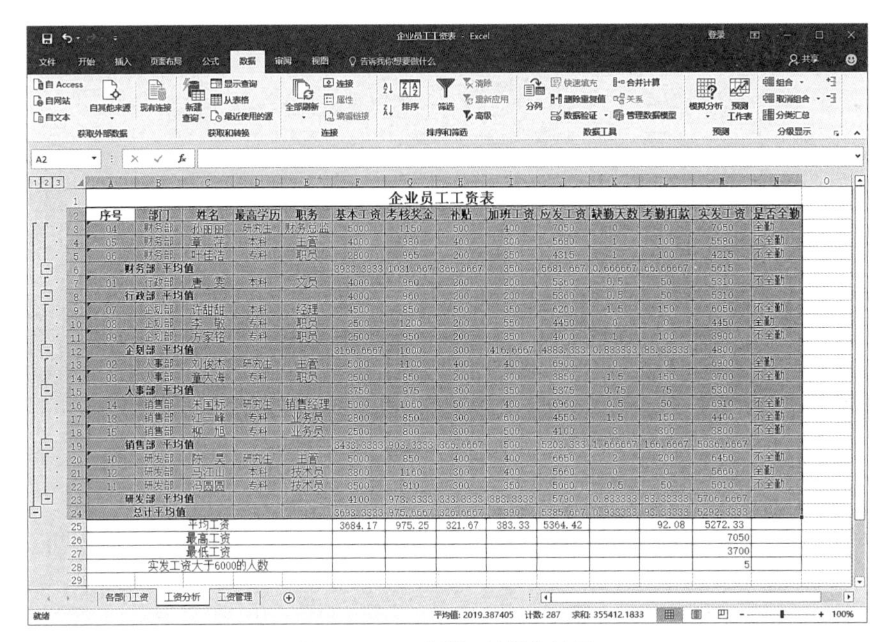

图4-2-20　分类汇总操作结果

5. 分级显示、设置小数位数

单击分级显示符号“2”，选中各项数据的平均值，选择“开始”选项卡，单击“数字”选项组中的“减少小数位数”按钮，各项平均值小数位数显示2位，操作过程如图4-2-21所示，操作结果如图4-2-22所示。

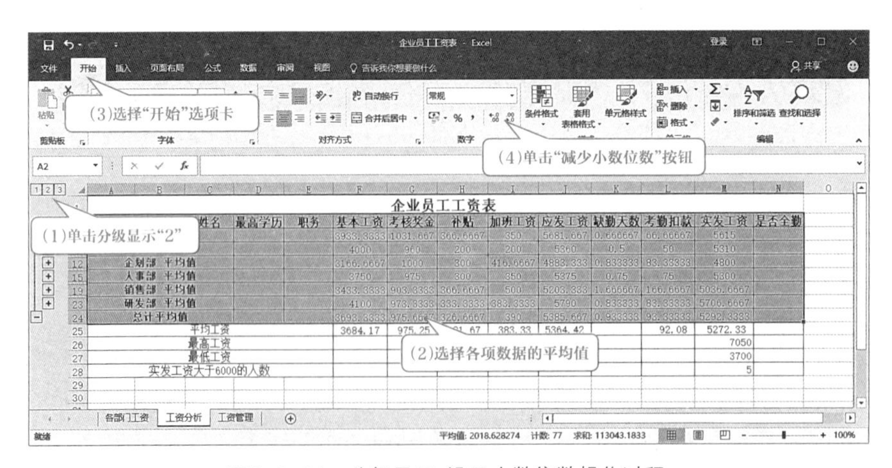

图4-2-21　分级显示、设置小数位数操作过程

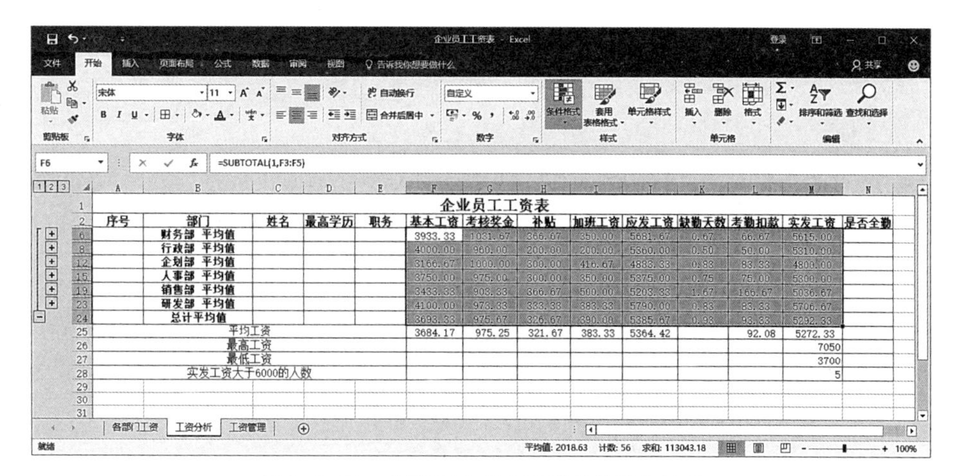

图4-2-22　分级显示、设置小数位数操作结果

知识链接

1. IF函数

IF函数用于判断逻辑表达式,并根据返回的逻辑值来确定返回数值、公式或文本等。IF函数可以嵌套在使用别的函数中使用，也可以将别的函数嵌套在IF函数中使用，在Excel 2016中,函数最多可以嵌套7层。

2. COUNTIF函数

COUNTIF函数的主要功能是统计某个单元格区域中符合指定条件的单元格数目。使用格式为COUNTIF(Range,Criteria),其中Range代表要统计的单元格区域;Criteria表示指定的条件表达式。允许被引用的单元格区域中出现空白单元格。

3. 排序“选项”按钮

在排序过程中,可以在“排序”对话框中单击“选项”按钮,打开“排序选项”对话框,用户可以在此对话框中设置排序的方向和方法,“排序选项”对话框如图4-2-23所示。

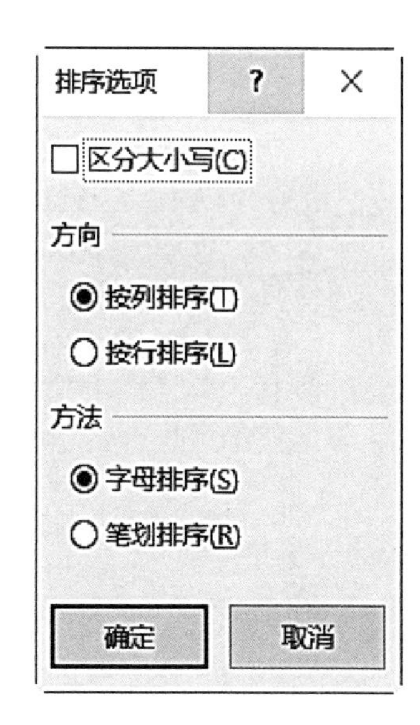

图4-2-23　“排序选项”对话框

4. 默认排序顺序

默认排序顺序是Excel 2016系统自带的排序方法。以升序为例,工作表中数据的排序方法如下:

(1)文本按照首字拼音字母顺序进行排序。

(2)数字按照从最小的负数到最大的正数的顺序进行排序。

(3)日期按照从最早的日期到最晚的日期进行排序。

(4)逻辑值中按照FALSE在前、TRUE在后的顺序排序。

(5)空白单元格按照升序排序和按照降序排序时都排在最后。

降序排序时，默认情况下工作表中数据的排序方法与升序排序时排序方法相反（空白单元格除外）。

5. 删除分类汇总

如果用户觉得不需要进行分类汇总，则切换到功能区中的“数据”选项卡，在“分级显示”组中单击“分类汇总”按钮，打开“分类汇总”对话框，单击“全部删除”按钮，即可删除分类汇总。

技能拓展

1. 自定义排序

自定义排序是指对选定的数据区域按用户定义的顺序进行排序。这里以自定义最高学历“研究生、本科、专科”为例进行排序，具体操作如下：

（1）选定进行排序的数据区域，切换到功能区中的“数据”选项卡，在“排序和筛选”组中单击“排序”按钮，弹出“排序”对话框。在“主要关键字”下拉列表框中选择“最高学历”，在“次序”下拉列表中选择“自定义序列”选项。

（2）出现“自定义序列”对话框，在“输入序列”中输入 “研究生”“本科”“专科”，单击“添加”按钮，将其添加到“自定义序列”列表框中，单击“确定”按钮。此时，在“排序”对话框中的“次序”下拉列表中显示“研究生、本科、专科”，表示对“最高学历”所在的列按自定义“研究生、本科、专科”进行排序。

（3）单击“确定”按钮，即可看到排序结果，自定义排序操作过程如图4-2-24所示，操作结果如图4-2-25所示。

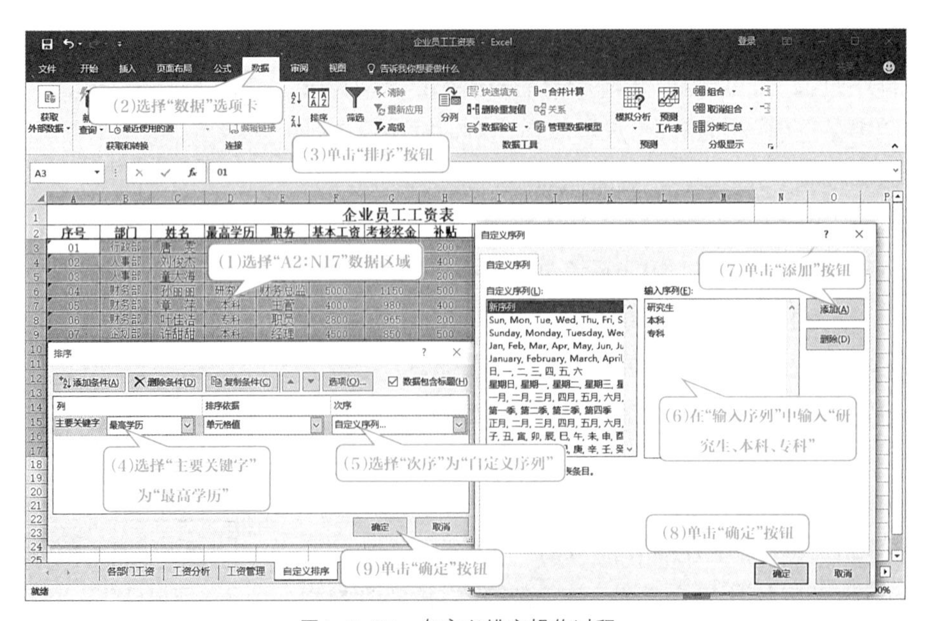

图4-2-24 自定义排序操作过程

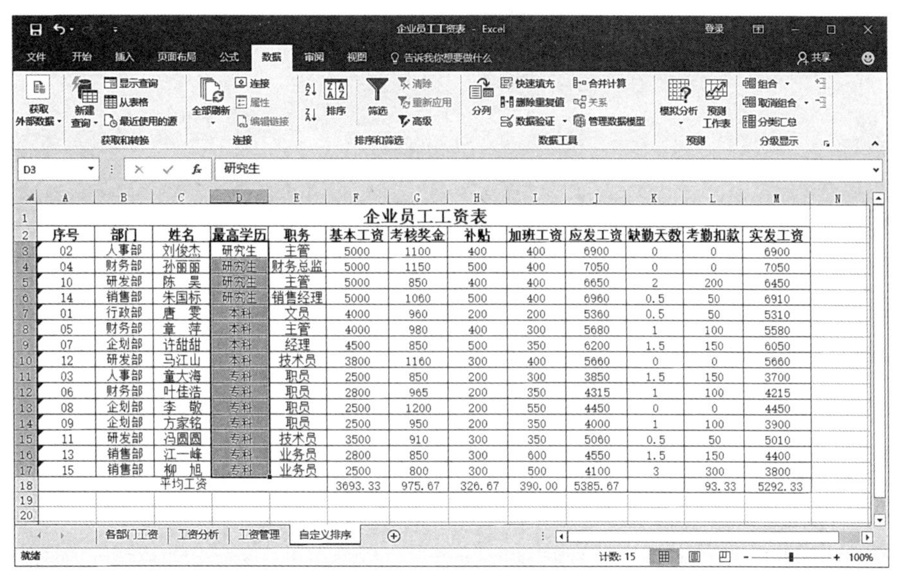

图4-2-25 自定义排序操作结果

2. 计算日期对应的星期

有时希望求出日期对应的星期数，以便分析星期对相关数据的影响。在单元格区域“A2:A15”中输入日期，然后在单元格“B2”中输入“=CHOOSE(WEEKDAY(A2,2),"星期一","星期二","星期三","星期四","星期五","星期六","星期日")”，按“Enter”键后，即可得到单元格“A2”中日期对应的星期数，然后利用公式“填充柄”，复制公式到单元格“B3:B15”区域即可，操作结果如图4-2-26所示。

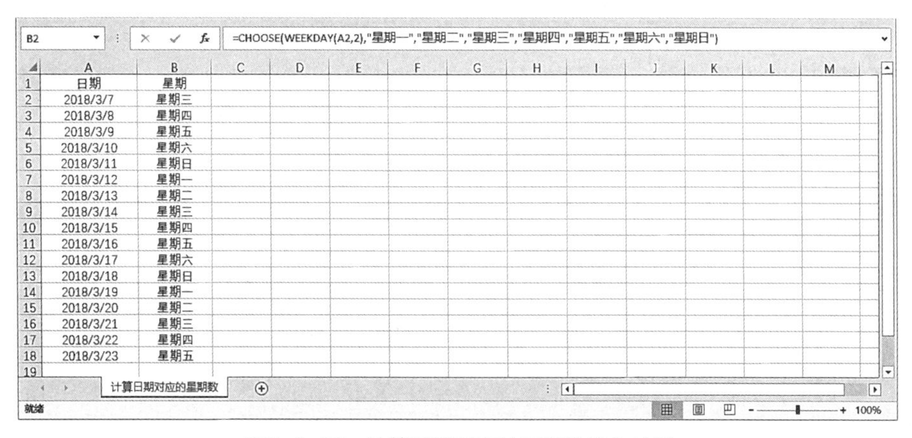

图4-2-26 计算日期对应的星期数操作结果

自我评价

评价内容		评价等级		
		好	一般	尚需努力
知识技能评价	1. 掌握MAX、MIN函数的使用			
	2. 熟悉IF、COUNTIF函数的使用			
	3. 掌握数据排序的操作			
	4. 熟悉分类汇总的操作			

任务3　企业工资表的管理

任务描述

（1）打开“企业员工工资表”，对工作表“工资管理”中的数据进行自动筛选，筛选出职务为“文员、职员、技术员、业务员”“考核奖金大于1000”“加班工资大于500”“缺勤天数等于0”的数据，确定本月的“优秀员工”。

（2）删除自动筛选。

（3）对工作表“工资管理”中的数据进行高级筛选，筛选出“最高学历”为“研究生”且“应发工资高于7000”的记录。要求在区域“A20:M20”中设置条件区域，在原有区域显示筛选结果。

任务实施

1. 筛选“优秀员工”

打开“企业员工工资表”，单击“工资管理”工作表标签，选中数据区域中的任一单元格，选择“数据”选项卡，在“排序和筛选”选项组中单击“筛选”按钮，单击“职务”所在的下拉按钮，选择职务中的“文员”“职员”“技术员”“业务员”选项，单击“确定”按钮，单击“考核奖金”所在的下拉按钮，在“数字筛选”选项中单击“大于”选项，在“大于”右侧的文本框中输入“1000”，单击“确定”按钮，操作过程如图4-2-27所示。运用同样的办法筛选出“加班工资大于500”且“缺勤天数等于0”的数据，操作结果如图4-2-28所示。

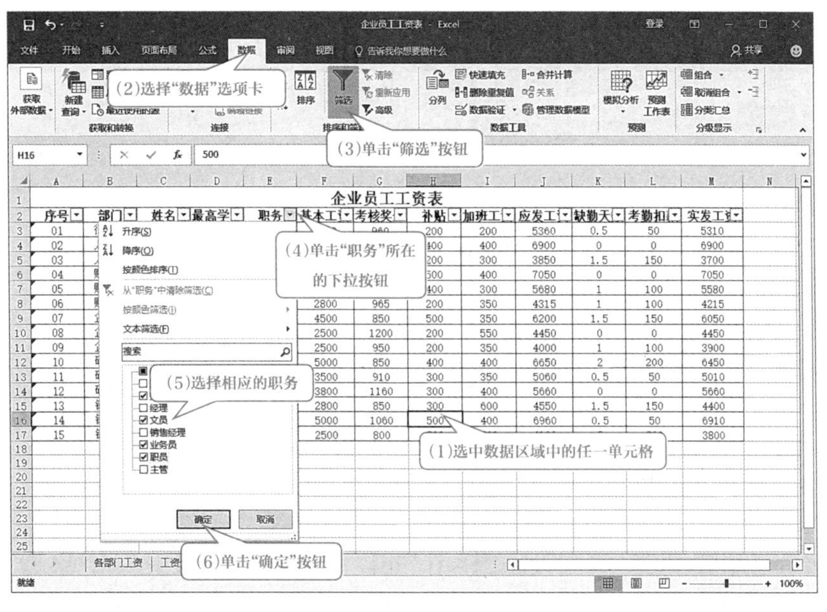

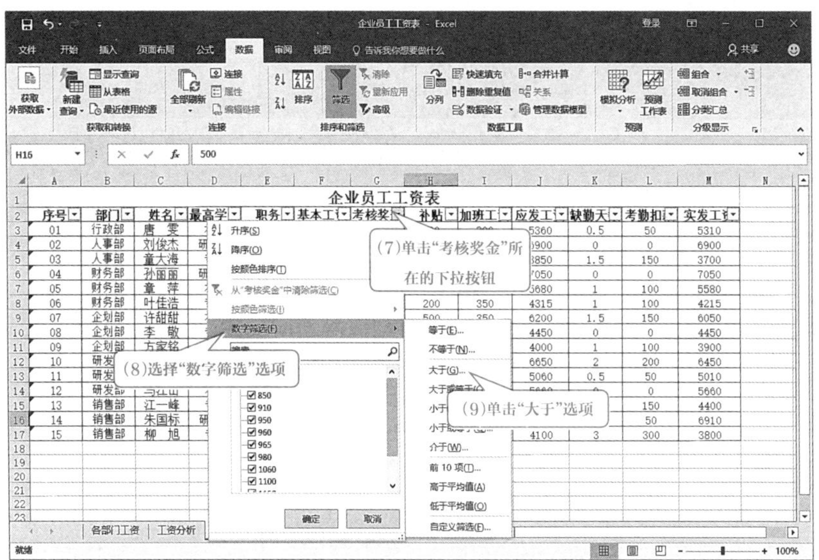

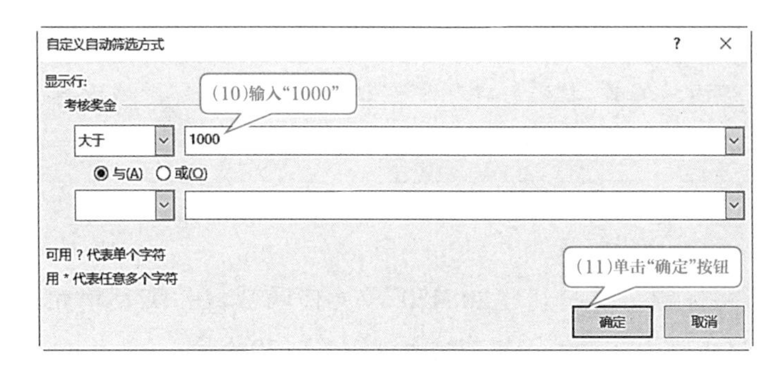

图4-2-27　筛选“优秀员工”操作过程

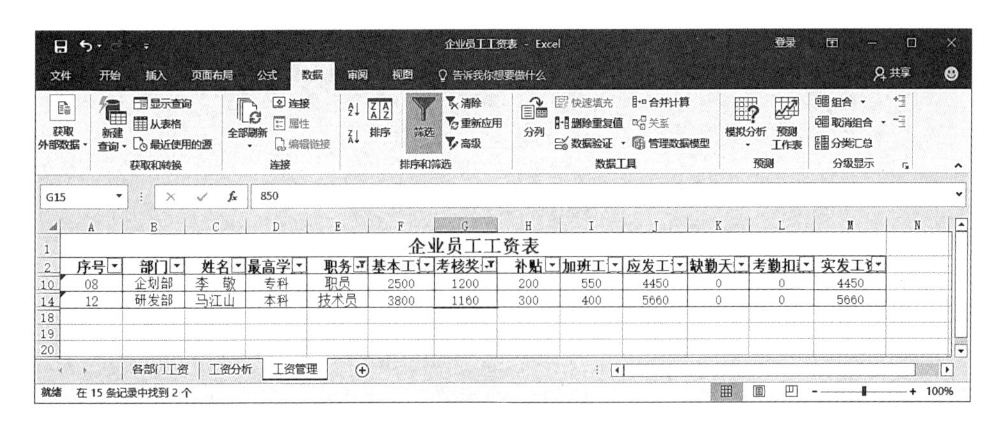

图4-2-28 “优秀员工”筛选操作结果

2. 取消筛选

选择任一单元格，选择“数据”选项卡，在“排序和筛选”选项组中单击“筛选”按钮，取消筛选，如图4-2-29所示。

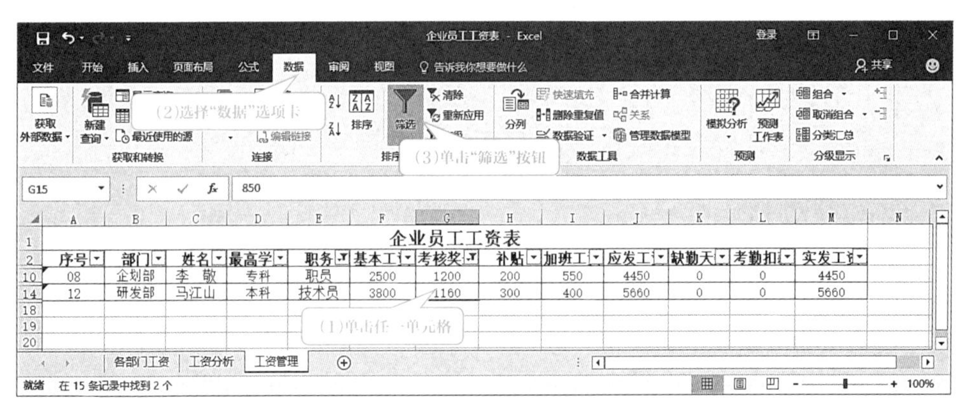

图4-2-29 取消筛选操作过程

小贴士

筛选命令是可逆的操作，执行一次“筛选”的结果是对选定区域进行筛选，再次执行“筛选”命令便取消了对选定区域的筛选。

3. 设置条件区域及高级筛选

选择标题行，将标题行复制到“A20:M20”单元格区域，在“D21”单元格中输入“研究生”，在“J21”单元格中输入“>7000”，操作结果如图4-2-30所示。

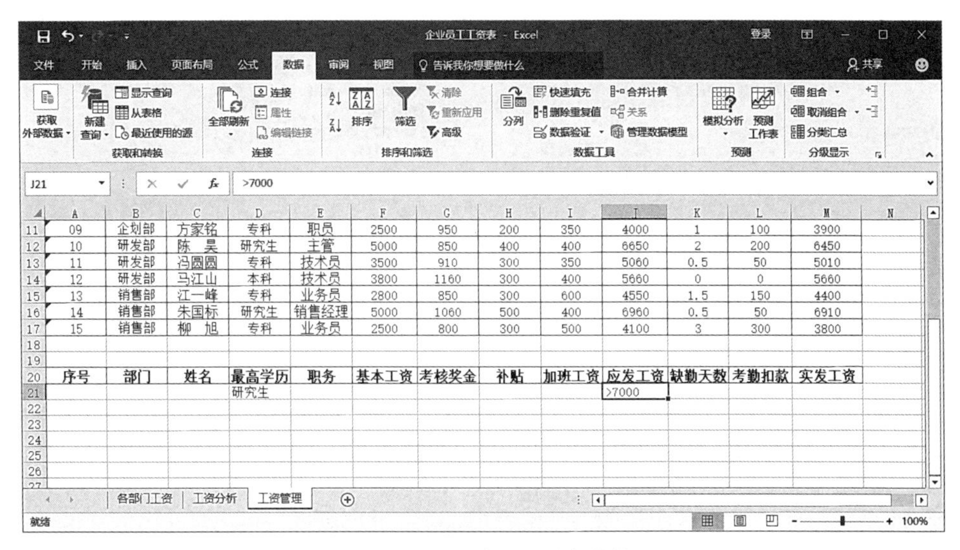

图4-2-30　设置条件区域操作结果

单击数据清单中的任一单元格，选择“数据”选项卡，在“排序和筛选”选项组中单击“高级”按钮，选择“在原有区域显示筛选结果”选项中的“列表区域”和“条件区域”右侧的数据框中的数据，单击“确定”按钮，操作过程如图4-2-31所示，操作结果如图4-2-32所示。

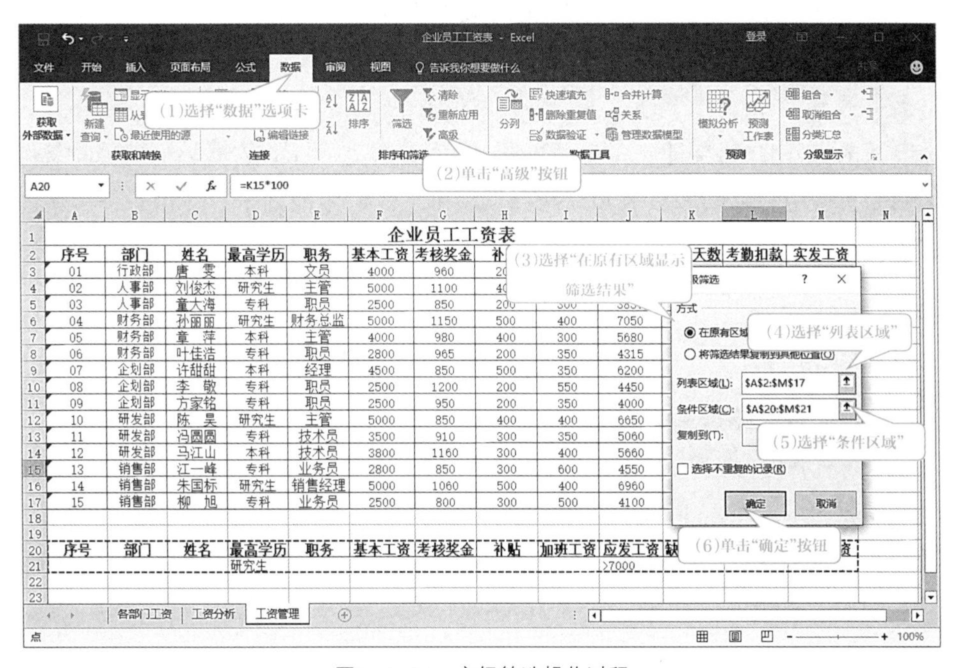

图4-2-31　高级筛选操作过程

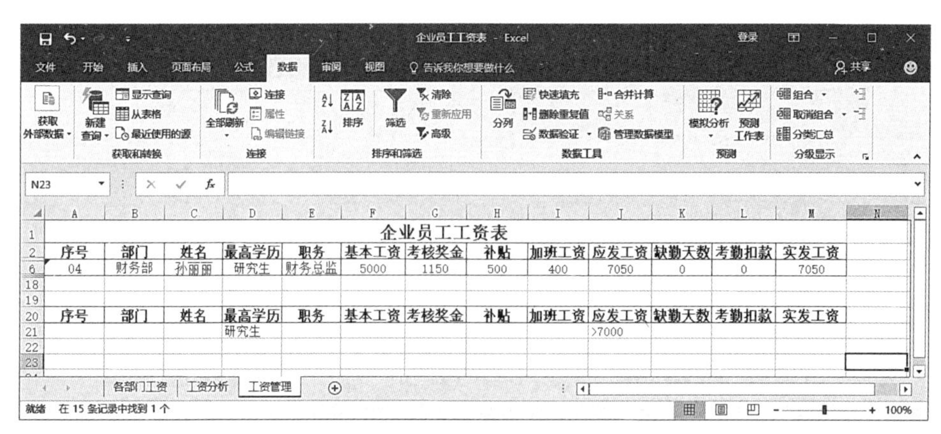

	A	B	C	D	E	F	G	H	I	J	K	L	M
1	企业员工工资表												
2	序号	部门	姓名	最高学历	职务	基本工资	考核奖金	补贴	加班工资	应发工资	缺勤天数	考勤扣款	实发工资
6	04	财务部	孙丽丽	研究生	财务总监	5000	1150	500	400	7050	0	0	7050
18													
19													
20	序号	部门	姓名	最高学历	职务	基本工资	考核奖金	补贴	加班工资	应发工资	缺勤天数	考勤扣款	实发工资
21				研究生						>7000			
22													
23													

图4-2-32　高级筛选操作结果

知识链接

1. 数据筛选

数据筛选是指隐藏不准备显示的数据行，显示指定条件的数据行的过程。使用数据筛选可以快速显示选定数据行的数据，从而提高工作效率。

2. 高级筛选

高级筛选是指根据条件区域设置筛选条件进行筛选。使用高级筛选时需要先在编辑区输入筛选条件再进行高级筛选，显示出符合条件的数据行。

3. 条件区域

高级筛选中，用户需要建立一个条件区域，用来指定筛选的数据必须满足的条件。在条件区域的首行中包含的字段名必须与数据清单上面的字段名一样，但条件区域内不必包含数据清单中所有的字段名。条件区域的字段名下面至少有一行用来定义搜索条件。

技能拓展

1. 条件之间“与”的关系

当使用高级筛选时，为了筛选同时满足多个条件的数据结果，可以在条件区域的同一行中输入多重条件，条件之间是“与”的关系。如图4-2-33所示就是一个“与”的关系。具体操作只需在“高级筛选”对话框中指定“列表区域”“条件区域”和“复制到”的正确位置即可。

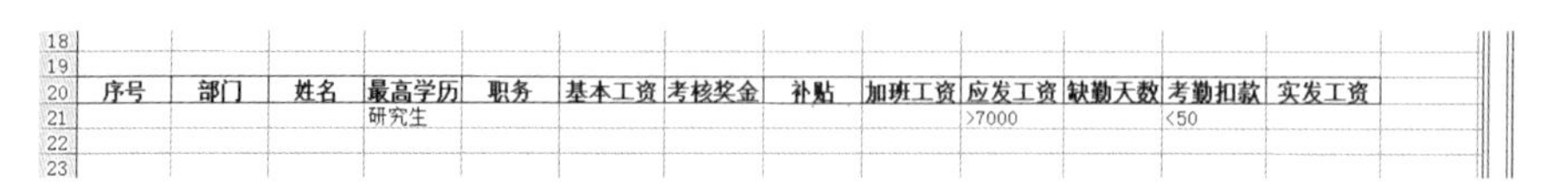

18													
19													
20	序号	部门	姓名	最高学历	职务	基本工资	考核奖金	补贴	加班工资	应发工资	缺勤天数	考勤扣款	实发工资
21				研究生						>7000		<50	
22													
23													

图4-2-33　条件之间“与”的关系

2. 条件之间“或”的关系

筛选至少满足其中一个条件的数据，就要建立“或”关系的条件区域，将条件放在不同的行中。这时，一个记录只要满足条件，即可显示出来。如图4-2-34所示就是一个“或”的关系。具体操作只需在“高级筛选”对话框中指定“列表区域”“条件区域”和“复制到”的正确位置即可。

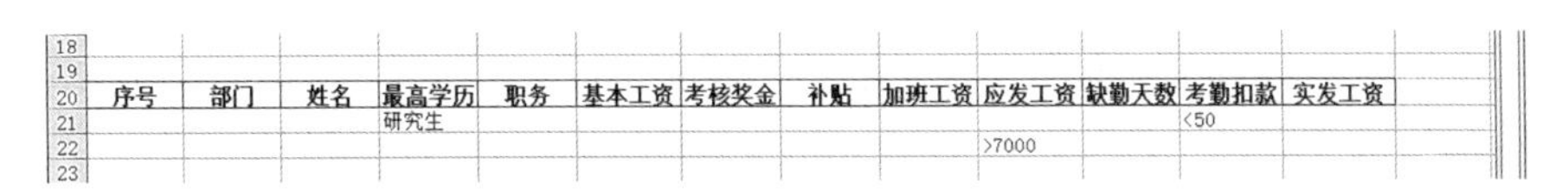

	序号	部门	姓名	最高学历	职务	基本工资	考核奖金	补贴	加班工资	应发工资	缺勤天数	考勤扣款	实发工资
18													
19													
21				研究生								<50	
22										>7000			
23													

图4-2-34 条件之间“或”的关系

3. 使用通配符筛选

如果用户需要查找某些含有相似的文本记录，可以使用通配符“*”和“?”，通配符“*”号，代表任意多个字符；通配符“?”号，则代表一个字符。

例如，在“企业员工工资表”中筛选“职务”字段中所有带“员”的信息，具体操作如下：

单击“职务”所在的下拉按钮，单击“自定义”选项，在“文本筛选”选项中单击“等于”选项，在“自定义自动筛选方式”对话框右边框中输入“*员”，单击“确定”按钮。“自定义自动筛选方式”对话框如图4-2-35所示，使用通配符筛选操作结果如图4-2-36所示。

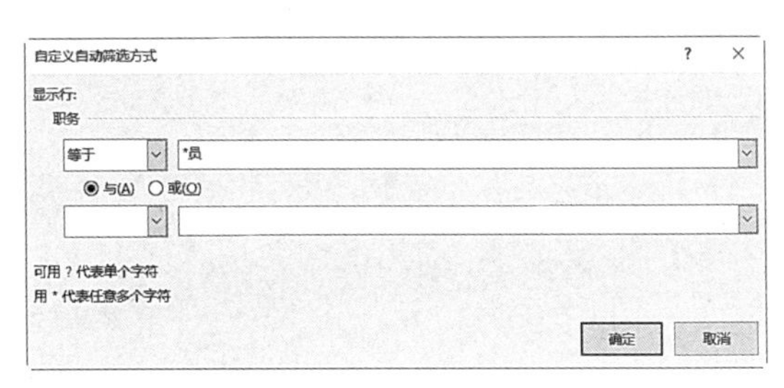

图4-2-35 “自定义自动筛选方式”对话框

企业员工工资表

序号	部门	姓名	最高学	职务	基本工	考核奖	补贴	加班工	应发工	缺勤天	考勤扣	实发工
01	行政部	唐 雯	本科	文员	4000	960	200	200	5360	0.5	50	5310
03	人事部	童大海	专科	职员	2500	850	200	300	3850	1.5	150	3700
06	财务部	叶佳浩	专科	职员	2800	965	200	350	4315	1	100	4215
08	企划部	李 敬	专科	职员	2500	1200	200	550	4450	0	0	4450
09	企划部	方家铭	专科	职员	2500	950	200	350	4000	1	100	3900
11	研发部	冯圆圆	专科	技术员	3500	910	300	350	5060	0.5	50	5010
12	研发部	马江山	本科	技术员	3800	1160	300	400	5660	0	0	5660
13	销售部	江一峰	专科	业务员	2800	850	300	600	4550	1.5	150	4400
15	销售部	柳 旭	专科	业务员	2500	800	300	500	4100	3	300	3800

图4-2-36 使用通配符筛选结果

自我评价

评价内容		评价等级		
		好	一般	尚需努力
知识技能评价	1. 掌握自动筛选的操作			
	2. 熟悉高级筛选的记录操作			
	3. 掌握取消筛选的操作			
	4. 熟悉通配符的使用			

思考与练习

（1）思考函数能否嵌套使用。

（2）根据班级上一学期学生成绩情况进行数据运算和分析。

（3）根据销售表，对数据进行排序、分类汇总操作。

项目 4-3
销售业绩表的分析与打印

学习目标

（1）掌握图表的建立。
（2）掌握数据透视表（图）的建立。
（3）掌握页眉和页脚的设置。
（4）掌握页面的设置。
（5）掌握打印的设置。

项目描述

某汽车销售公司根据一年的销售业绩建立了数据表，销售总监为了更直观地了解销售数据及方便数据查询，现要求对数据进行图表分析，并建立数据透视图和数据透视表，最后打印销售数据表。

任务1　销售业绩表的图表分析

任务描述

（1）打开素材“销售业绩表”工作簿，根据工作表“图表”数据清单，将销售区域为“杭州”的所有车型和四个季度销售情况建立三维簇状柱形图。

（2）设置图表样式为“样式5”。

（3）重命名图表标题为“汽车销售业绩表”，并设置字体为楷体、加粗、蓝色，在图表中添加一名为“杭州地区”的“主要横坐标轴”标题。

（4）设置图例显示在右侧，显示数据标签。

（5）设置图表形状效果的“阴影”为“透视，右上”选项。设置图表“发光”效果为“发光，8磅；蓝色，主题色1”选项。

（6）设置图表高度为“10cm”，宽度为“17cm”，显示在以“H2”为起点的单元格区域。

任务实施

1. 创建三维簇状柱形图

打开素材 “销售业绩表”工作簿，单击“图表”工作表，选中工作表中的“车型”“一季度”“二季度”“三季度”“四季度”五列数据，选择“插入”选项卡，单击“图表”选项组中的“柱形图”下拉按钮，在“三维柱形图”中选择“三维簇状柱形图”，操作过程如图4-3-1所示，操作结果如图4-3-2所示。

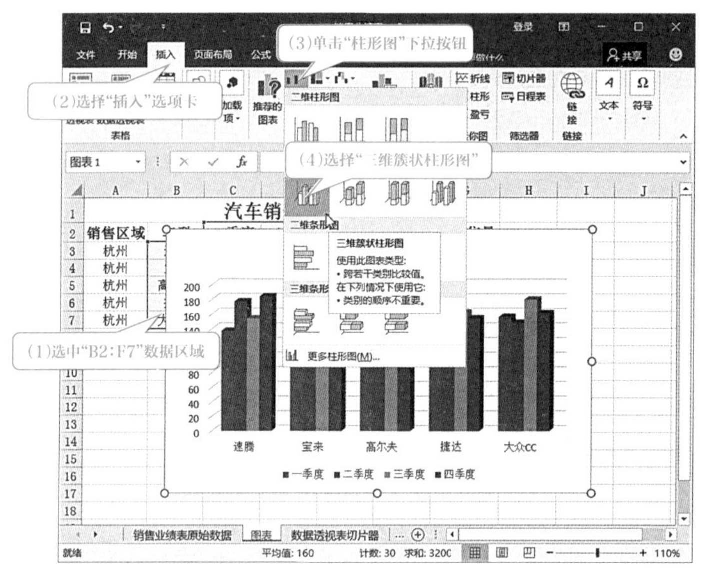

图4-3-1　创建三维簇状柱形图操作过程

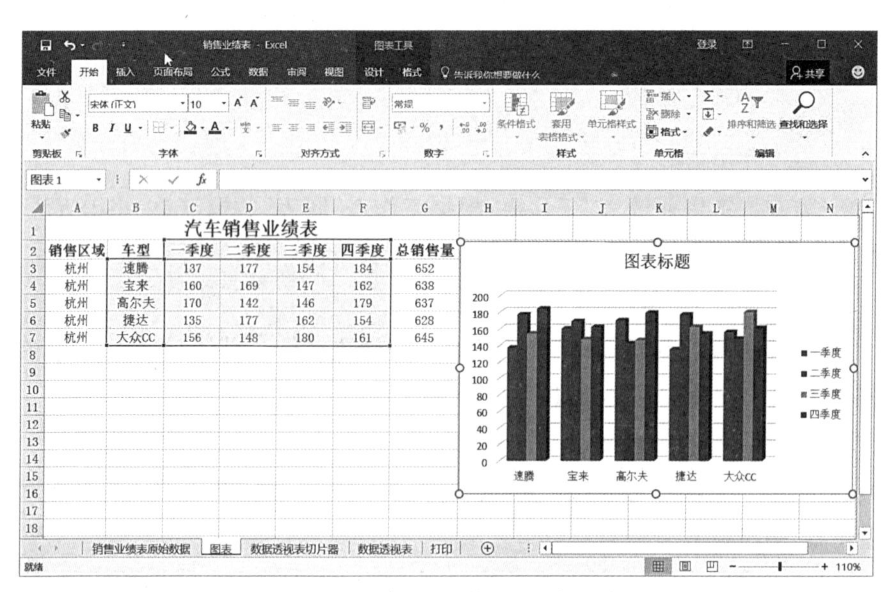

图4-3-2　创建三维簇状柱形图操作结果

柱形图是最普遍使用的图表类型，它适合用来表现一段时间内不同项目数量上的变化，或者比较不同项目之间的差异，各种项目放置在水平坐标轴上，而其值以垂直的柱形显示。

2. 设置图表样式

选择“图表工具”中的“设计”选项卡，在“图表样式”选项组中单击“其他”按钮，选择“样式5”，操作过程如图4-3-3所示，操作结果如图4-3-4所示。

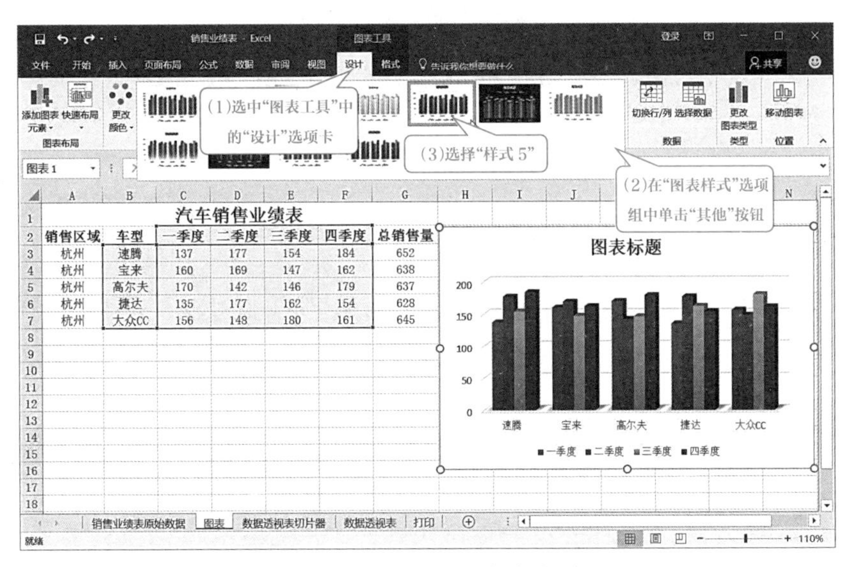

图4-3-3　设置“图表样式”操作过程

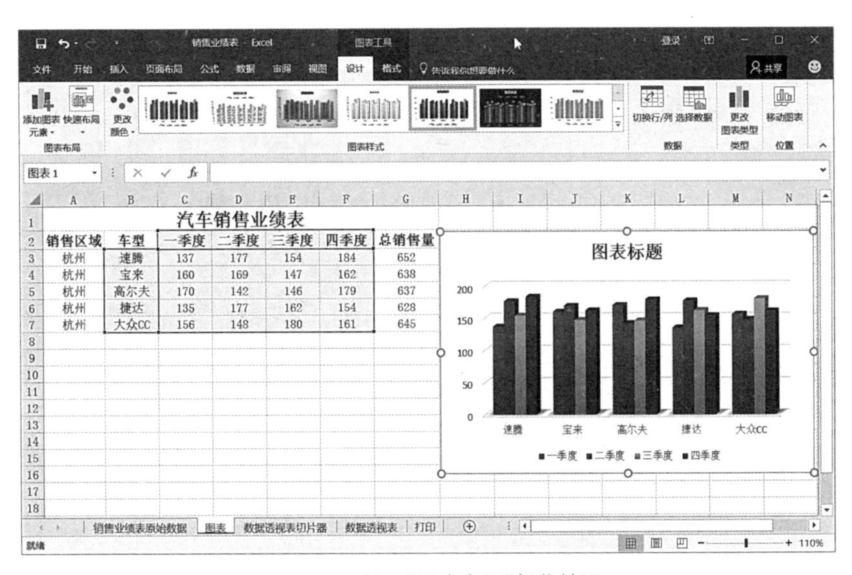

图4-3-4　设置“图表布局”操作结果

3. 设置标题

单击“图表标题”，将标题修改为“汽车销售业绩表”，并设置字体为楷体、加粗、蓝色，操作结果如图4-3-5所示。

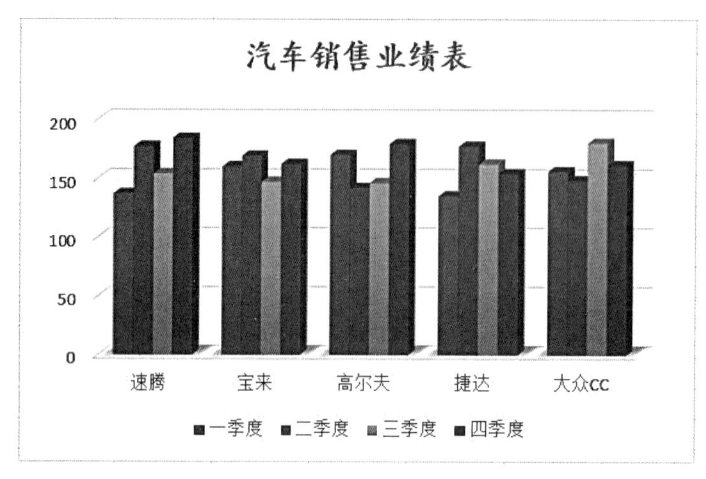

图4-3-5 “标题”设置操作结果

在图表中设置“主要横坐标轴标题”为“杭州地区”，操作过程及操作结果如图4-3-6所示。

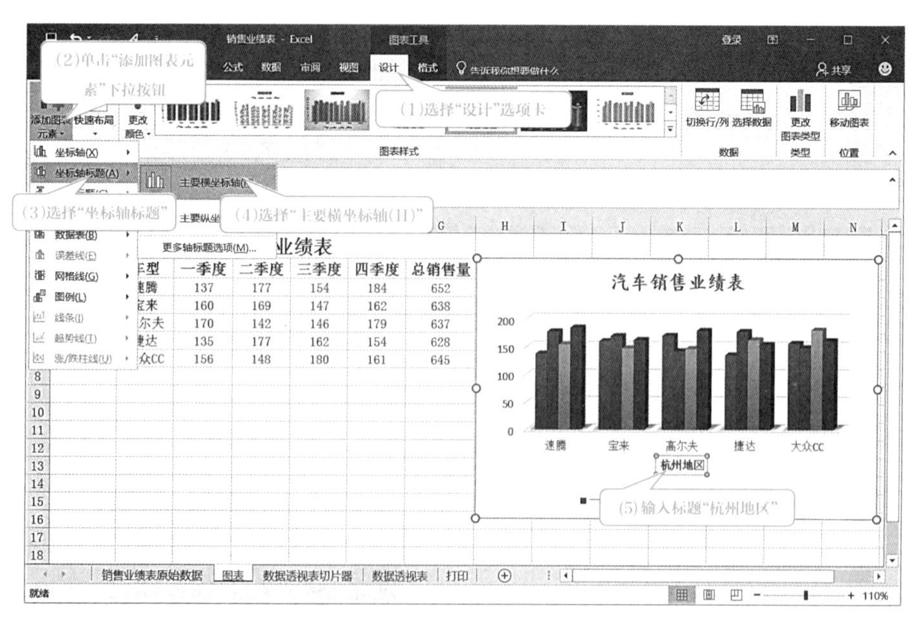

图4-3-6 添加标题操作过程及结果

4. 设置“图例”及“数据标签”

选择“图表工具”中的“设计”选项卡，单击“添加图表元素”下拉按钮，在“图例”中选择“右侧”选项。操作过程如图4-3-7所示。

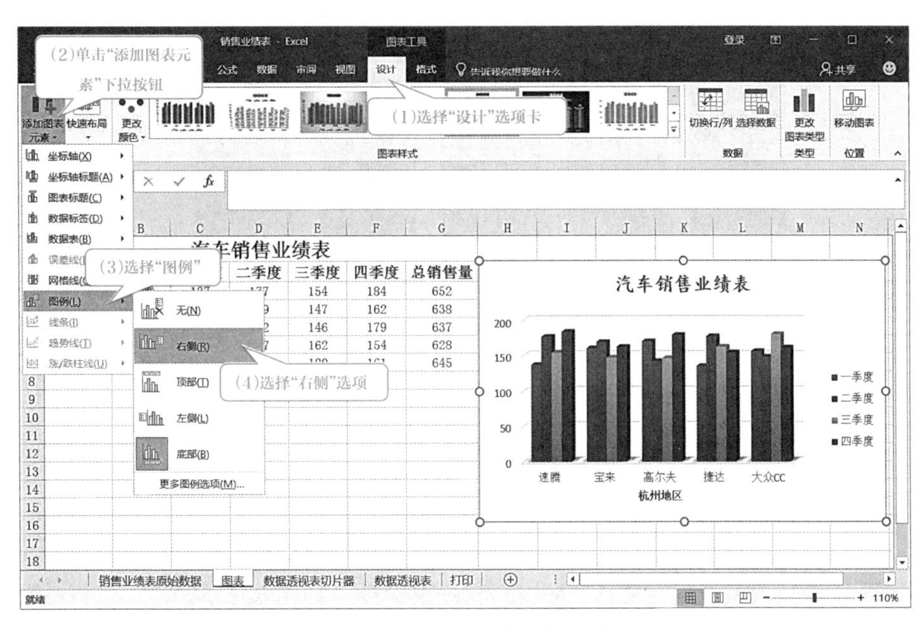

图4-3-7 设置“图例”的操作过程

选择工作区中的“图表”，单击图表右上角的“图表元素”按钮，单击“数据标签”选项，操作过程如图4-3-8所示，操作结果如图4-3-9所示。

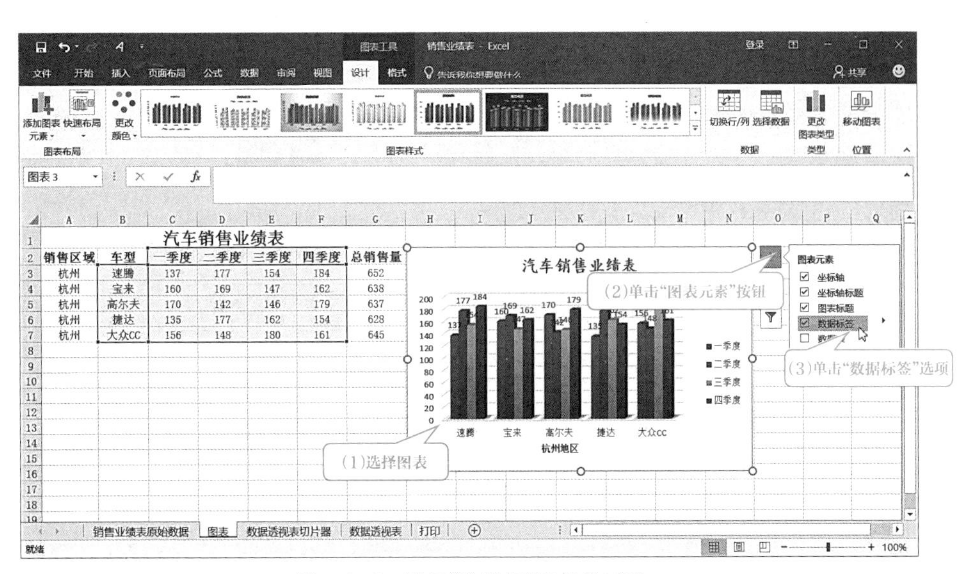

图4-3-8 设置“数据标签”操作过程

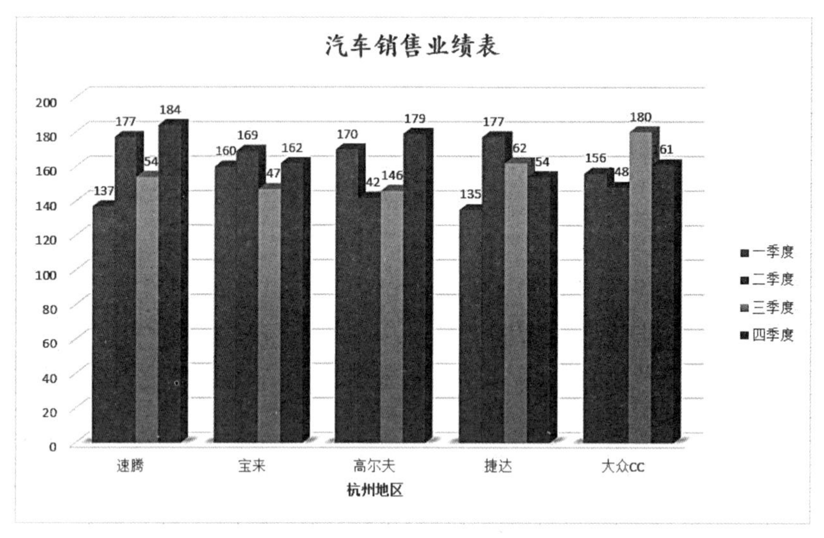

图4-3-9 设置“图例”及“数字标签”操作结果

5. 设置“图形效果”

设置图表“阴影”效果，操作过程如图4-3-10所示。

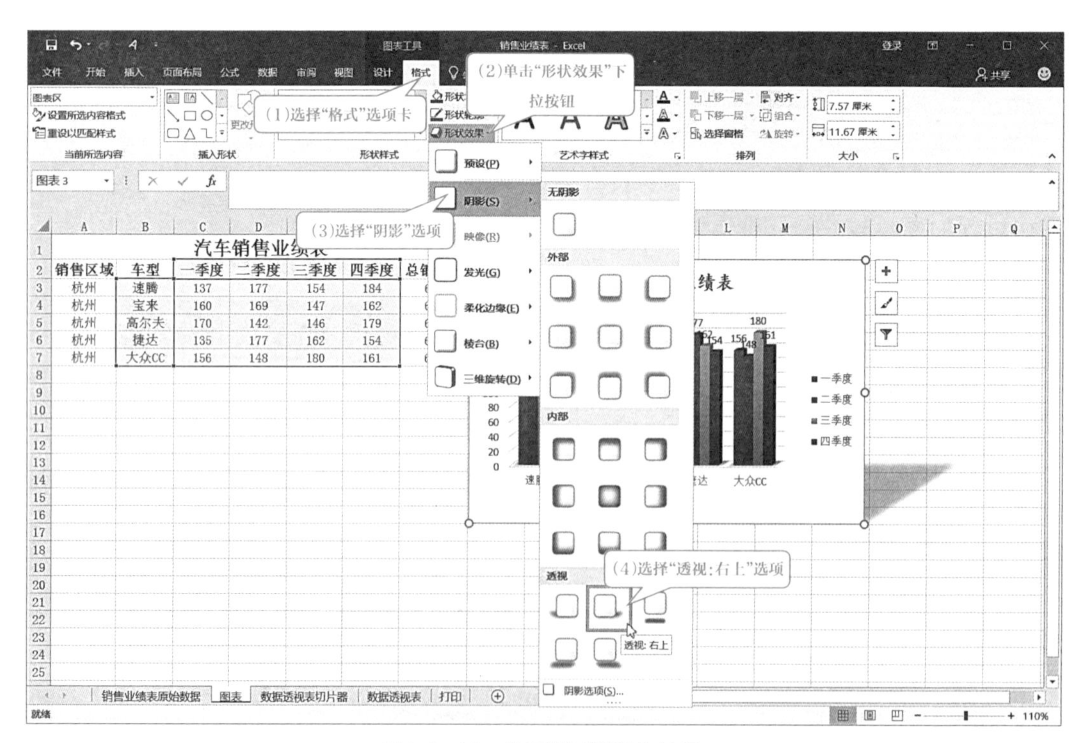

图4-3-10 设置“阴影”操作过程

设置图表“发光”效果为“发光，8磅；蓝色，主题色1”选项，操作过程如图4-3-11所示，操作结果如图4-3-12所示。

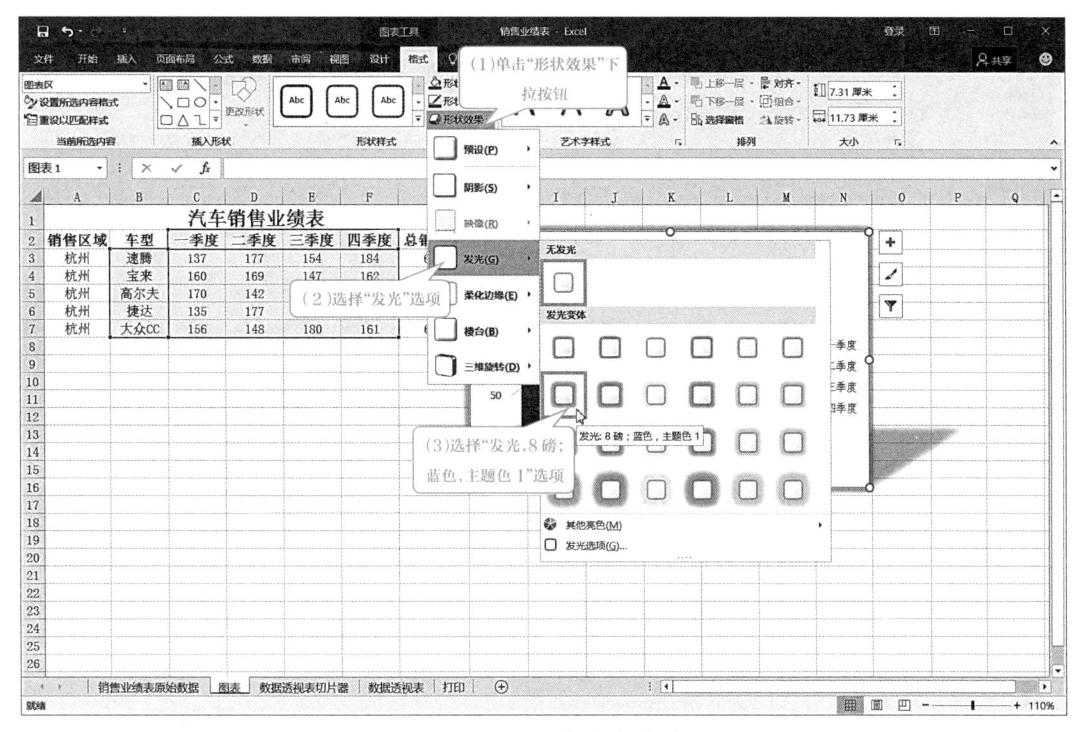

图4-3-11　设置“发光”操作过程

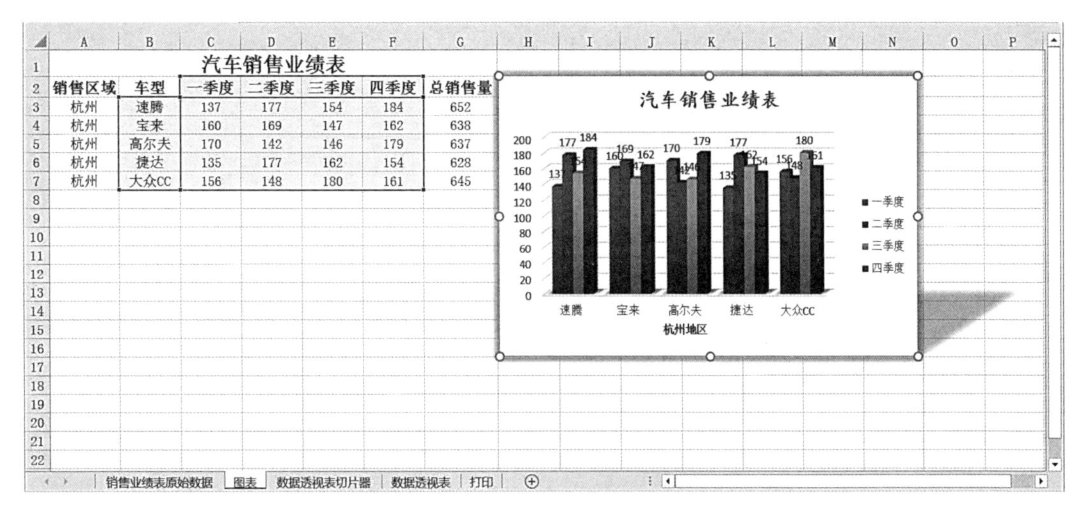

图4-3-12　设置“图形效果”操作结果

6. 设置图表大小、改变位置

选择“图表工具”中的“格式”选项卡，在“大小”选项组中设置图表高度为“10cm”、宽度为“17cm”，并拖动图表使图表显示在以“H2”为起点的单元格区域，操作过程如图4-3-13所示。

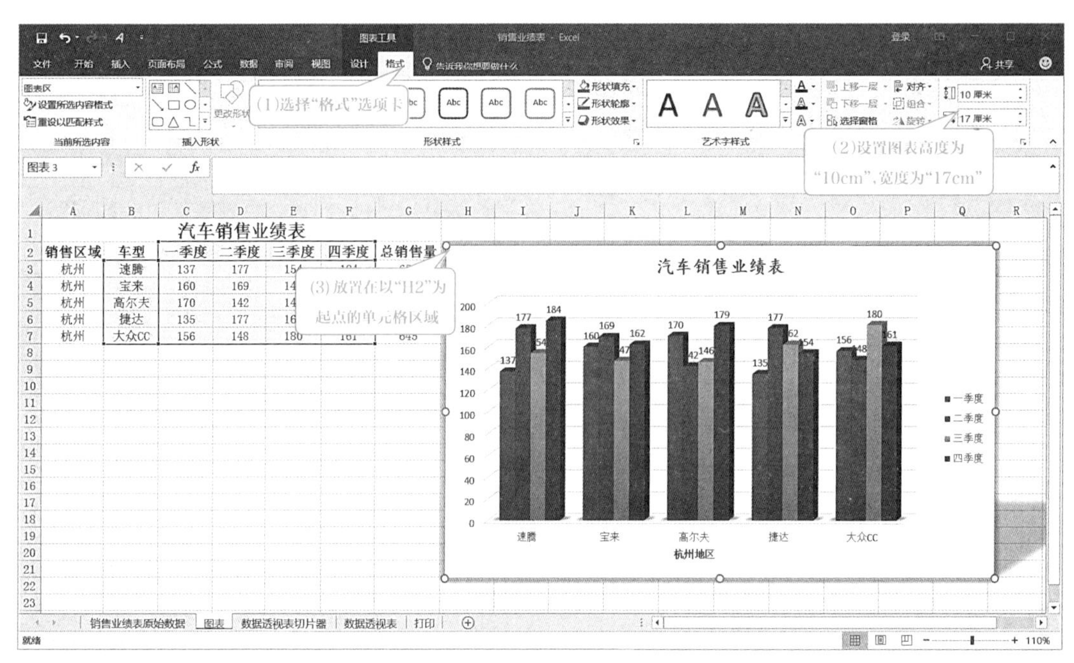

图4-3-13　设置图表大小、改变位置操作过程

知识链接

图表的意义

(1)图表更能展现出事件全貌与整体趋势，能够发现数据间所隐含的内部关系，利于数据间的相互比较。

(2)图表采用可视化方式编码，比以文字编码的数据更容易打动人、说服人，同时提供的数值与图像能够带给人们一种全新式的沟通经验。

(3)采用图表形式比单纯的数据更容易让人理解，能将繁杂的数据，用简单的可视化方式呈现。

技能拓展

1. 向图表中添加数据

向图表中添加数据最简单的方法就是复制工作表的数据并粘贴到图表之中，首先选择要添加到图表中的单元格区域，然后切换功能区中的"开始"选项卡，单击"剪贴板"组中的"复制"按钮。单击图表将其选中，再单击"剪贴板"组中的"粘贴"按钮。

2. 删除图表中的数据

要删除图表中的数据，首先打开"选择数据源"对话框，然后在"图例项"列表中选择要删除的数据系列，单击"删除"按钮，即可将其从图表中删除。

另外，当工作表中的某项数据被删除时，图表内相应的数据系列也会消失。

3. 将图表转换为图片

我们常常需要将制作好的图表转换为图片来使用，可以先单击选定需要转换为图片的图表，切换到功能区中的“开始”选项卡，单击“剪贴板”组中的“复制”按钮右侧的向下箭头，在弹出的菜单中选择“复制为图片格式”命令，此时弹出如图4-3-14所示的“复制图片”对话框，选中“如屏幕所示”和“图片”两个选项，然后单击“确定”按钮，即可将图表复制为图片，选择一个合适的位置，执行“粘贴”命令，即可将图表粘贴为图片。

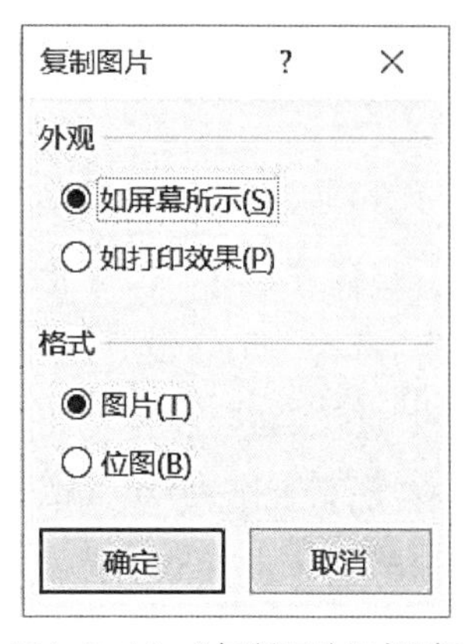

图4-3-14 “复制图片”对话框

自我评价

评价内容		评价等级		
		好	一般	尚需努力
知识技能评价	1. 掌握图表的插入			
	2. 掌握图表样式及布局的设置			
	3. 掌握图表形状效果的设置			
	4. 掌握图表大小及区域的设置			

任务2 销售业绩表的数据分析

任务描述

（1）根据工作表“销售业绩表数据源”中的数据清单创建数据透视图（表），把数据透视图及数据透视表存放在工作表“数据透视表”中，要求显示各销售区域不同车型的总销售量汇总情况。

（2）对数据透视表中的汇总结果按“总计”列数据“升序”排列。

（3）设计数据透视表样式为“数据透视表样式中等深浅9”。

（4）插入切片器，从数据透视表中筛选出数据，并美化切片器。

任务实施

1. 创作数据透视图

打开素材 “销售业绩表”工作簿，单击“销售业绩表原始数据”工作表中任一数据单元格，选择“插入”选项卡，单击“表格”选项组中的“数据透视图”下拉按钮，选择“数据透视图”选项，在“表/区域”右侧文本框中设置数据源为“销售业绩表原始数据! $A$2:$H$22”，选中“现有工作表”单选按钮，在“位置”右侧的文本框中设置工作表存放位置为“数据透视表! $A$1”，单击“确定”按钮，操作过程如图4-3-15所示。

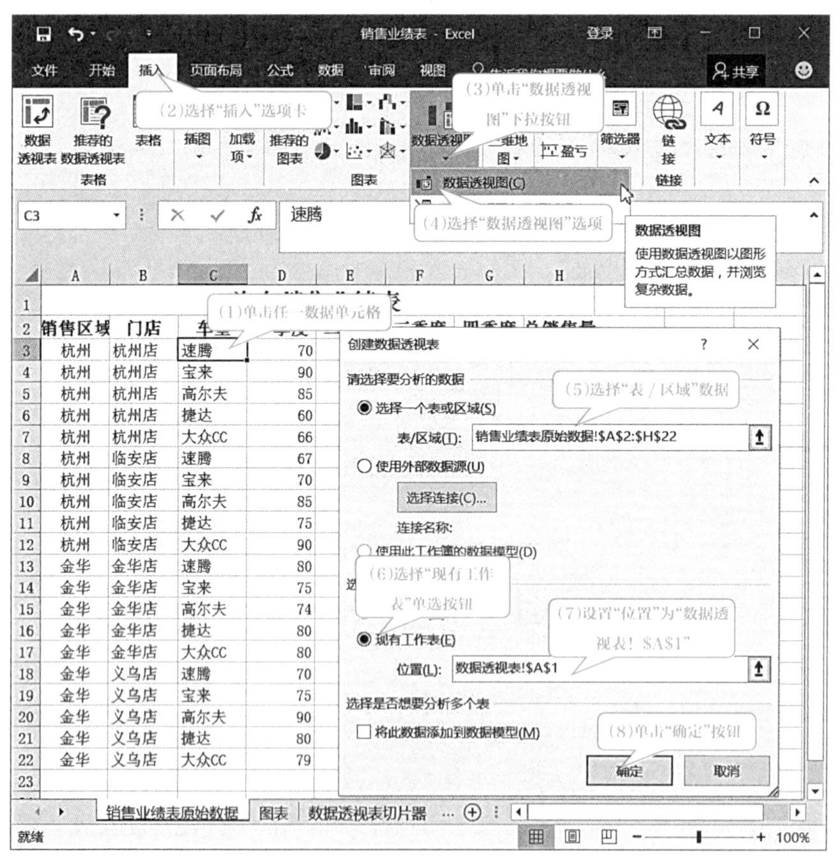

图4-3-15 创建数据透视图操作过程

从“数据透视表字段列表”中把“销售区域”字段拖动至“图例”字段区域，把“车型”字段拖动至“轴”字段区域，把“总销售量”字段拖动至“数值”区域，操作过程如图4-3-16所示，操作结果如图4-3-17所示。

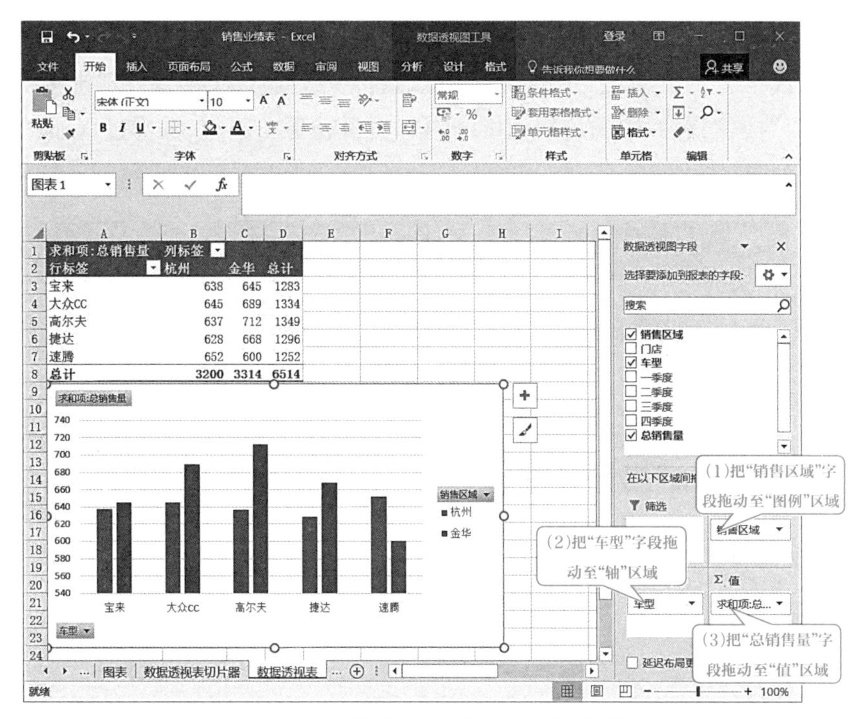

图4-3-16 创建数据透视图(表)字段操作过程

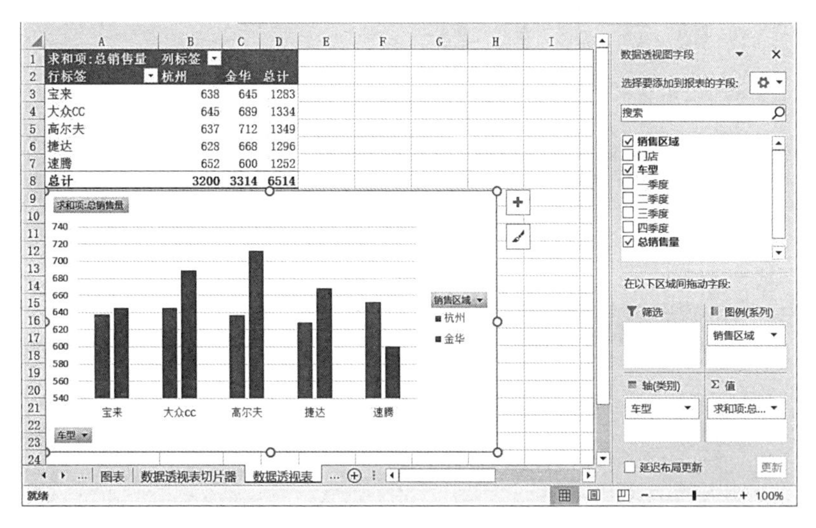

图4-3-17 创建数据透视图(表)字段操作结果

在前面的项目中,我们已经学习了排序、筛选和分类汇总,这三种操作是Excel数据处理中被广泛使用的方法。而数据透视表则将这三种方法有机结合在一起,将数据得以更好地呈现。

2. 数据透视表的数据排序

单击数据透视表“总计”中的任一数据，选择 “数据”选项卡，单击“排序和筛选”选项组中的“升序”按钮，此时数据透视图中的内容会自动更新调整，操作过程如图4-3-18所示，操作结果如图4-3-19所示。

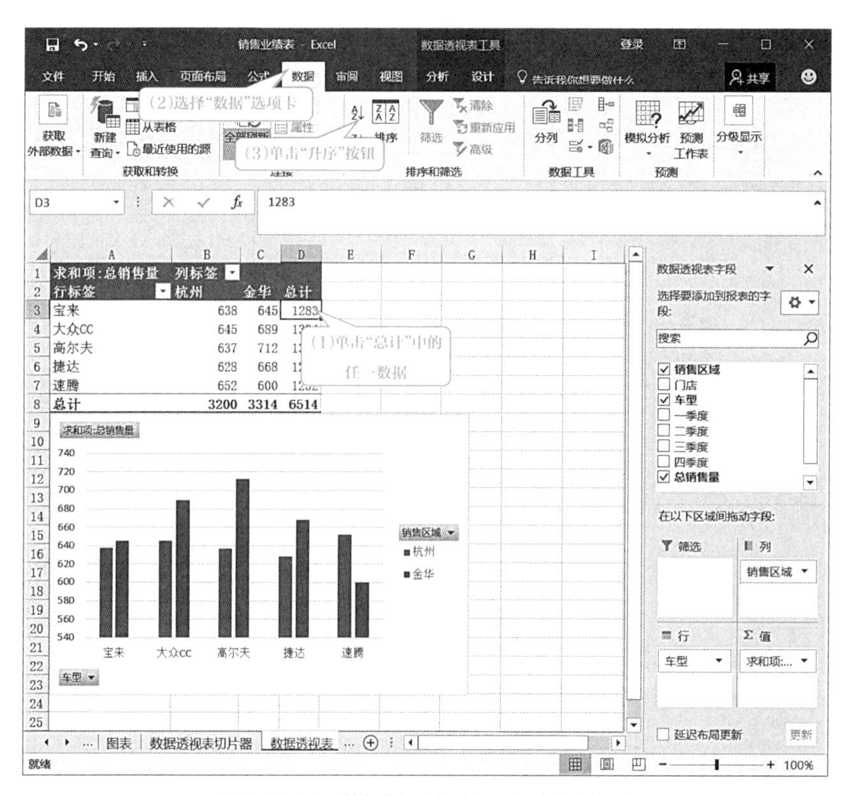

图4-3-18　数据透视表数据排序操作过程

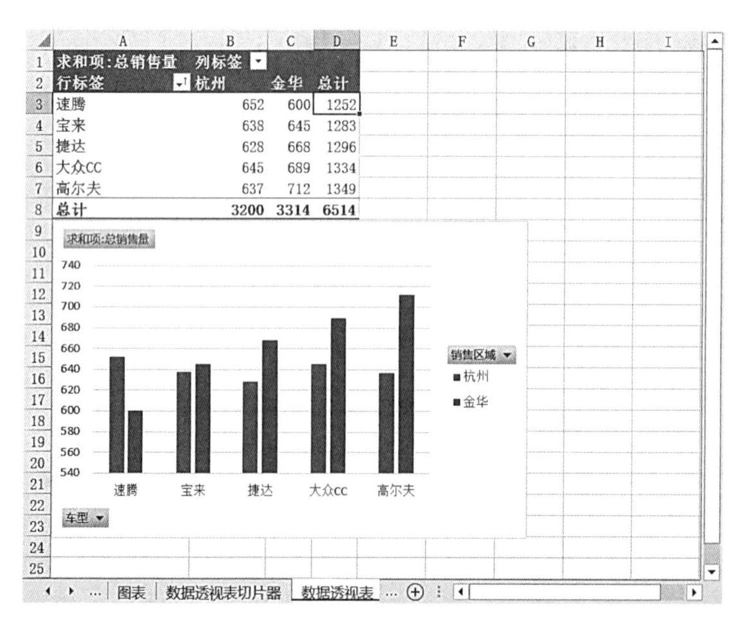

求和项:总销售量	列标签		
行标签	杭州	金华	总计
速腾	652	600	1252
宝来	638	645	1283
捷达	628	668	1296
大众CC	645	689	1334
高尔夫	637	712	1349
总计	3200	3314	6514

图4-3-19　数据透视表数据排序操作结果

3. 设置数据透视表样式

单击数据透视表中的任一汇总数据，选择“数据透视表工具”中的“设计”选项卡，单击“数据透视表样式”选项组中的“其他”按钮，选择“冰蓝，数据透视表样式中等深浅9”样式，操作过程如图4-3-20所示，操作结果如图4-3-21所示。

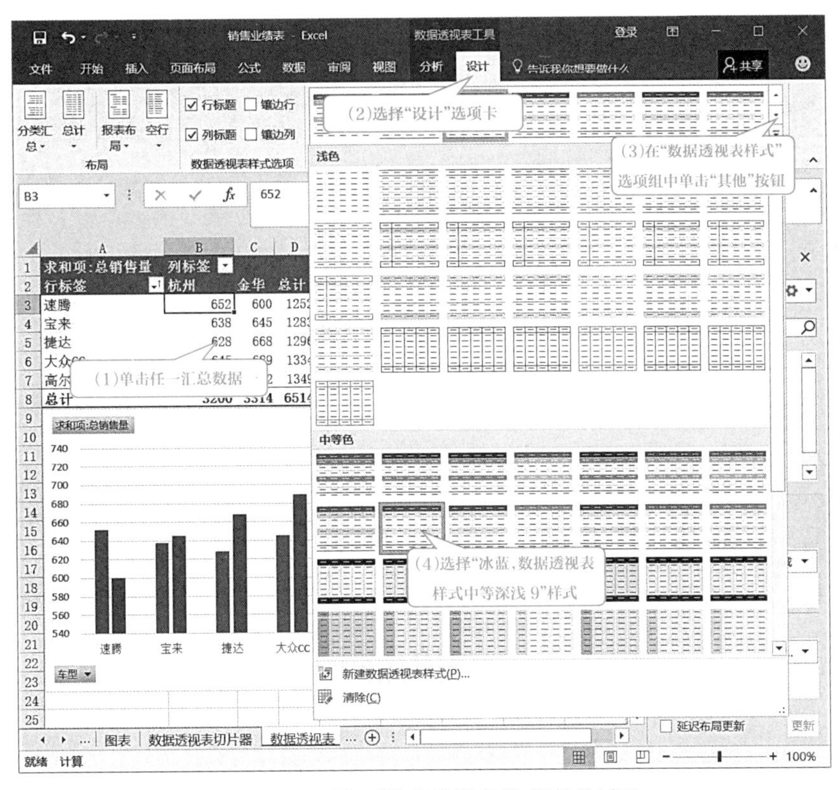

图4-3-20　设置“数据透视表样式”操作过程

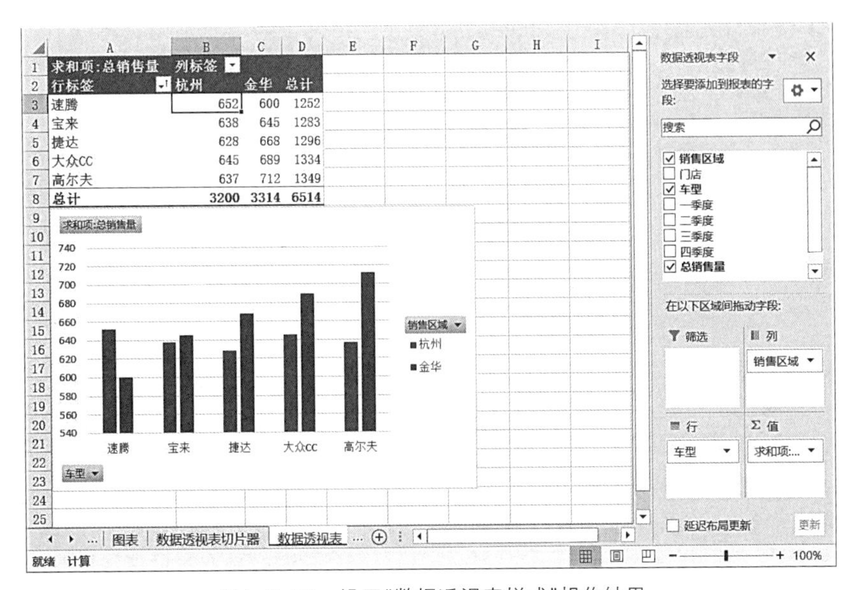

图4-3-21　设置“数据透视表样式”操作结果

4. 插入切片器

在“数据透视表工具”中，选择“分析”选项卡，单击“插入切片器”下拉按钮，在弹出的下拉列表中选择“插入切片器”选项，弹出“插入切片器”对话框，选中字段“门店”“车型”和“总销售量”复选框，单击“确定”按钮，操作过程如图4-3-22所示，插入切片器的结果如图4-3-23所示。

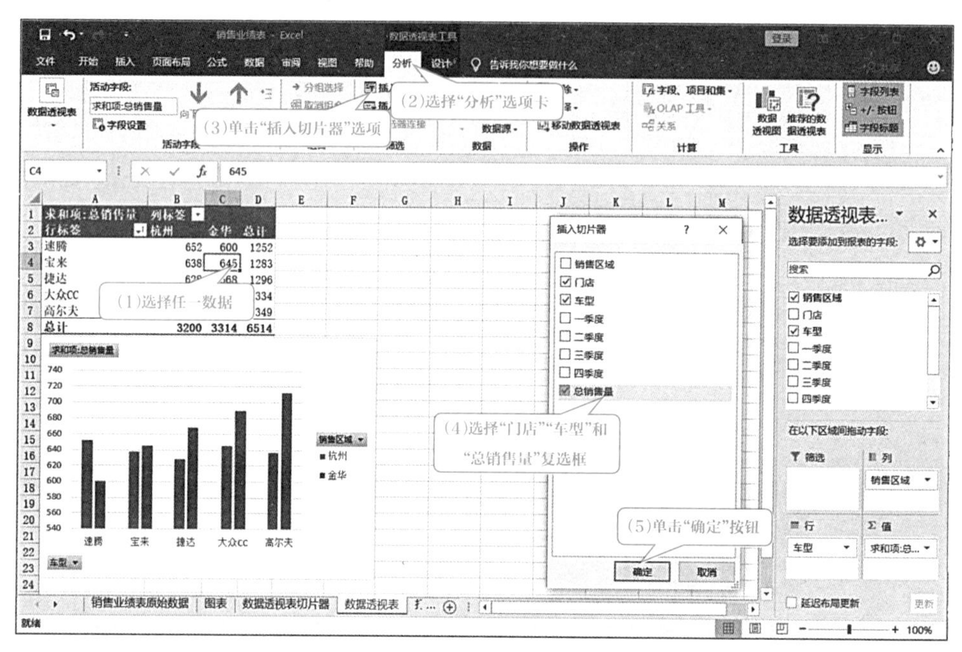

图4-3-22　插入切片器操作过程

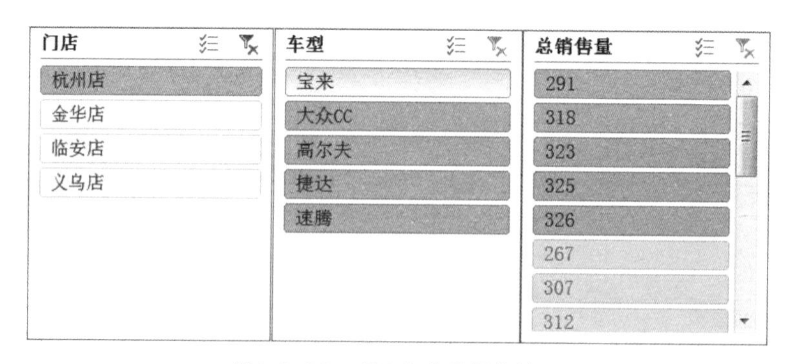

图4-3-23　插入切片器操作结果

切片器提供了一种可视性极强的筛选方法来筛选数据透视表中的数据。一旦插入切片器，即可使用按钮对数据进行快速分段和筛选，以显示所需的数据。

知识链接

1. 数据透视表

数据透视表是一种对大量数据快速汇总和创建交叉列表的交互式表格，可以转换行和列来查看数据源的不同汇总结果，而且可以显示感兴趣区域的明细数据。数据透视表是一种动态工作表，它提供了一种以不同角度看数据的简便方法。

2. 数据透视表的组成组件

字段：数据透视表中有“报表筛选”“列标签”“行标签”和“∑数值”4种字段，创建数据透视表时，必须指定要以表格中的哪些字段作为“报表筛选”“列标签”“行标签”和“∑数值”字段，这样Excel才能根据设置生成数据透视表。

行(列)字段：字段中的每个唯一的值便称为项目。如本例中“车型”字段就有“速腾”“宝来”等5个项目。

3. 数据透视图

在数据透视图中，除具有标准图表的系列、分类、数据标记和坐标轴之外，数据透视图还有一些特殊的元素，如报表筛选字段、值字段、系列字段、项和分类字段等。

4. 数据透视表的源数据

数据透视表如果和源数据放在同一个工作表中，用鼠标点击单元格定位时，应至少隔开上方数据表两行。一行用于放置页字段的位置，一行为页字段和数据透视表之间的空隙。

技能拓展

1. 更新数据透视表

虽然数据透视表具有非常强的灵活性和数据操控性，但是在修改其源数据时不能自动在数据透视表中直接反映出来，而必须手动对数据透视表进行更新，具体操作如下：

(1)对创建数据透视表的源数据进行修改，选择工作表“销售业绩表原始数据”，然后单击单元格“D3”，将数据改为“75”，如图4-3-24所示。

汽车销售业绩表

销售区域	门店	车型	一季度	二季度	三季度	四季度	总销售量
杭州	杭州店	速腾	75	90	76	89	335
杭州	杭州店	宝来	90	79	65	92	326
杭州	杭州店	高尔夫	85	75	66	97	323
杭州	杭州店	捷达	60	75	87	69	291
杭州	杭州店	大众CC	66	71	98	83	318
杭州	临安店	速腾	67	87	78	95	327
杭州	临安店	宝来	70	90	82	70	312
杭州	临安店	高尔夫	85	67	80	82	314
杭州	临安店	捷达	75	102	75	85	337
杭州	临安店	大众CC	90	77	82	78	327
金华	金华店	速腾	80	70	87	96	333
金华	金华店	宝来	75	95	75	93	338
金华	金华店	高尔夫	74	80	89	88	331
金华	金华店	捷达	80	95	87	80	342
金华	金华店	大众CC	80	89	79	98	346
金华	义乌店	速腾	70	30	87	80	267
金华	义乌店	宝来	75	90	65	77	307
金华	义乌店	高尔夫	90	87	106	98	381
金华	义乌店	捷达	80	76	80	90	326
金华	义乌店	大众CC	79	98	79	87	343

销售业绩表原始数据 | 图表 | 数据透视表切片器 | ...

图4-3-24 修改源数据

(2)切换到数据透视表所在的单元格“数据透视表”，此时单元格“B3”中的数据并未自动更新，如图4-

3–25所示。右击数据透视表中的任意一个单元格，在弹出的快捷菜单中选择“更新”命令，即可更新数据。

	A	B	C	D	E
1	求和项:总销售量	列标签			
2	行标签	杭州	金华	总计	
3	速腾	652	600	1252	
4	宝来	638	645	1283	
5	捷达	628	668	1296	
6	大众CC	645	689	1334	
7	高尔夫	637	712	1349	
8	**总计**	**3200**	**3314**	**6514**	
9					

销售业绩表原始数据 | 图表 | 数据 …

图4–3–25　未更新数据透视表中的数据

2. 美化切片器

当我们在现有的数据透视表中创建切片器时，数据透视表的样式会影响切片器的样式，从而形成统一的外观，若我们需要设置新的样式，可以先选定要进行美化的切片器，在“选项”选项卡中，单击“切片器样式”组的“其他”按钮，将展开更多的切片器样式库，从展开的库中选择喜欢的切片器样式，即可套用新的样式，操作过程如图4–3–26所示。

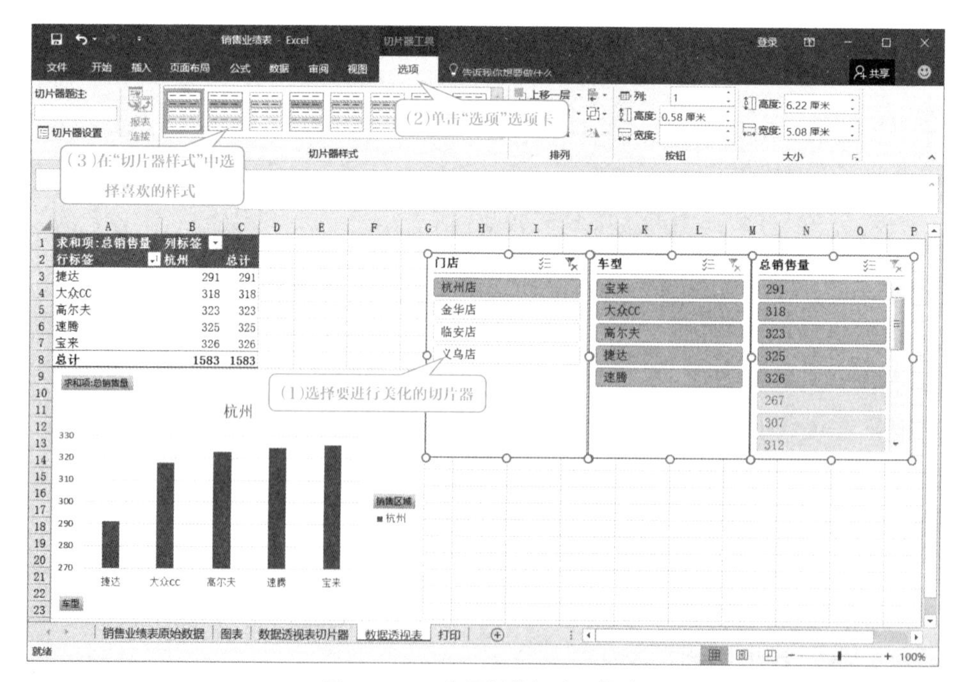

图4–3–26　套用新的切片器样式

自我评价

评价内容		评价等级		
		好	一般	尚需努力
知识技能评价	1. 掌握透视图(表)的插入			
	2. 掌握图表样式的设置			
	3. 掌握透视表中排序的操作			
	4. 熟悉切片器的插入			

任务3 销售业绩表的打印

任务描述

(1)将工作表的“页面”方向设置为“横向”,纸张大小为“A4”,“页边距”分别设置为“上下2.4,左右2.5”。

(2)设置工作表中的第1行为打印标题。

(3)设置工作表“打印”的页眉为“销售业绩表”,文字格式为“华文新魏,16号,深蓝”。设置页脚为“第?页,共?页”。

(4)预览工作表,并设置打印份数为2份,打印工作表。

任务实施

(1)打开素材 “销售业绩表”工作簿,单击“打印”按钮,单击“页面布局”选项卡中“页面设置”组右下角的“页面设置”按钮,打开“页面设置”对话框。在“页面”选项卡中“方向”设置为“横向”,“纸张大小”选择“A4”。在“页边距”选项卡中设置上下边距为“2.4”,左右边距为“2.5”,单击“确定”按钮,操作过程如图4-3-27所示。

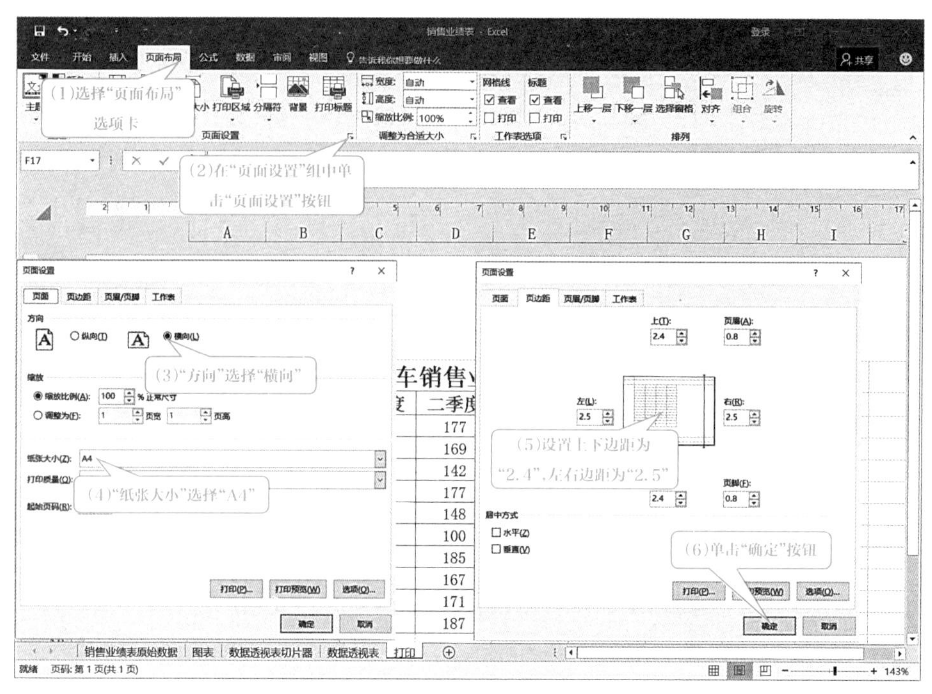

图4-3-27　页面及页边距设置

（2）选择"页面布局"选项卡，单击"页面设置"选项组中的"打印标题"选项，在弹出的对话框中设置"顶端标题行"右侧的文本框内容为"$1:$1"，单击"确定"按钮，操作过程如图4-3-28所示。

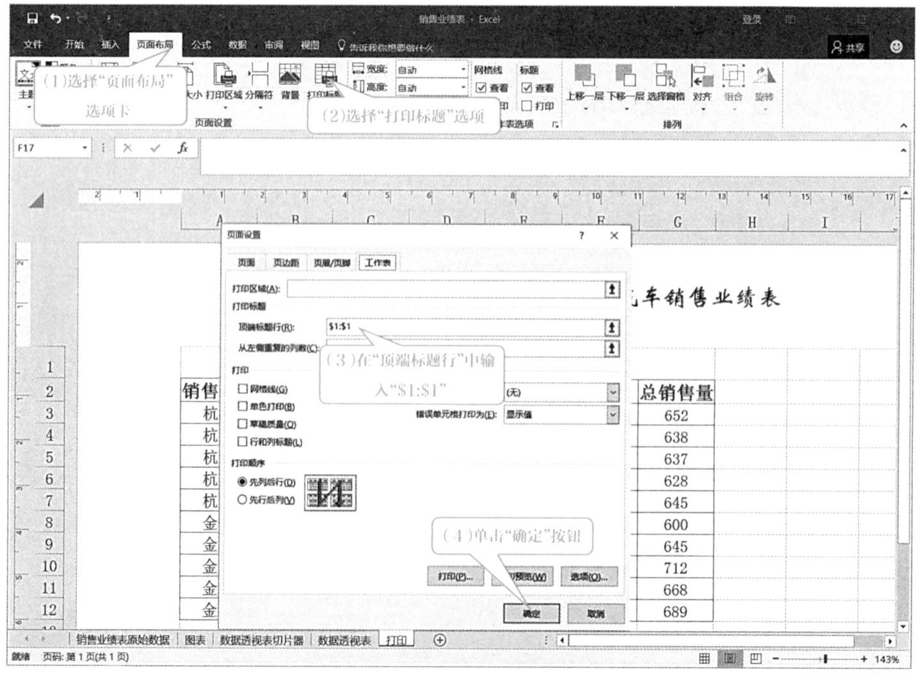

图4-3-28　设置打印标题操作过程

（3）选择“插入”选项卡，单击“文本”选项组中的“页眉和页脚”按钮，在页眉区输入“汽车销售业绩表”并设置文字格式为“华文新魏，16号，深蓝”。在“页眉和页脚”的“设计”选项卡中，单击“页眉和页脚”选项组中的“页脚”下拉按钮，选择“第1页，共?页”选项，操作过程如图4-3-29所示。

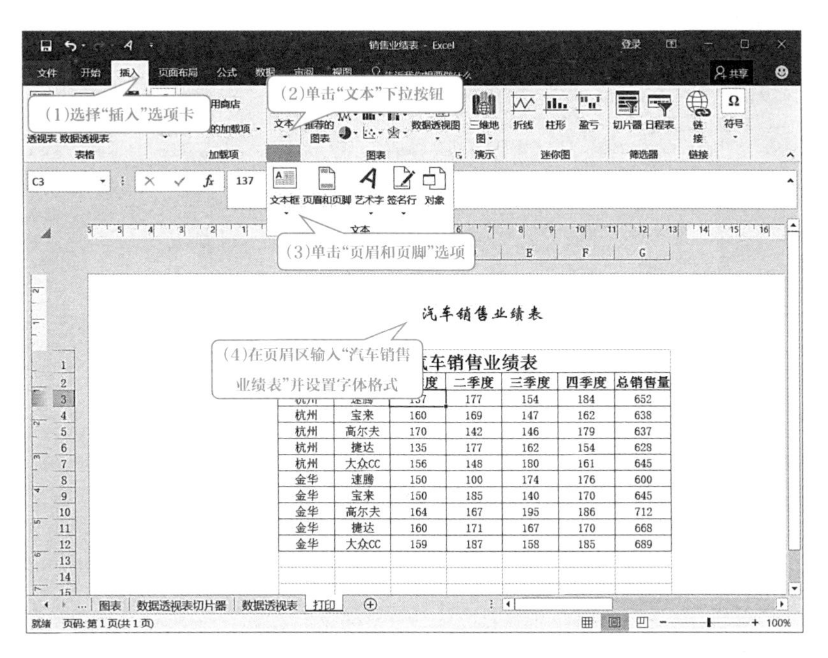

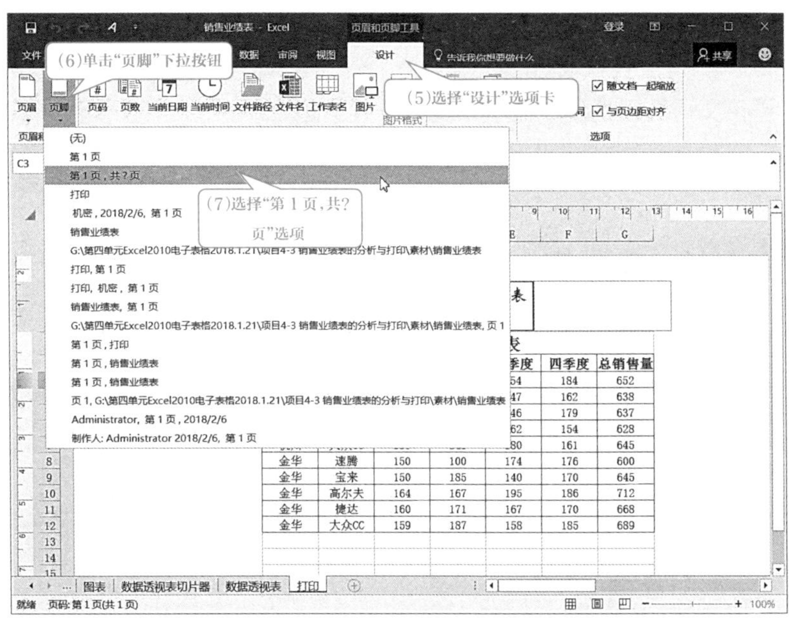

图4-3-29 设置页眉和页脚操作过程

（4）选择“文件”→“打印”菜单命令，预览工作表的打印效果，并设置打印份数为2份，打印工作表，操作过程如图4-3-30所示。

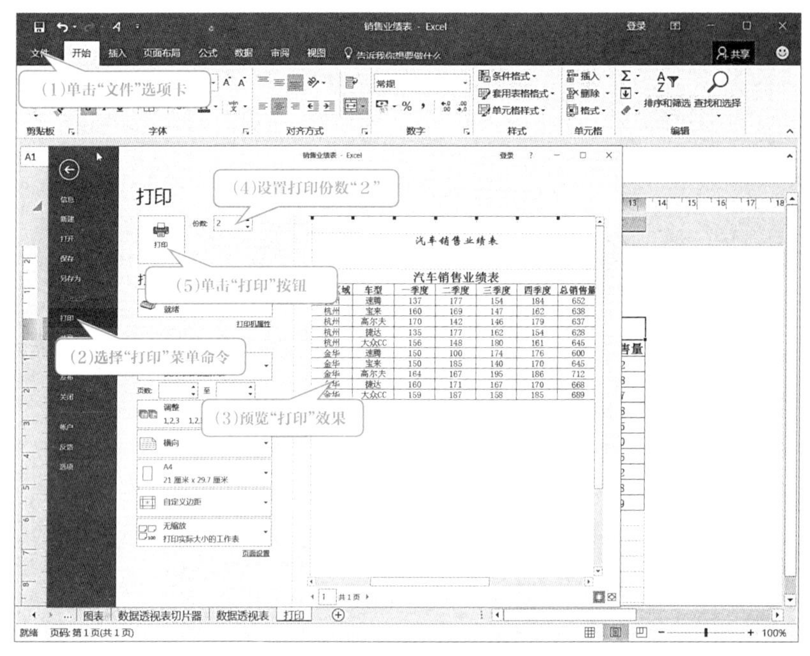

图4-3-30　打印工作表操作过程

知识链接

1. 页边距

页边距是指正文与页面边缘的距离。通过设置页边距，可以灵活设置表格数据打印到纸张上的位置。

2. 纸张方向

纸张方向是指页面是横向打印还是纵向打印。若文件的行较多而列较少，则使用纵向打印；若文件的列较多而行较少时，则使用横向打印。

3. 页眉和页脚

页眉位于页面的最顶端，通常用来标明工作表的标题。页脚位于页面的最低端，通常用来标明工作表的页码。我们可以根据需要确定页眉和页脚的内容。

技能拓展

1. 设置打印区域

正常情况下打印工作表时，会将整个工作表全部打印输出。如果仅打印部分区域，可以选定要打印的单元格区域。切换到功能区中的“页面布局”选项卡，在“页面设置”组中单击“打印区域”按钮的向下箭头，从下拉列表中选择“设置打印区域”命令即可。

2. 指定打印对象

如果不是要打印整张工作表，或者数据内容很多，但只需要打印其中几页，都可以在设置区指定打印对象，如图4-3-31所示。

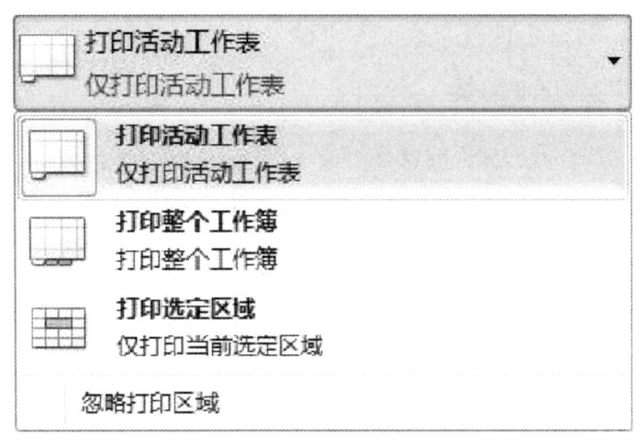

图4-3-31　指定打印对象

打印活动工作表是指打印当前在工作簿窗口中选择的工作表。

打印整个工作簿是指打印工作簿中的所有工作表。

打印选定区域是指打印工作表中选定的范围，必须先在工作表上选择要打印的单元格区域，才能选择此项。

3. 设置打印的页数

如果我们要打印的工作表共有5页，但此次不需要打印全部的页数，那么可以指定要从第几页到第几页。如图4-3-32所示，只打印其中的某几页，例如设置为从3至4，表示只打印第3、第4页。

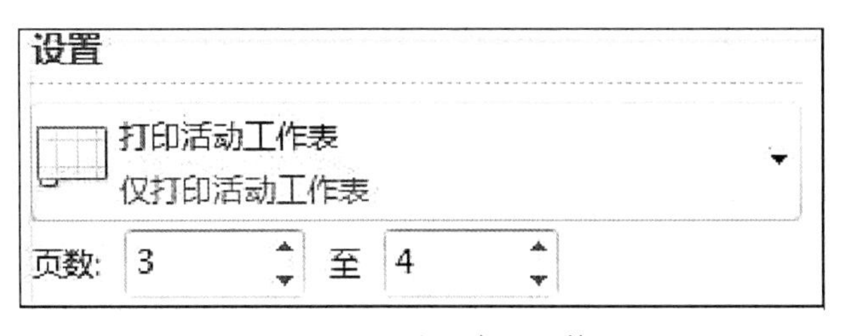

图4-3-32　设置打印页数

4. 打印工作表默认的网格线

默认情况下，打印工作表时是不打印网格线的，只是打印我们设置的边框线。如果我们想打印工作表的网格线，可以切换到功能区中的“页面布局”选项卡，在“工作表选项”组内选中“网格线”下的“打印”复选框。执行打印操作，即可打印出网格线。

自我评价

评价内容		评价等级		
		好	一般	尚需努力
知识技能评价	1. 掌握页面的设置			
	2. 掌握页眉和页脚的设置			
	3. 掌握打印的设置			
	4. 熟悉打印标题行的设置			

思考与练习

（1）思考不同数据类型采用哪种数据图表更适合数据分析。

（2）根据班级上一学期学生成绩情况进行数据分析和打印操作。

（3）根据电脑销售业绩表进行分析和打印操作。

第五单元

PowerPoint 2016 演示文稿

单元介绍

Microsoft PowerPoint 2016是Office 2016套装软件中的组件之一，它可以使用文本、图片、声音、视频、动画等元素，设计、制作出具有视觉震撼力的演示文稿，被广泛应用于课堂教学演示、公司会议、产品介绍、教育培训等场合，熟练使用PowerPoint设计、制作幻灯片，已成为职场人士必备的职业技能。PowerPoint 2016优化了幻灯片的切换效果、动画任务窗格，新增的智能搜索等功能操作更加人性化，更加符合用户的使用习惯。

本单元将介绍PowerPoint 2016的使用，通过“学校宣传演示文稿”和“弘扬工匠精神，铸就中国梦想——主题班会演示文稿” 这两个项目的制作，将PowerPoint 2016文本的输入与编辑，图片的插入与编辑，图形的绘制与设计，表格的插入与设置，添加多媒体、动画和超链接，主题和母版的应用，演示文稿的放映，演示文稿的保护等知识点融入项目中，通过任务的逐级分解来学习相应的知识点。

项目 5-1
制作学校宣传演示文稿

学习目标

（1）了解PowerPoint 2016的作用及特点。

（2）熟悉PowerPoint 2016的窗口界面。

（3）掌握演示文稿的创建、保存。

（4）掌握幻灯片的增加、删除、移动和复制等操作。

（5）熟练掌握幻灯片模板、母版和主题方案的设置。

（6）掌握幻灯片之间切换方法的设置。

项目描述

某校为提高学校在公众心目中的形象，扩大学校知名度，决定在全校师生中公开征集展示学校形象的宣传片，要求利用PowerPoint 2016制作图文并茂、美观大方、合理使用动画效果的演示文稿。

任务1　认识PowerPoint 2016

任务描述

（1）认识窗口界面。

（2）制作一张幻灯片。

（3）保存演示文稿。

任务实施

一、认识开始屏幕和工作界面

1. 开始屏幕

启动PowerPoint 2016程序，即可打开PowerPoint开始界面，开始界面左侧显示最近使用的文档，右侧显示本地模板和联机模板，如图5-1-1所示。

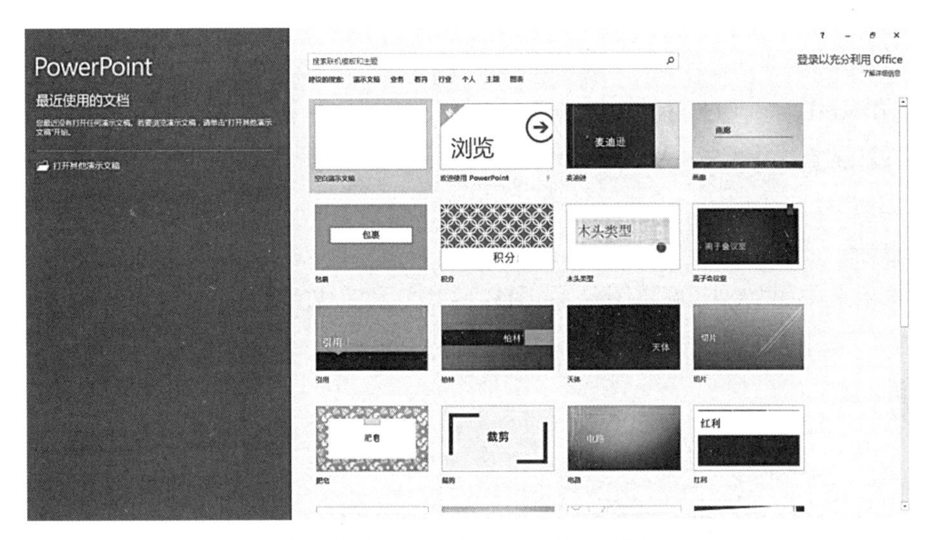

图5-1-1　PowerPoint 2016开始界面

演示文稿是PowerPoint 2016用来编辑幻灯片的文件，其扩展名为“.pptx”，一个演示文稿中可含多张幻灯片。

2. 工作界面

单击最近使用的文档或空白演示文稿，即可打开工作界面，工作界面由快速访问工具栏、选项卡、标题栏、功能区、幻灯片/大纲窗格、编辑区、状态栏和视图按钮等组成，如图5-1-2所示。

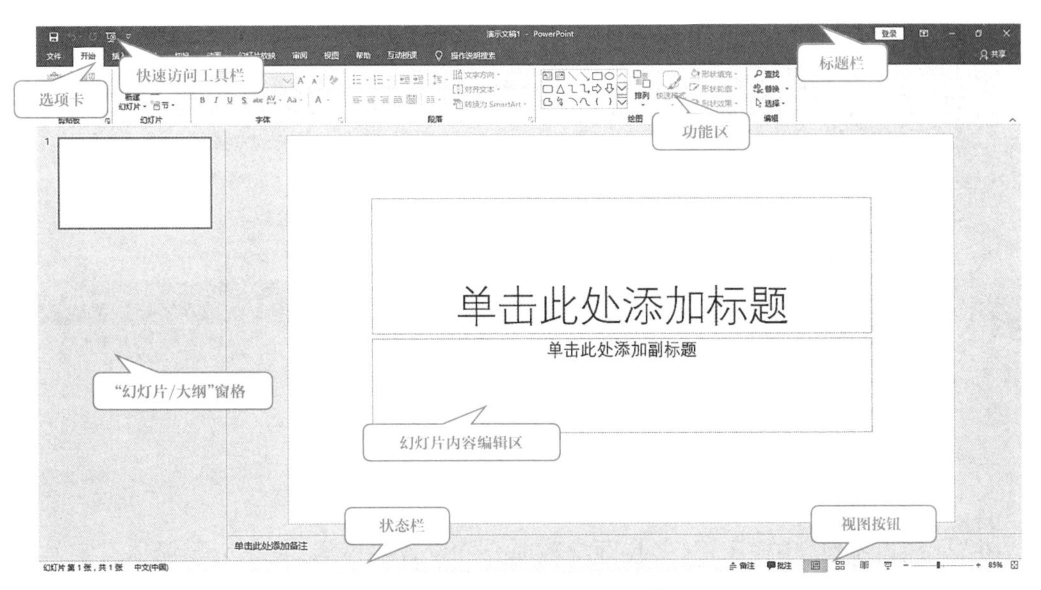

图5-1-2　PowerPoint 2016工作界面

二、制作幻灯片

1. 新建文件

启动PowerPoint 2016，单击“空白演示文稿”选项，创建新的演示文稿，默认文件名为“演示文稿1.pptx”，并生成一张“标题幻灯片”，如图5–1–2所示。

2. 编辑幻灯片

单击“插入”选项卡→“图片”，选择2张图片，单击“插入”按钮，如图5–1–3所示，单击“格式”选项卡中的“大小”调整图片，如图5–1–4所示，完成后将图片移到幻灯片下方适当位置。

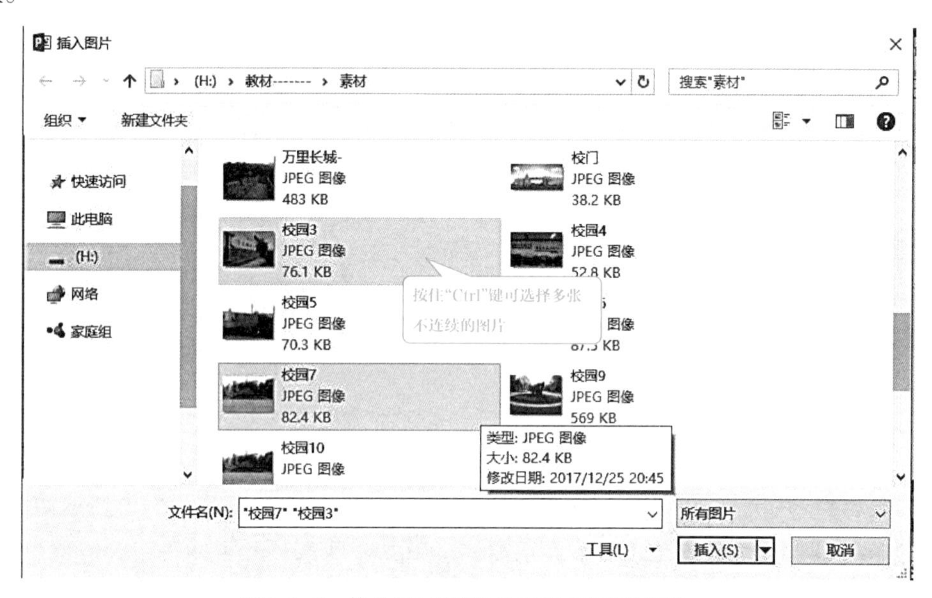

图5–1–3　按住“Ctrl”键选择多张不连续的图片

小贴士

需要插入多张图片时，按住“Ctrl”键可选择多张不连续的图片；按住“Shift”键可选择多张连续的图片。

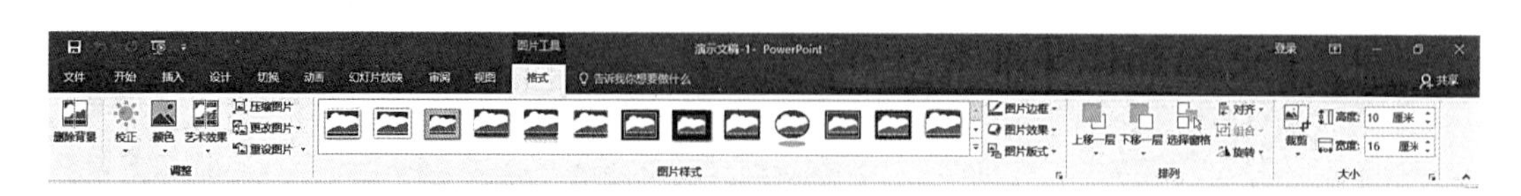

图5–1–4　设置图片大小

3. 设置演示文稿格式

在“标题占位符”中输入“××技师学院简介”，设置字体为“方正大黑简体”，字号为“44”，并调整位置，如图5–1–5所示。

图5-1-5　编辑效果图

4. 设置标题格式

单击占位符，在功能区选择“快速样式”功能，在下拉列表中选择第2行第2列的“彩色填充-蓝色，强调颜色1”，如图5-1-6所示。

图5-1-6　设置占位符的快速样式

5. 保存演示文稿

将文件保存为“任务5-1.pptx”，操作过程如图5-1-7所示。

图5-1-7　保存文件的操作过程

小贴士

在“保存类型”下拉列表框中，如果选择“PowerPoint 97-2003工作簿”，则保存后的演示文稿可以在PowerPoint 2003版本中打开。

知识链接

1. 占位符

在PowerPoint 2016中新建幻灯片，软件自动为用户提供输入文本的区域，这个区域称为“占位符”，里面有一些提示性的文字。这些占位符作为放置幻灯片标题、文本、表格等对象的位置，并预设了格式。

幻灯片中可以根据需要插入文本框，PowerPoint 2016任何文字都是通过占位符或文本框进行输入和编辑的。

2. 演示文稿的五种视图方式

普通视图、大纲视图、幻灯片浏览视图、备注页视图和阅读视图，如表5-1-1所示。用户可以在功能区“视图”选项卡“演示文稿视图”功能区中选择视图方式。如图5-1-8所示。

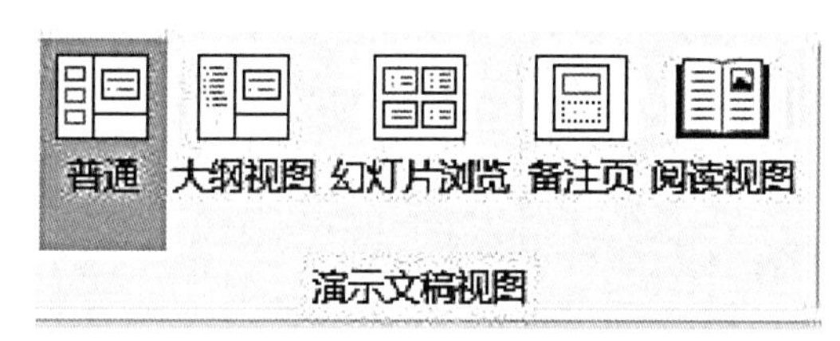

图5-1-8　演示文稿视图

表5-1-1　各视图介绍

视图方式	说明
普通视图	PowerPoint 2016的默认视图，可用于设计制作演示文稿。该视图有三个工作区域：大纲/幻灯片窗格、幻灯片窗格、备注窗格
大纲视图	主要用于查看、编排演示文稿的大纲
幻灯片浏览视图	以缩略图形式显示幻灯片的视图，可以用来观察演示文稿的整体效果
备注页视图	可以在备注窗格中键入备注内容，该窗格位于普通视图中幻灯片窗格的下方
阅读视图	可将幻灯片在PowerPoint 2016窗口中最大化显示，通常用于在幻灯片制作完成后对幻灯片进行简单的预览

技能拓展

幻灯片的操作（可以一次选中一张幻灯片，也可以同时选中多张幻灯片），如表5-1-2所示。

表5-1-2 幻灯片操作

幻灯片操作	操作方式
选择单张幻灯片	选择单张幻灯片：无论是在普通视图下的“大纲”或“幻灯片”选项卡中，还是在幻灯片浏览视图中，只需要单击目标幻灯片，即可选中该幻灯片
选择多张幻灯片	选择连续多张幻灯片：单击起始编号的幻灯片，然后按住“Shift”键，再单击结束编号的幻灯片。选择不连续的多张幻灯片：在按“Ctrl”键的同时，依次单击需要选择的幻灯片
增加幻灯片	方法一：在幻灯片缩略图中选择当前幻灯片，按回车键 方法二：在功能区单击“新建幻灯片”，从下拉列表中选择一种版式 方法三：鼠标右键单击幻灯片缩略图，在快捷菜单中选择“新建幻灯片” 方法四：通过快捷命令“Ctrl+M”插入新幻灯片
删除幻灯片	方法一：右击幻灯片缩略图，在快捷菜单中选择“删除幻灯片” 方法二：选中幻灯片后按“Delete”键直接删除
移动和复制幻灯片	移动：选择幻灯片缩略图，拖到合适的位置，松开鼠标即可 复制：按“Ctrl”键的同时，按住左键，拖动需复制的幻灯片缩略图到合适的位置，松开鼠标和“Ctrl”键即可

自我评价

评价内容		评价等级		
		好	一般	尚需努力
知识技能评价	1. 了解PowerPoint 2016的作用及特点			
	2. 掌握PowerPoint 2016的启动与退出操作			
	3. 熟悉PowerPoint 2016的窗口组成			
	4. 掌握演示文稿的创建和保存操作			
	5. 掌握幻灯片的增加、删除、移动和复制等操作			

任务2 编辑幻灯片

任务描述

（1）打开幻灯片文件。

（2）添加三张幻灯片，设置相应的版式。

（3）插入图片、文本。

任务实施

1. 打开文件

打开“任务5-1.pptx”文件，另存为“任务5-2.pptx”。

2. 制作第二张幻灯片

（1）单击“插入”→“新建幻灯片”，在当前幻灯片后插入一张新的幻灯片，版式为默认的“标题和内容”，如图5-1-9所示。

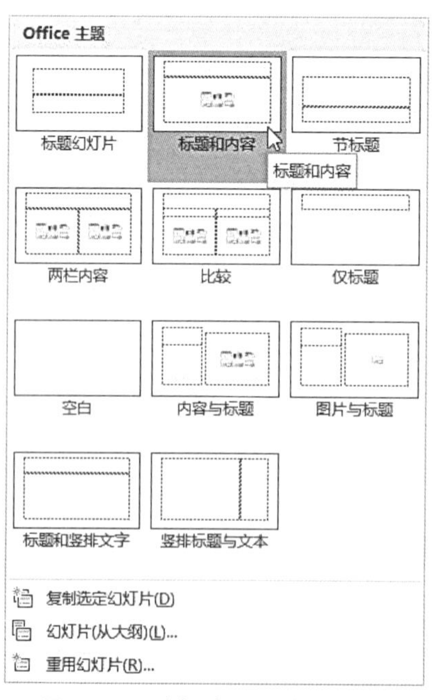

图5-1-9 选择“标题和内容”版式

（2）从素材文件的文档中复制相应的文字到幻灯片内容占位符中，如图5-1-10所示。

- ××技师学院占地面积 205 亩，建筑面积 5.6 万平方米，全日制在校生 4800 人，教职工 287 名，其中高级教师 56 人，高级技师 34 人，“双师型”教师占 90%以上。有机电、汽修、物流、信息等四大类专业群，其中汽车运用与维修、机电设备安装与维修、电子技术应用、汽车整车配件与营销、计算机平面设计专业为省级示范、骨干专业。学院先后被评为国家级重点中等职业学校、浙江省一级重点职校、浙江省高技能人才公共实训基地、国家级高技能人才实训基地、国家中等职业教育改革发展示范学校。

图5-1-10　第二张幻灯片的效果

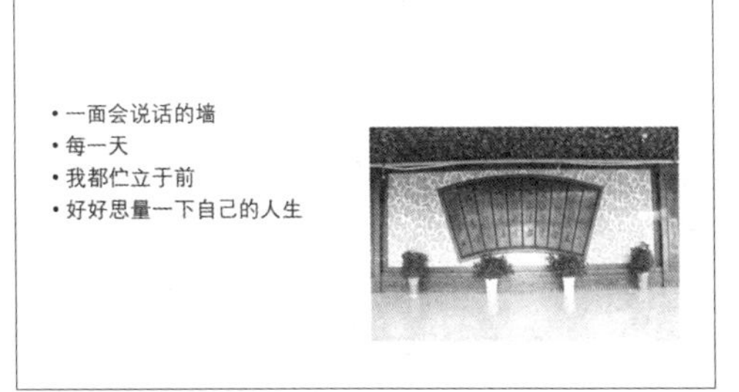

图5-1-11　第三张幻灯片的效果

3. 制作第三张幻灯片

继续添加一张幻灯片，选择“两栏内容”版式，复制相应的文字到左栏。单击“插入”→“图片”，在右栏位置插入“教学楼. jpg”图片，如图5-1-11所示。

4. 制作第四张幻灯片

(1)添加版式为“空白”的幻灯片，单击“插入”→“图片”，插入“党校1.jpg”“团校1.jpg”“校园5.jpg”“校园电视台1.jpg”图片，如图5-1-12所示，并调整图片的大小和位置。

图5-1-12　四张图片

(2)添加图片说明。分别在四张图片下，插入文本框并注明图片内容，操作过程如图5-1-13所示。当鼠标指针变成“+”字形时，单击鼠标或拖曳即可创建文本框。在文本框中输入“团校”，并设置字体为“华文行楷”，字号为“18”，颜色为“深红”。

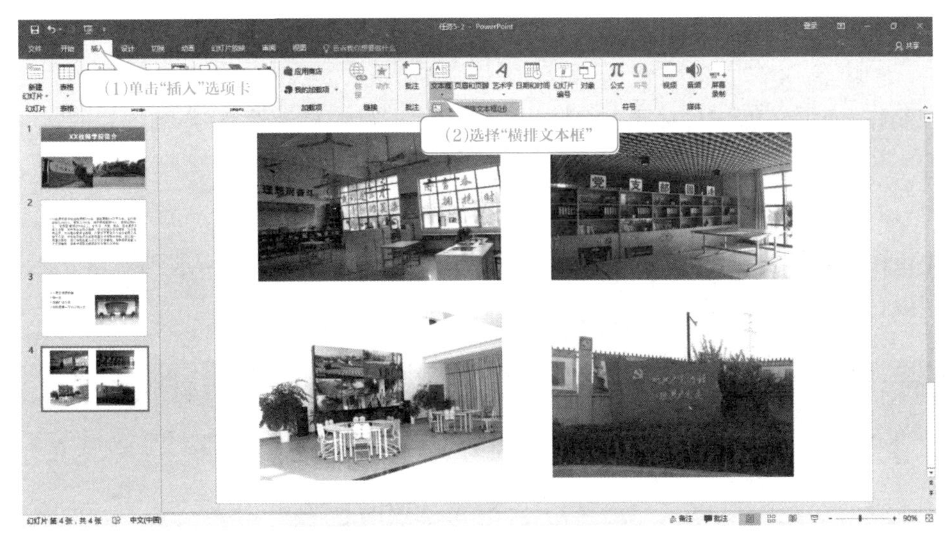

图5-1-13　插入文本框的操作过程

（3）复制文本框。按住“Ctrl”键同时拖动“团校”文本框边框，复制到其他图片下方，并依次修改为“党校”“校园”“校园电视台”，进一步调整位置，如图5-1-14所示。

图5-1-14　输入文本后的效果

（4）保存文件。

小贴士

拖动整个文本框时，当文本框与图片中间出现一条垂直虚线，松开鼠标，即可将文本框与图片水平居中对齐。

知识链接

（1）幻灯片版式由各类占位符组成。

（2）PowerPoint 2016中包含九种内置的标准幻灯片版式，与PowerPoint早期版本类似。新建“演示文稿”时，首页默认为“标题幻灯片”。

（3）创建自定义版式，自定义版式可指定占位符的数目、大小和位置、背景内容、主题颜色、字体等效果，自定义版式可重复使用。

技能拓展

图片的编辑

在制作“演示文稿”中，对插入幻灯片中的图片进行编辑处理，将影响图片的实际显示效果。

（1）认识“图片工具”“格式”选项卡。

单击图片会出现“图片工具”“格式”选项卡，由“调整”“图片样式”“排列”和“大小”等工具组成，如图 5-1-15 所示。

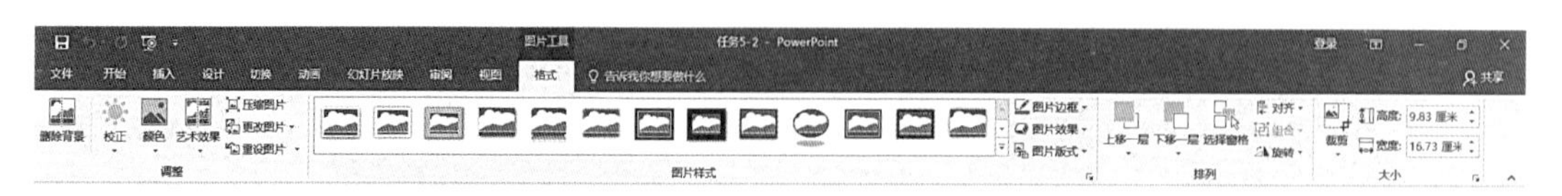

图5-1-15　“图片工具”“格式”选项卡

（2）调整图片位置和大小。

在幻灯片中，将鼠标移动到图片上，当指针变成“+”字箭头时，拖动鼠标可以调整图片的位置；单击图片，在图片四周会出现8个控制点，用鼠标拖动控制点可以调整图片大小。

（3）设置图片样式。

单击“图片工具”“格式”选项卡，可以根据“图片样式”工具组提供的样式对图片进行快速的设置，操作过程如图5–1–16所示。

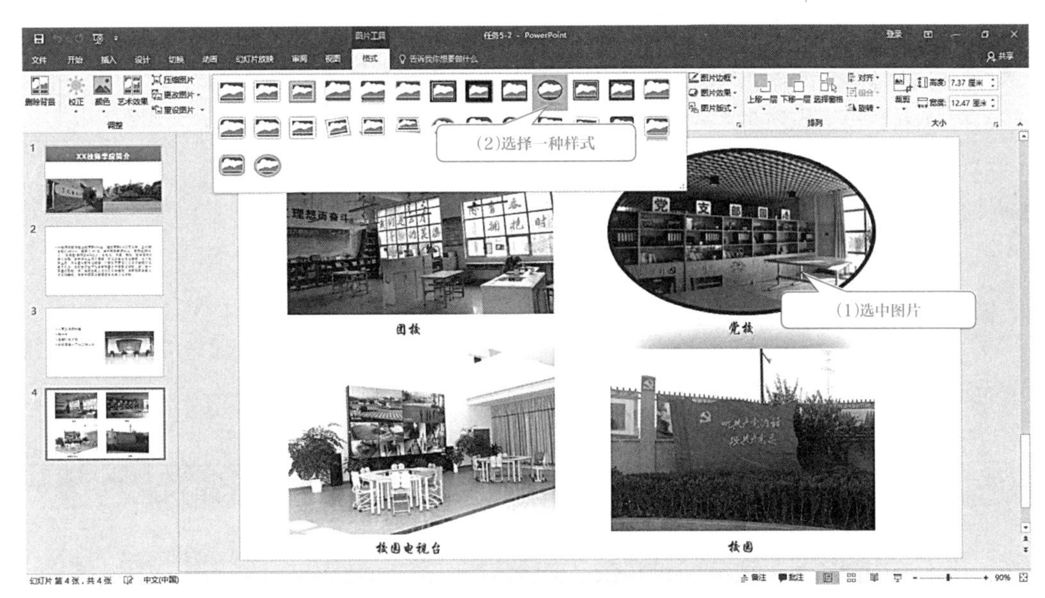

图5–1–16　设置图片样式的操作过程

自我评价

评价内容		评价等级		
		好	一般	尚需努力
知识技能评价	1. 熟悉幻灯片的版式			
	2. 掌握幻灯片中文字的编辑方法			
	3. 掌握图片的编辑方法			

任务3　应用与设计幻灯片模板

任务描述

（1）应用幻灯片的设计模板，并修改主题颜色。

（2）更改幻灯片的背景样式。

（3）设计个性化的模板。

任务实施

1. 打开PowerPoint 2016文件

打开文件“任务5-2.pptx”，另存为“任务5-3.pptx”。单击“设计”选项卡，如图5-1-17所示。选择内置名称为“跋涉”的主题，如图5-1-18所示。

图5-1-17　选择“跋涉”主题

图5-1-18　“跋涉”主题的效果

小贴士

直接单击主题样式，则该主题应用于所有幻灯片，如果要应用于当前选定的幻灯片，则右击主题样式，在快捷菜单中选择“应用于选定幻灯片”选项。

2. 修改主题颜色

单击功能区的“设计”选项卡，选择“变体”选项组的“其他”按钮，在弹出的列表中选择“颜色”，如图5-1-19所示。

图5-1-19 修改主题颜色

3. 修改背景样式

单击功能区的“设计”选项卡，选择“变体”选项组的“其他”按钮，在弹出的列表中选择“背景样式”，在下拉列表中选择一种效果，如图5-1-20所示。

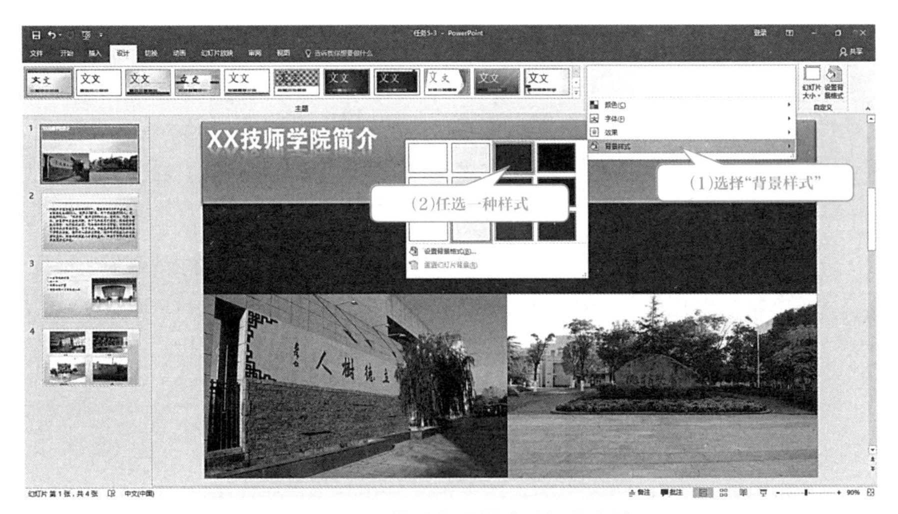

图5-1-20 修改背景样式的操作方法

4. 设置首页不同主题样式

为了突出首页，将其设置为不同的主题，以区别于其他幻灯片，操作过程如图5-1-21所示。

图5-1-21　重设首页主题的操作过程

知识链接

（1）PowerPoint 2016提供了多种主题样式，供用户使用。主题是一种统一的设计元素，使用颜色、字体和图形预设了文档的外观，通过应用文档主题可以快速地设置整个文档的格式，形成一种统一的风格。

（2）如果PowerPoint 2016内置的模板不能满足需要，用户可以单击“文件”选项卡，单击“新建”选项，在“Office.com模板”栏中选择Office.com网络上的模板。

技能拓展

自创模板和文稿加密的应用

如果需要将当前任务保存为一个新的模板，以备今后使用，可以通过以下方法实现。

（1）打开“任务5-3.pptx”，单击“文件”选项卡。

（2）单击“另存为”菜单命令，打开“另存为”对话框，选择相应的保存路径，保存为“任务5-3.potx”模板，如图5-1-22所示。注意，通常情况下模板将保存到默认文件夹“Templates”。

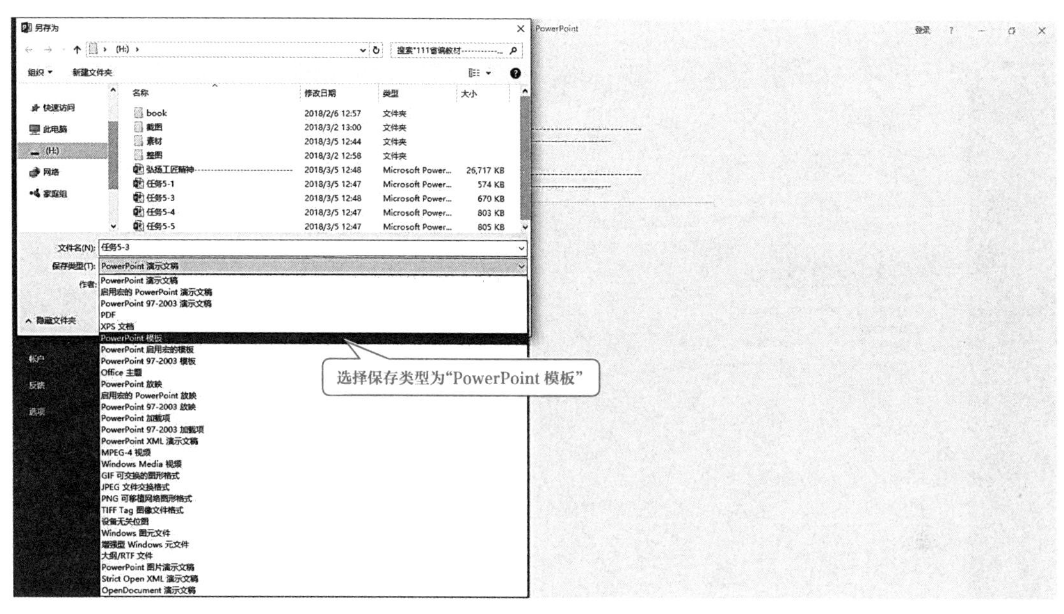

图5-1-22　保存为模板文件

(3)应用自创模板的操作过程,如图5-1-23所示。

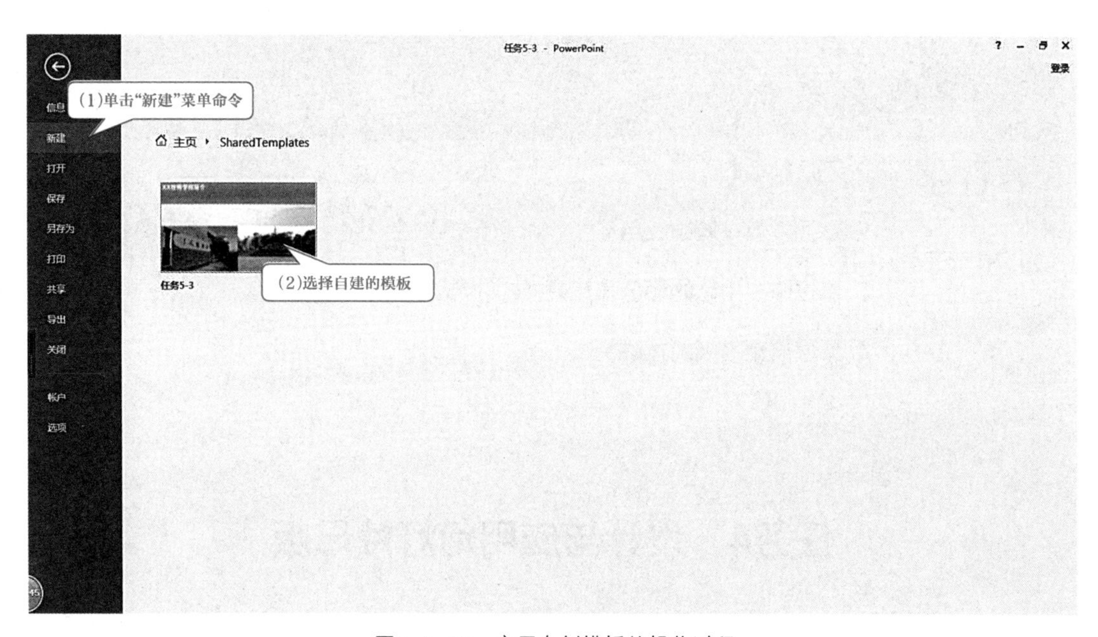

图5-1-23　应用自创模板的操作过程

(4)加密演示文稿。对于比较重要的演示文稿,可以对文件进行加密保护,操作过程如图5-1-24所示。

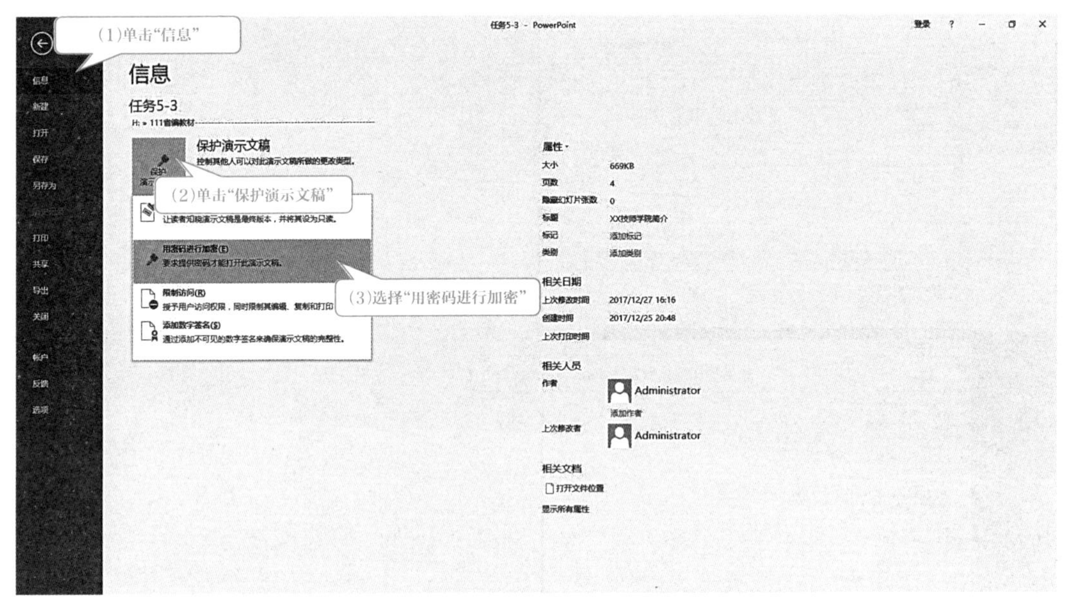

图5-1-24　文件加密的操作过程

自我评价

评价内容		评价等级		
		好	一般	尚需努力
知识技能评价	1. 了解模板的作用			
	2. 掌握模板主题的应用			
	3. 掌握修改主题的颜色和背景样式的方法			
	4. 掌握自创模板的方法			

任务4　设计与应用幻灯片母版

任务描述

(1)编辑幻灯片的母版。

(2)利用幻灯片母版添加统一的设计元素。

任务实施

1. 选择母版对象

打开文件“任务5-3.pptx”，另存为“任务5-4.pptx”。单击“视图”选项卡，选择“幻灯片母版”，进入母版编辑，如图5-1-25所示。

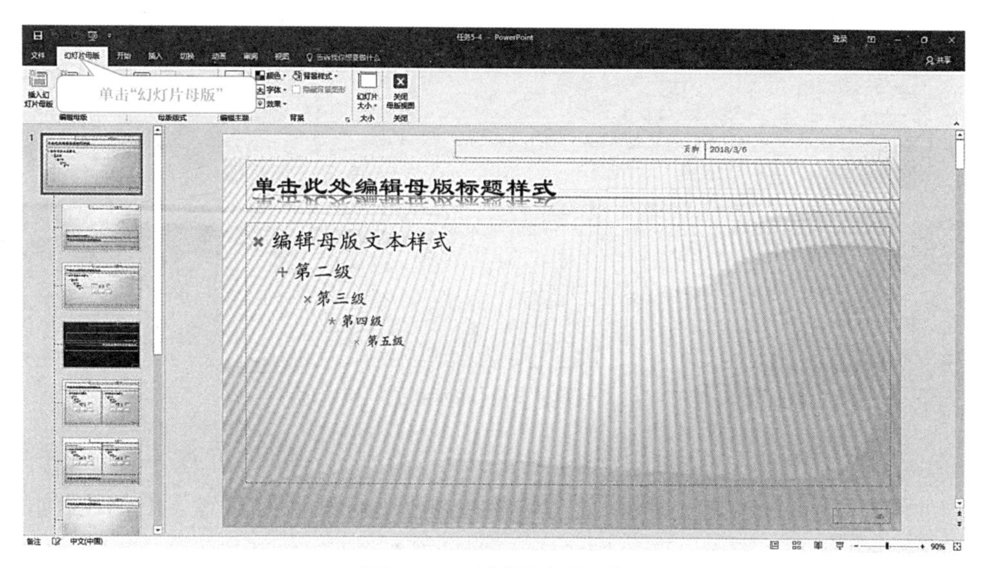

图5-1-25　选择幻灯片母版

2. 插入形状

（1）选择“矩形”图形，操作过程如图5-1-26所示。

图5-1-26　选择“矩形”图形的操作过程

（2）设置形状格式。

画出相应的“矩形”后，设置矩形的形状格式，操作过程如图5-1-27所示。

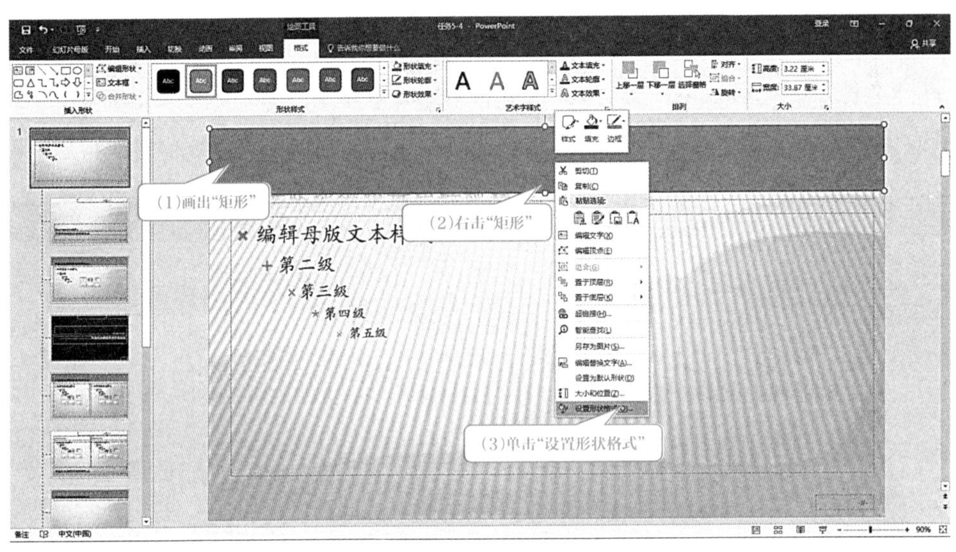

图5-1-27　设置“矩形”形状格式的操作过程

在“设置形状格式”对话框中选择“渐变填充”，类型为“线性”，角度为“90°”；在“渐变光圈”的设置区删除多余控制滑块，设置左侧控制滑块的颜色为“浅蓝”，右侧控制滑块的颜色为“蓝色”，如图5-1-28所示。完成后，矩形呈现上浅下深的渐变效果。

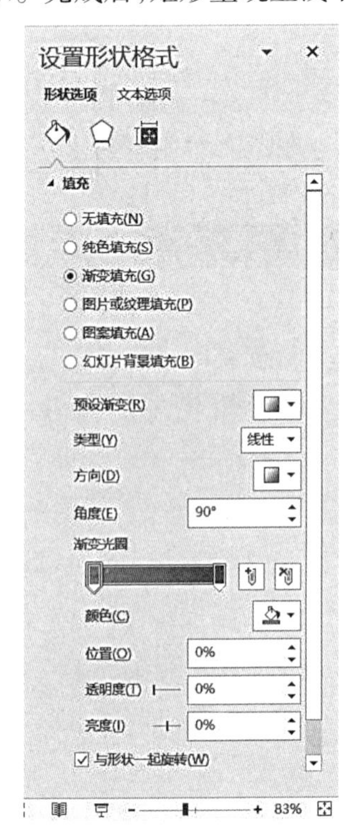

图5-1-28　“矩形”填充颜色的参数界面

(3)复制形状。

按住“Ctrl”键，拖动“矩形”至幻灯片下方，并调整适当高度，如图5–1–29所示。

图5–1–29　复制“矩形”

(4)创建装饰图形。

选择五边形箭头形状，如图5–1–30所示。在矩形下方画出大小合适的箭头，双击箭头图形，工具栏上出现“形状样式”，选择右下角的“强烈效果–橙色，强调颜色6”。

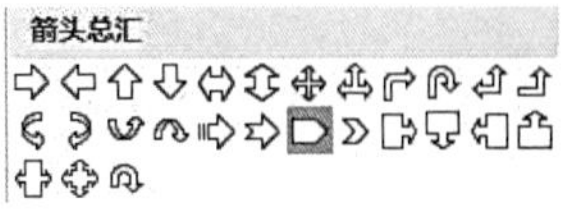

箭头总汇

图5–1–30　“五边形”箭头

3. 插入Logo图片和底部文字

单击“插入”选项卡→“图片”，选择素材文件夹中的“学校标志.png”，调整大小并放置如图5–1–31所示位置，在右下角插入文本框，输入“××技师学院”，设置字体为“黑体”，大小为“18”，颜色为“白色”，效果如图5–1–31所示。

图5–1–31　插入Logo图片和文字后的效果

4. 关闭母版视图

单击“幻灯片母版”选项卡中的“关闭母版视图”按钮，回到普通视图。此时设置效果已全部应用于除第一张标题幻灯片之外的所有幻灯片，形成了统一的风格。

知识链接

母版是演示文稿中所有幻灯片或页面格式的底板，即样式，它包括了所有幻灯片具有的公共属性和布局信息。用户可以在打开的母版中进行设置或修改，从而快速创建出样式各异的幻灯片。PowerPoint 2016中的母版类型分为幻灯片母版、讲义母版和备注母版三种，不同母版的作用和视图各不相同，如表5-1-3所示。打开“视图”选项卡，在“母版视图”组中单击相应的视图按钮，即可切换至对应的母版视图。

表5-1-3　母版类型

母版类型	说明
幻灯片母版	存储有关应用的设计模板信息，包括字形、占位符大小和位置、背景设计和配色方案
讲义母版	是为制作讲义而准备的，通常需要打印输出，因此讲义母版设置大多和打印页面有关。讲义母版允许设置一页讲义中包含几张幻灯片，设置页眉、页脚以及页码等基本信息
备注母版	主要用来设置幻灯片的备注格式，一般也是用于打印输出，所以备注母版的设置大多也和打印页面相关。在备注母版视图中，可以设置或修改幻灯片内容、备注内容及页眉页脚内容在页面中的位置、比例及外观属性

技能拓展

母版的修改

修改“由幻灯片1使用”的母版。

（1）在左侧窗格选择“由幻灯片1使用”的幻灯片缩略图，如图5-1-32所示。

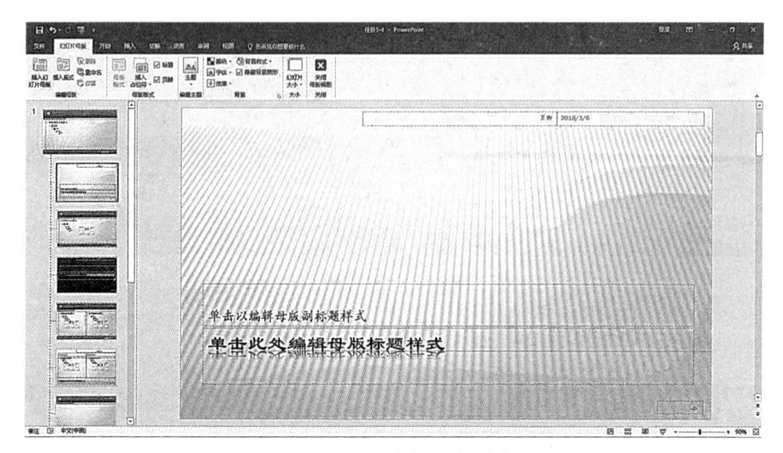

图5-1-32　选择母版对象

（2）修改母版的占位符等元素，如图5-1-33所示。

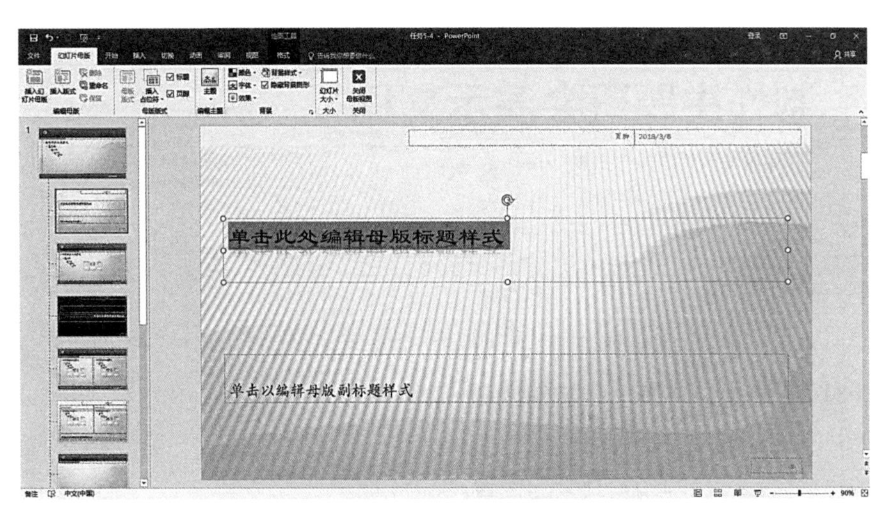

图5-1-33　修改母版

自我评价

评价内容		评价等级		
		好	一般	尚需努力
知识技能评价	1. 了解母版的特性			
	2. 熟悉母版的应用范围			
	3. 掌握母版的编辑方法			

项目 5-2 >>>
制作主题班会演示文稿

学习目标

（1）熟悉幻灯片中艺术字、形状、超链接的相关操作。
（2）掌握幻灯片中图片、表格的相关操作。
（3）掌握幻灯片中音频、视频对象的应用。
（4）掌握幻灯片中动画效果的设置。

项目描述

某校为弘扬工匠精神，培养学生爱岗敬业、精益求精的职业品质，让学生充分认识工匠精神，形成尊重技能、崇尚劳动的良好风气，特要求每班制作一份关于工匠精神的演示文稿用于主题班会。

任务1　制作首页幻灯片

任务描述

（1）插入和设置艺术字。
（2）插入和设置图片。

任务实施

1. 新建演示文稿

在PowerPoint 2016中新建一个空白演示文稿，如图5-2-1所示。

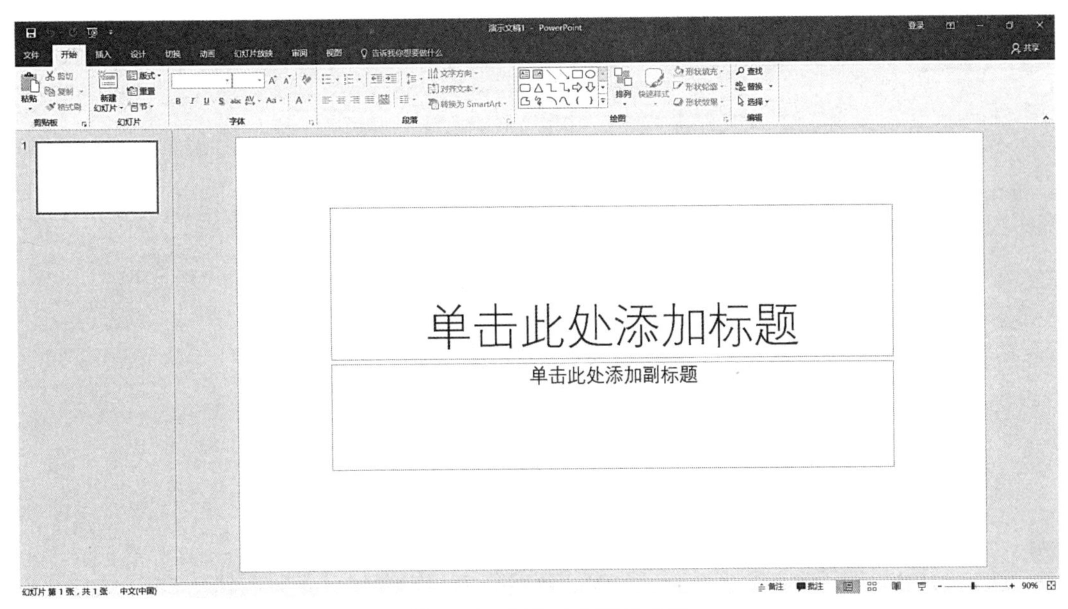

图5-2-1　新建空白演示文稿

2. 选择艺术字样式

班会的主题为“弘扬工匠精神，铸就中国梦想”，为了加强效果，主题文字采用艺术字呈现。选择艺术字样式的操作，如图5-2-2、图5-2-3所示。

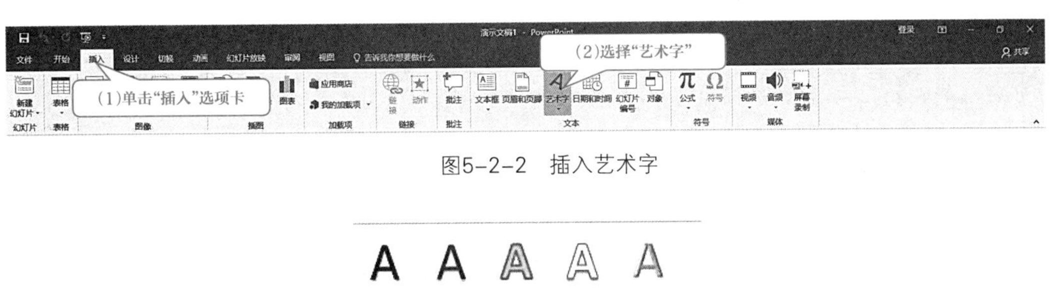

图5-2-2　插入艺术字

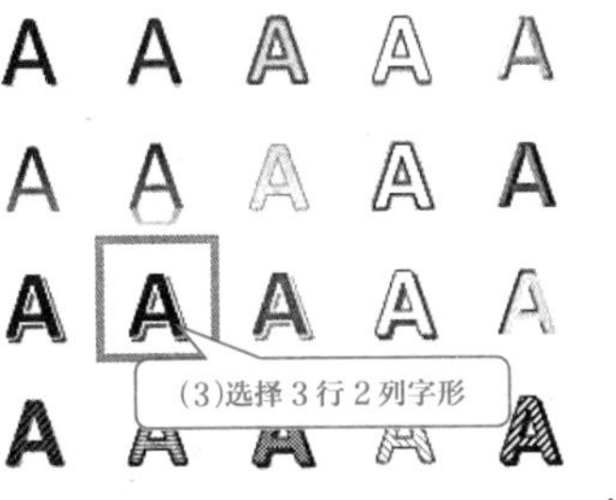

图5-2-3　选择艺术字样式

3. 输入文字

在“标题占位符”中输入文字“弘扬工匠精神　铸就中国梦想”，如图5-2-4所示。

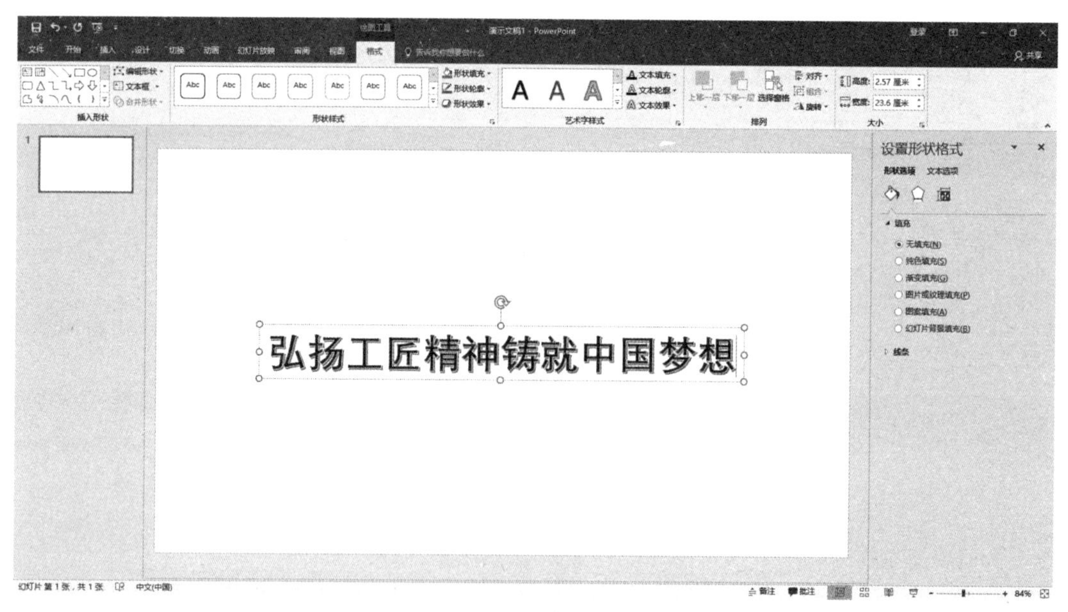

图5-2-4　输入文字

4. 设置文字格式

设置字体为“方正正大黑简体”，字号“80”，并调整位置，如图5-2-5所示。

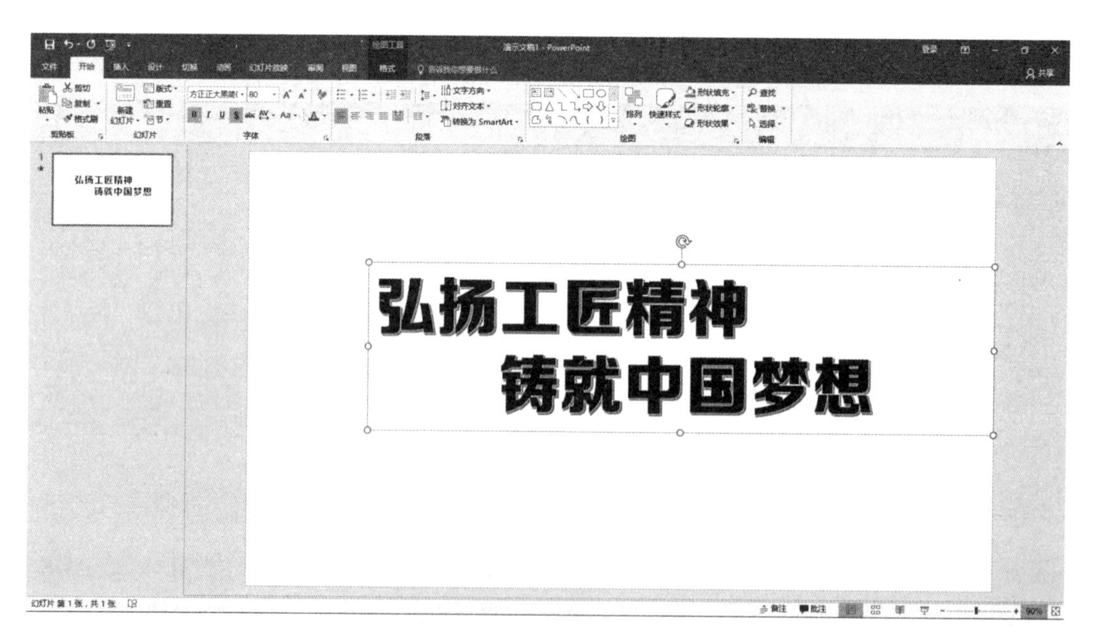

图5-2-5　设置完成效果

5. 插入图片

单击“插入”选项卡→“图片”，在幻灯片中插入相应背景图片，如图5-2-6、图5-2-7所示。

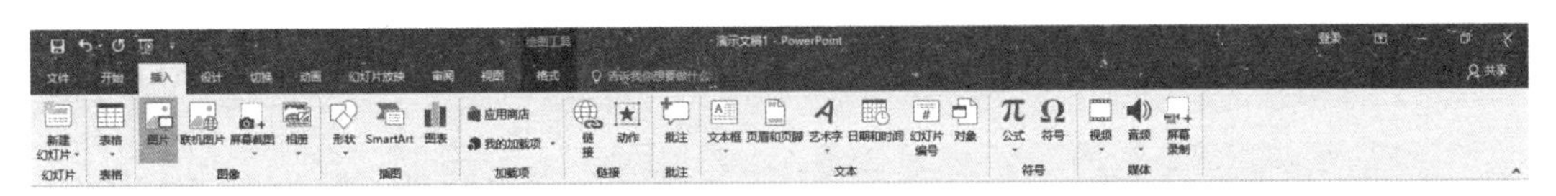

图5-2-6　插入图片

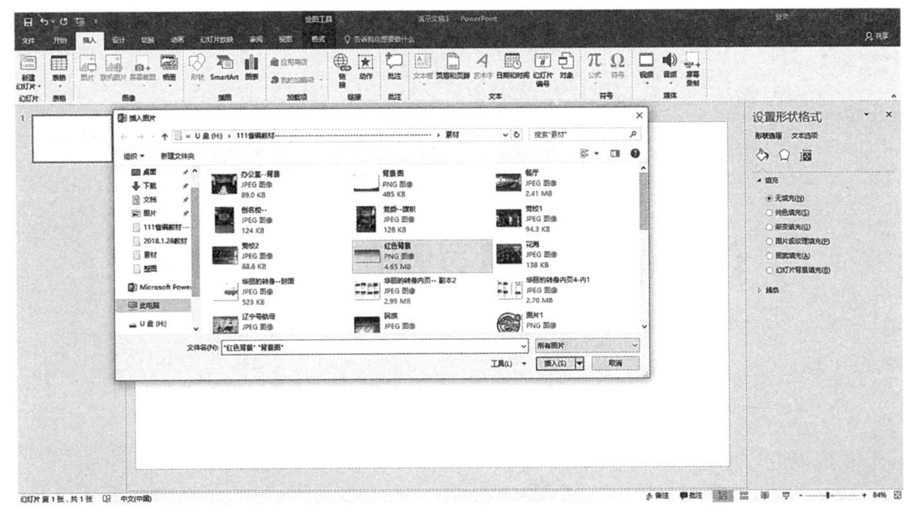

图5-2-7　选择背景图片

6. 完成首页幻灯片

调整图片和艺术字的位置，如图5-2-8所示。

图5-2-8　首页幻灯片效果

小贴士

为了强化幻灯片的整体效果，可以在首页和正文幻灯片底部使用同一张图片。为此，可采用前面所学的幻灯片母版知识进行操作。

自我评价

评价内容		评价等级		
		好	一般	尚需努力
知识技能评价	1. 掌握插入及设置艺术字的操作			
	2. 掌握插入及设置图片的操作			

任务2　制作目录及正文幻灯片

任务描述

（1）其他形状的设置。

（2）SmartArt图形的应用。

（3）表格、图片的制作。

任务实施

1. 添加“目录”幻灯片

添加一张新幻灯片，选择“空白”板式，将其制作成目录幻灯片。在该幻灯片中插入艺术字标题“目录”，艺术字格式与首页文字相同，调整大小和位置，如图5-2-9所示。

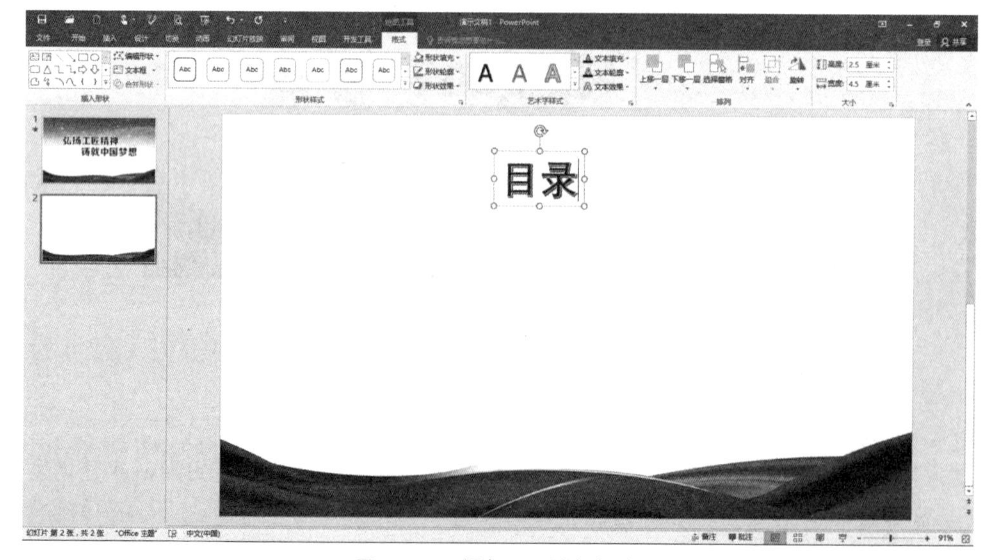

图5-2-9　添加“目录”幻灯片

2. 插入形状

（1）单击“插入”→“形状”，插入“五边形”；在“格式”选项卡右侧“大小”功能区设置高度“1.8厘米”，宽度“5.5厘米”，在“形状样式”功能区“形状填充”下拉列表中设置形状颜色为“橙色”；用同样方法插入“矩形”，设置高度“1.8厘米”，宽度“20.5厘米”，颜色为“深红”，将“矩形”置于底层，左对齐2个形状图形，如图5-2-10所示。

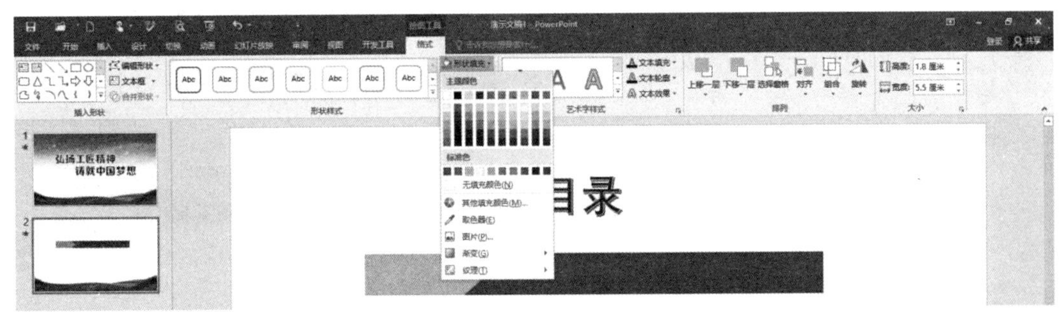

图5-2-10　设置形状颜色并左对齐

小贴士

右击图形，在弹出的快捷菜单中选择“置于顶层”或“置于底层”命令，可设置图形的叠放顺序。

（2）选择这2个图形，按“Ctrl+G”组合图形，并将2个图形复制2组，调整到适当位置，如图5-2-11所示。

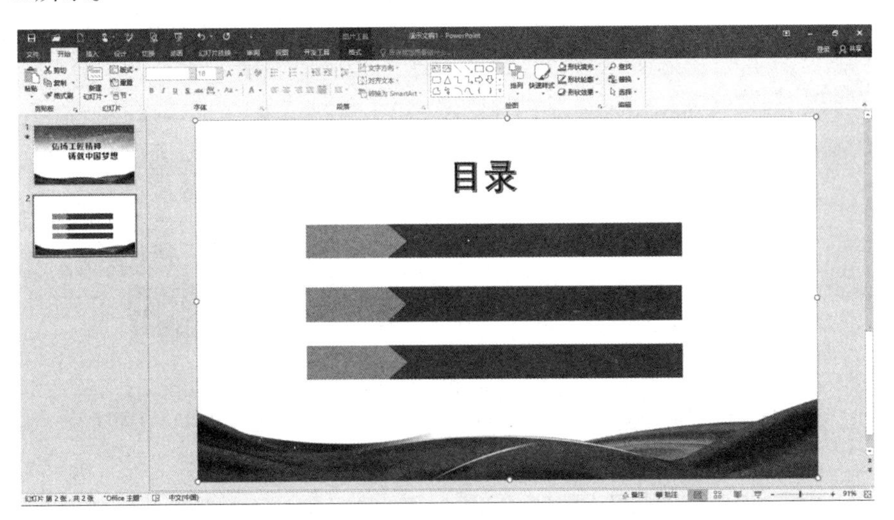

图5-2-11　复制图形组并调整到适当位置

3. 添加文字

选中组合图形中的红色矩形，单击鼠标右键，在弹出的快捷菜单中选择“编辑替换文字”命令添加相关文字，如图5-2-12所示。设置“矩形”内文字的字体为“黑体”，字号为“28”，颜色为

"白色"，效果如图5-2-13所示。

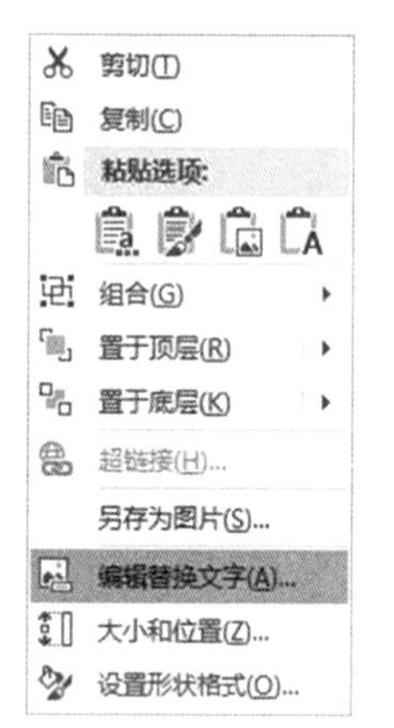

图5-2-12　添加文字

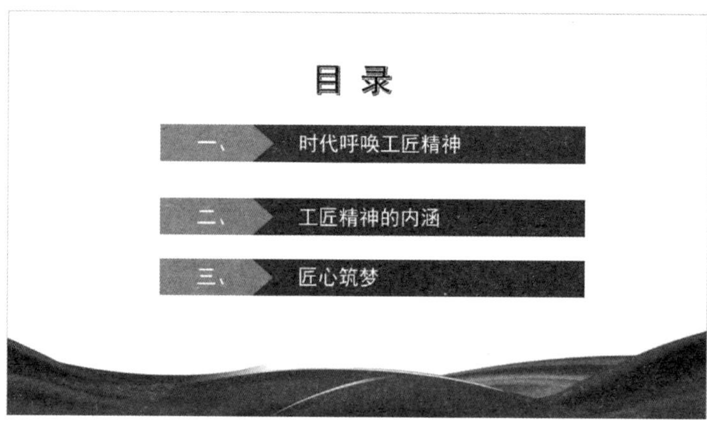

图5-2-13　添加文字效果

4. 添加"时代呼唤工匠精神"幻灯片

继续添加幻灯片，插入背景图片，添加标题"一、时代呼唤工匠精神"并调整到幻灯片顶部位置，如图5-2-14所示。插入SmartArt图形——"六边形集群"，操作过程如图5-2-15所示。

图5-2-14　调整标题效果图

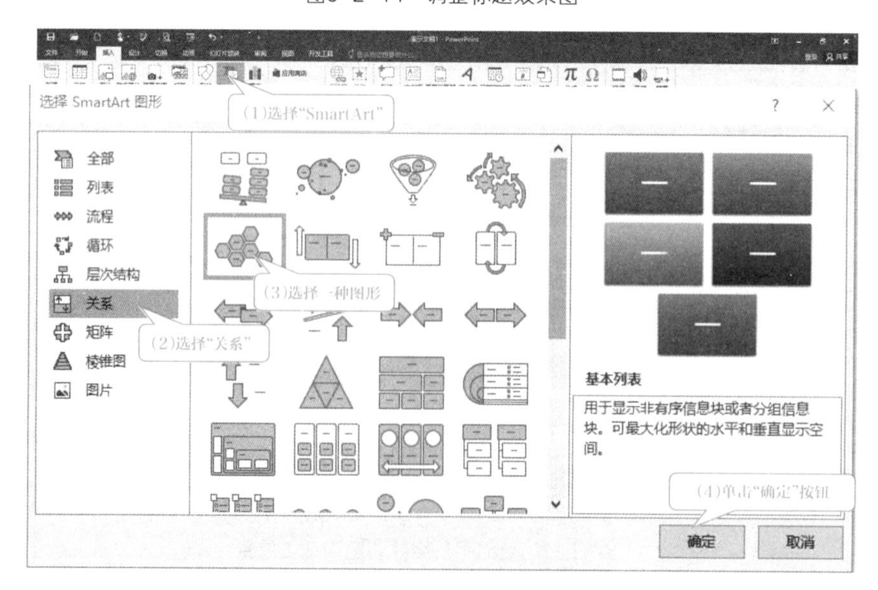

图5-2-15　插入SmartArt图形操作过程

5. 为"SmartArt图形"添加文字和图片

为SmartArt图形添加文字和图片内容，设置字体为"微软雅黑"，字号为"17"，颜色为"白色"，如图5-2-16所示。

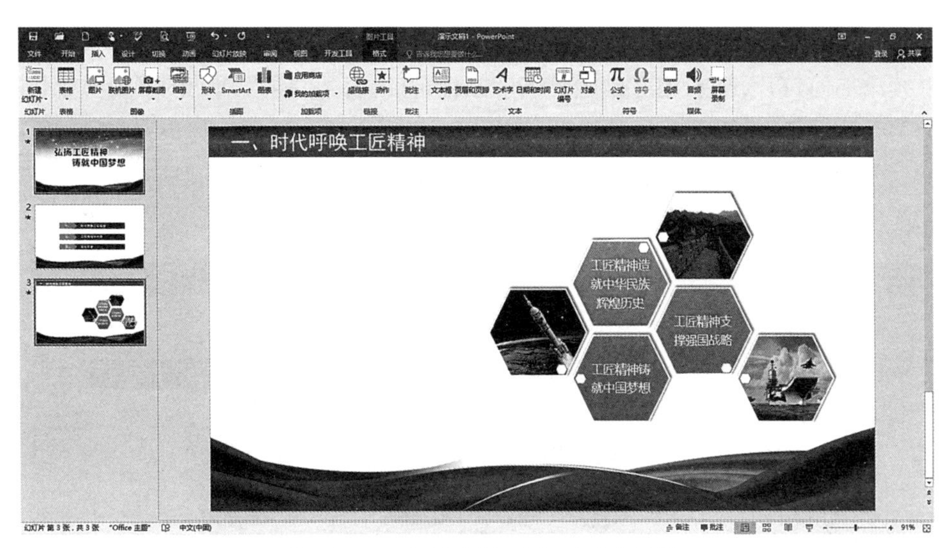

图5-2-16　为图形添加图片、文字的效果

小贴士

SmartArt图形中的图片效果设置：右击该图形，选择“设置形状格式”命令，在“设置图片格式”对话框中插入来自文件的图片；通过功能区的“更改颜色”下拉列表可设置SmartArt图形的色彩效果；通过“格式”选项卡中的“形状轮廓”“形状效果”下拉列表可设置图形的外框效果。

6. 插入图片和文本框

在幻灯片左侧插入“总理作报告”图片，并在图片下方插入一个文本框，并输入相应的文本内容，设置字体为“微软雅黑”，字号为“20”，颜色为“黑色和红色”，如图5-2-17所示。

图5-2-17　插入文本框并添加文字的效果

7. 添加“工匠精神的内涵”幻灯片

继续添加幻灯片，插入相应标题“二、工匠精神的内涵”，插入辅助图形及文字（也可以复制上一张幻灯片，并在它的基础上进行修改）。分别设置小标题字体为“微软雅黑”，字号为“20”，颜色为“黑色”；设置内容文本字体为“微软雅黑”，字号为“18”，颜色为“黑色”，并调整好位置，如图5-2-18所示。

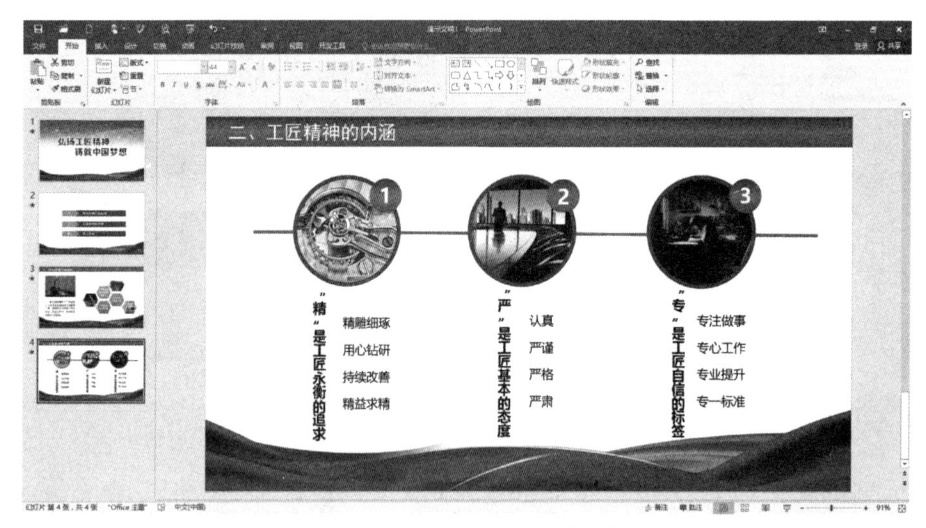

图5-2-18　第四张幻灯片的效果

8. 添加“匠心筑梦”幻灯片

继续添加幻灯片，插入相应标题“三、匠心筑梦”，并调整好位置。选择“插入”→“表格”，插入9行3列表格，设置如图5-2-19所示。

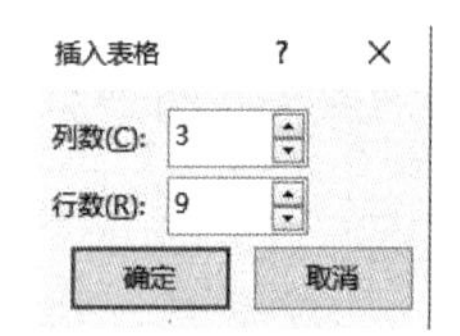

图5-2-19　插入表格

9. 输入文字

在表格内输入相应文字内容，表格内文字设置字体为“黑体”，字号为“18”。适当调整表格大小，效果如图5-2-20所示。

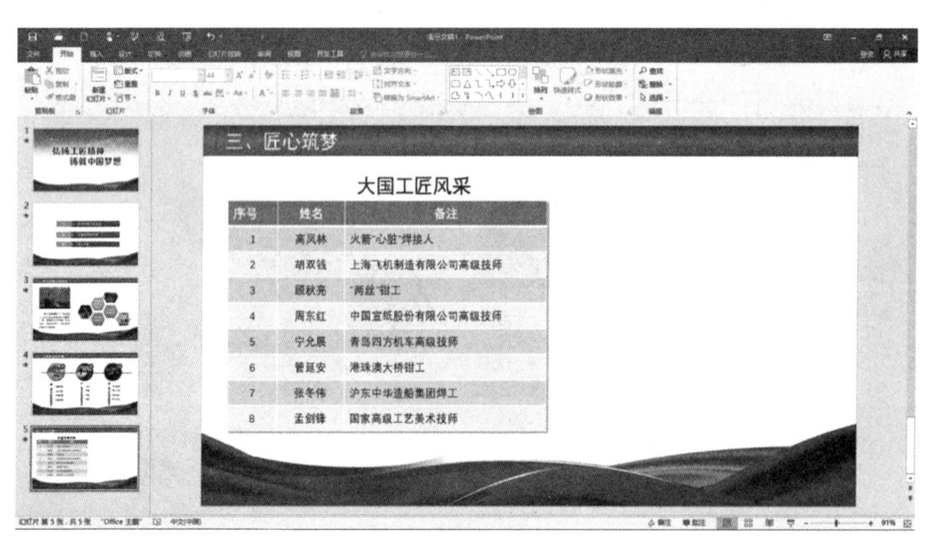

图5-2-20　输入文字后效果

自我评价

评价内容		评价等级		
		好	一般	尚需努力
知识技能评价	1. 掌握SmartArt图形的插入及设置			
	2. 掌握文本框的插入及设置			
	3. 掌握表格的插入及设置			

任务3 幻灯片中的多媒体元素

任务描述

(1)使用音频对象。

(2)使用视频对象。

任务实施

1. 插入音频

(1)在首页幻灯片中插入音频文件，单击“插入”→“音频”→“PC中的音频”，如图5-2-21所示。

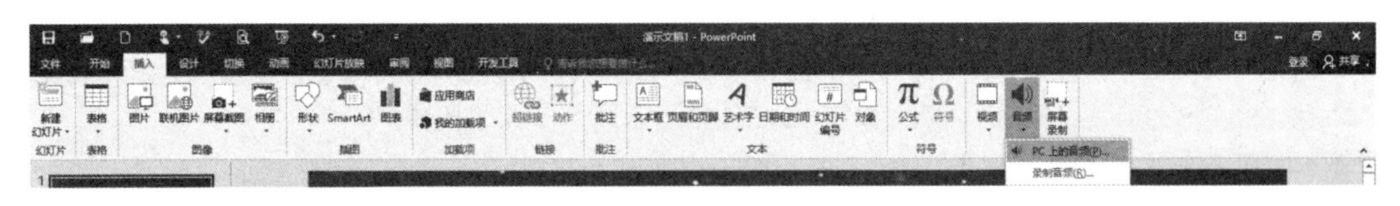

图5-2-21 插入音频

(2)音频的设置可以通过“音频工具”实现，如图5-2-22所示。

图5-2-22 音频工具

2. 插入视频

(1)选择“匠心筑梦”幻灯片，单击“插入”→“视频”→“PC中的视频”，如图5-2-23所示。

图5-2-23　插入视频

（2）选择素材文件夹中的“视频.wmv”，在该幻灯片中插入视频文件后，调整视频窗口的大小，如图5-2-24所示。

图5-2-24　插入视频后的效果

3. 设置视频界面

单击“视频工具”选项卡，在“视频样式”功能区设置为“复杂框架，黑色”，设置宽度为“15厘米”，由于锁定纵横比，故而长度自动生成，如图5-2-25所示。

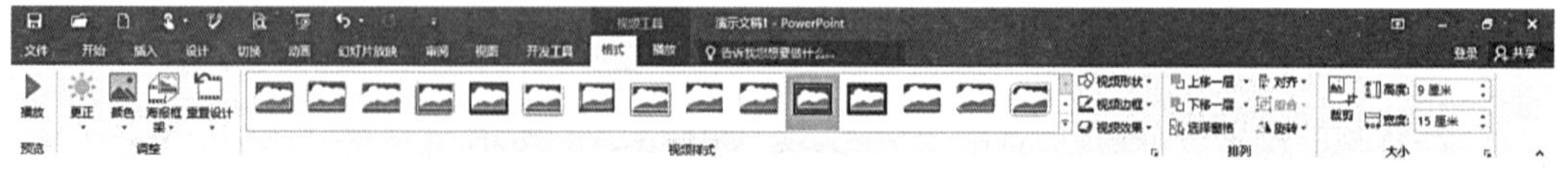

图5-2-25　设置视频

视频为全方位的多媒体文件，因此具有较强的表现力。如果演示文稿中需要使用视频文件，应选择能直观表达主题的视频，否则尽量少用，甚至不用。

知识链接

PowerPoint 2016能支持的视频和音频格式，如表5-2-1所示。

表5-2-1 视频和音频格式

视频格式		音频格式	
文件格式	扩展名	文件格式	扩展名
Windows Media文件	.asf	AIFF 音频文件	.aiff
Windows 视频文件	.avi	AU音频文件	.au
MP4视频文件	.mp4、m4v、mov	MIDI文件	.mid 或 midi
电影文件	.mpg 或.mpeg	MP3音频文件	.mp3
Adobe Flash Media	.swf	高级音频编码	.m4a、mp4
Windows Media Video文件	.wmv	Windows 音频文件	.wav
–	–	Windows Media Audio文件	. wma

自我评价

评价内容		评价等级		
		好	一般	尚需努力
知识技能评价	1. 掌握视频的插入及设置			
	2. 掌握音频的插入及设置			

任务4 幻灯片的超级链接和动作

任务描述

（1）使用超级链接。

（2）使用动作按钮。

任务实施

对整个演示文稿进行超级链接的设置和相关动作按钮的设置。

1. 插入超级链接

右键单击目录幻灯片中的标题“三、匠心筑梦”，选择快捷菜单中的“超链接”命令，如图5-2-26所示。

图5-2-26　插入超链接

2. 编辑超级链接

单击“超链接”命令，在弹出“编辑超链接”对话框中选择“本文档中的位置”，并选择“幻灯片5”，如图5-2-27所示。单击“确定”完成超链接设置。采用同样方法将目录中其他的内容分别设置超级链接到“幻灯片3”“幻灯片4”中。

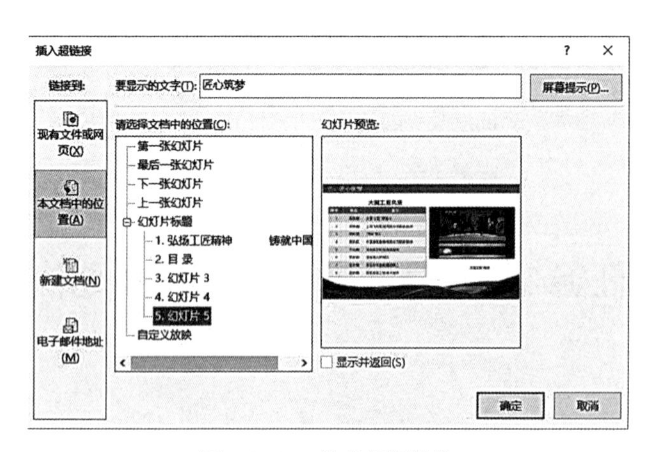

图5-2-27　编辑超级链接

小贴士

当链接网页时，一定要确保网址的准确性。建议先访问目标网页，然后再将浏览器地址栏中的URL复制到对话框的地址下拉组合框中，以保万无一失。

3. 插入动作按钮

在"幻灯片3"中添加一个"后退"动作按钮，单击"插入"→"形状"→"动作按钮"，选择"后退"按钮，如图5-2-28所示。

动作按钮

图5-2-28 插入动作按钮

4. 动作设置

将"后退"动作按钮放置于幻灯片的底部，在弹出的"动作设置"对话框中将该按钮链接到"上一张幻灯片"，如图5-2-29所示。

按照同样方法，将"后退"按钮添加到"幻灯片4""幻灯片5"中，实现超链接功能。

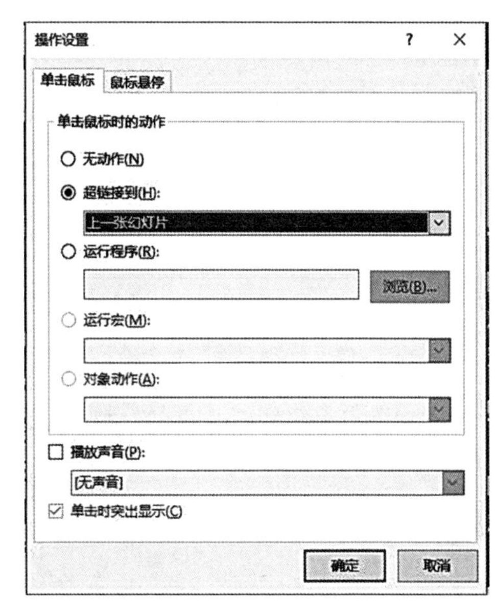

图5-2-29 动作设置

知识链接

（1）超级链接。

PowerPoint 2016为用户提供了链接设置，作用类似于网页的超级链接，即快速跳转到演示文稿中的另一个位置或另一个程序，甚至跳转到Internet中的某个网页。

（2）动作按钮。

动作按钮是PowerPoint 2016为用户提供改变幻灯片跳转方式的符号，在符号上可以设置链接及运行程序等功能。

自我评价

评价内容		评价等级		
		好	一般	尚需努力
知识技能评价	1. 掌握超级链接的插入及设置			
	2. 掌握动作按钮的插入及设置			

任务5　幻灯片的动画设计

任务描述

设置动画效果。

任务实施

为整个演示文稿设置相应的动画效果。

（1）选中首页幻灯片中的标题文字“弘扬工匠精神，铸就中国梦想”，设置“形状”动画，操作过程如图5-2-30所示。

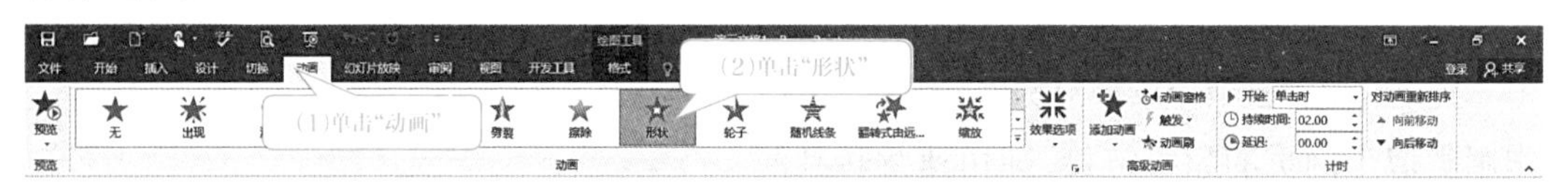

图5-2-30　动画设置过程

（2）选择“高级动画”功能区的“动画窗格”功能，可在打开的动画窗格中设置对象的高级动画效果，包括播放动画、播放顺序和播放时长等，如图5-2-31、图5-2-32所示。

图5-2-31　动画窗格

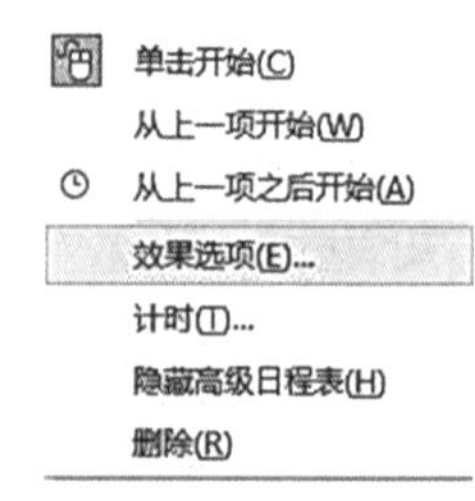

图5-2-32　效果选项

（3）幻灯片切换，操作如图5-2-33所示。

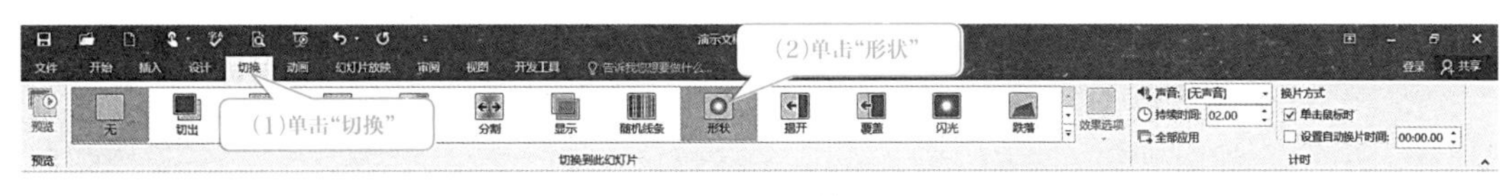

图5-2-33　切换设置

(4)用上述方法为其余幻灯片内容设置动画效果,并为幻灯片设置切换效果。设置不同的动画效果时,要注意幻灯片放映的连贯性。

知识链接

(1)PowerPoint 2016中包含了多种动画效果，用户可以通过多种方式自定义这些动画效果。通过为幻灯片添加这些动画,可增加幻灯片的生动性和观赏性,但不能过度使用,否则会分散观众对演示文稿内容的注意力。

(2)动画设置中还包括动画路径设置,除了PowerPoint 2016中提供的路径类型外,可以通过自定义路径设置个性化的动画效果。

技能拓展

利用所学的PowerPoint 2016知识,制作一个展示自己风采的演示文稿,让老师和同学更好地了解你!

自我评价

<table>
<tr><th colspan="2" rowspan="2">评价内容</th><th colspan="3">评价等级</th></tr>
<tr><th>好</th><th>一般</th><th>尚需努力</th></tr>
<tr><td rowspan="2">知识技能评价</td><td>1. 掌握动画效果的设置</td><td></td><td></td><td></td></tr>
<tr><td>2. 掌握幻灯片切换的设置</td><td></td><td></td><td></td></tr>
</table>

第六单元

计算机多媒体基础

单元介绍

目前常用的图像、音频和视频的处理软件较多，本单元从常见软件中选取了四款软件，通过对这四款软件的案例介绍，使大家能快速、简单地对照片和视频进行处理，以达到最佳的视觉效果。

“光影魔术手”具有抠图、更换背景、批量处理等功能；“美图秀秀”可以美化人物照片，将普通的照片演变成艺术照，这两款软件在图像处理方面各有所长。“格式工厂”主要用于音视频的格式转换、视频剪辑和音视频的合成等；通过Scratch制作交互式动画，进行可视化的编程，了解编程的基本思维方式。

项目6-1 使用图像处理工具软件

学习目标

（1）了解“光影魔术手”的基本使用方法。

（2）了解“美图秀秀”的基本使用方法。

项目描述

使用“光影魔术手”“美图秀秀”软件，对图像文件进行处理，实现更换背景、添加水印及人物美化等需求。

任务1 使用“光影魔术手”制作个性图片

任务描述

（1）抠图是最基本需求，我们可以利用“光影魔术手”实现，通过“光影魔术手”的自动抠图功能，进行选中笔和删除笔等操作。

（2）通过“光影魔术手”的数码暗房功能，进行水印添加和透明度等操作，制作水印图；选择定义图案等操作给图片烙上水印。

（3）通过“光影魔术手”选择前景透明度、前景羽化等功能来实现背景与前景的融合。

任务实施

一、抠图

（1）打开光影魔术手界面，如图6-1-1所示。

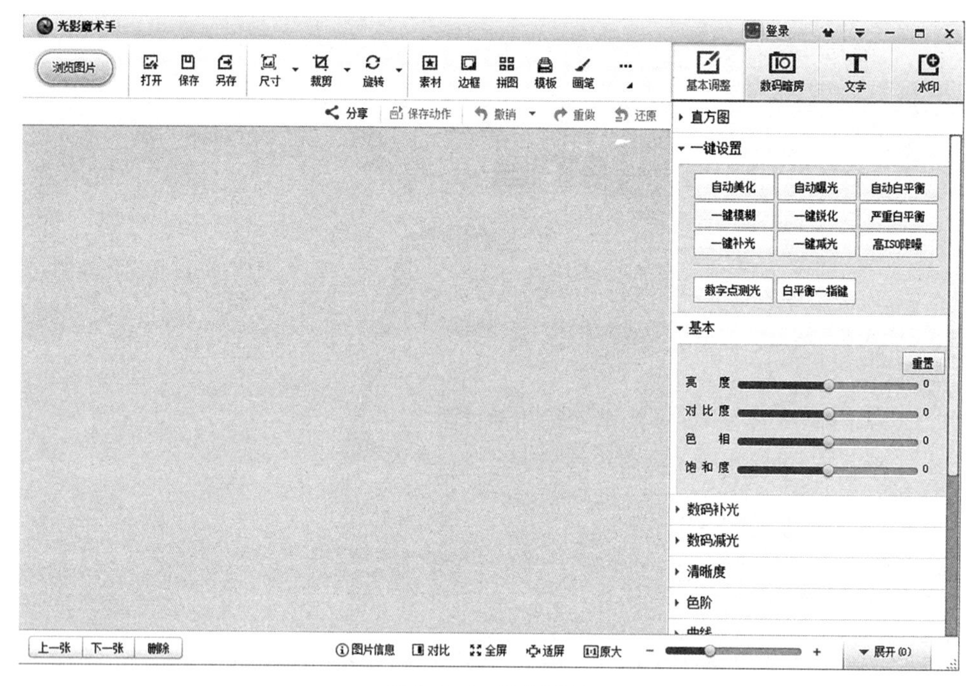

图6–1–1　软件界面

（2）利用“光影魔术手”左上角处的“浏览图片”，找到完成任务需要的素材“图1”，如图6–1–2所示。

图6–1–2　待处理的原图

（3）双击图片，打开图片文件，如图6–1–3所示。

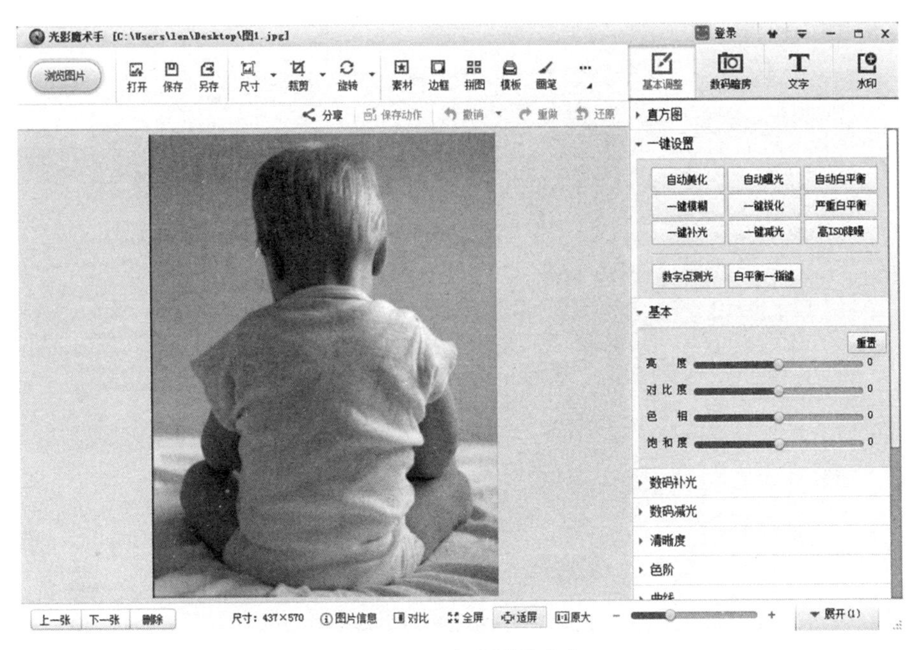

图6-1-3　打开图片文件

(4)在工具栏中，单击“抠图”→“自动抠图”选项，如图6-1-4所示。

(5)在打开的“自动抠图”窗口中，通过“选中笔”或“删除笔”工具，对图像中的人物和背景分别进行绘制，如图6-1-5所示。抠图时“选中笔”为绿色，“删除笔”为红色。

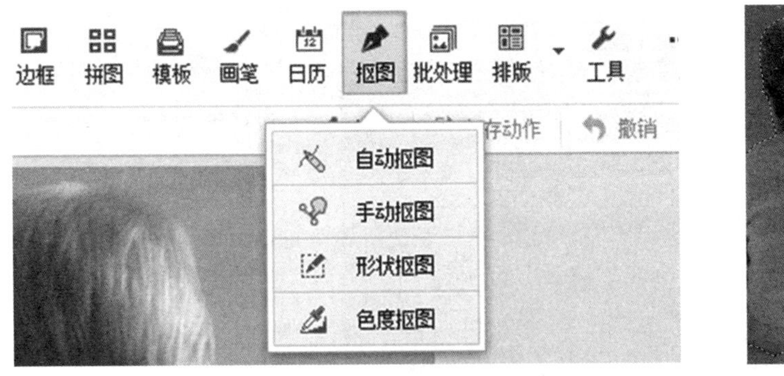

图6-1-4　单击“自动抠图”选项

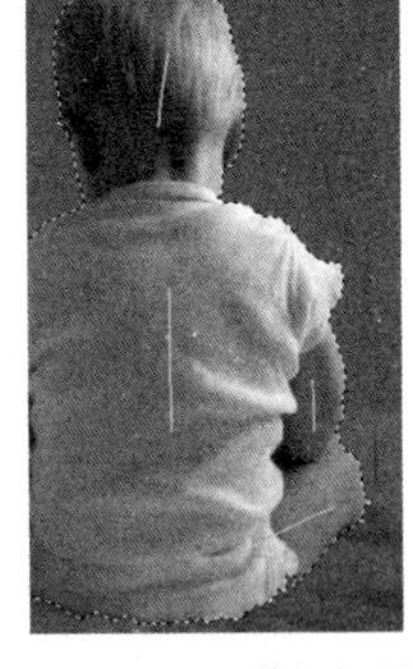

图6-1-5　进行抠图

(6)达到满意效果后，单击“替换背景”按钮，如图6-1-6所示。

保留区域：　当前选中区域　非选中区域　替换背景　取消

图6-1-6　替换背景

(7)抠图完成后的效果，如图6-1-7所示。如果效果不理想，可以选择“返回抠图”按钮，重复步骤(5)和步骤(6)。

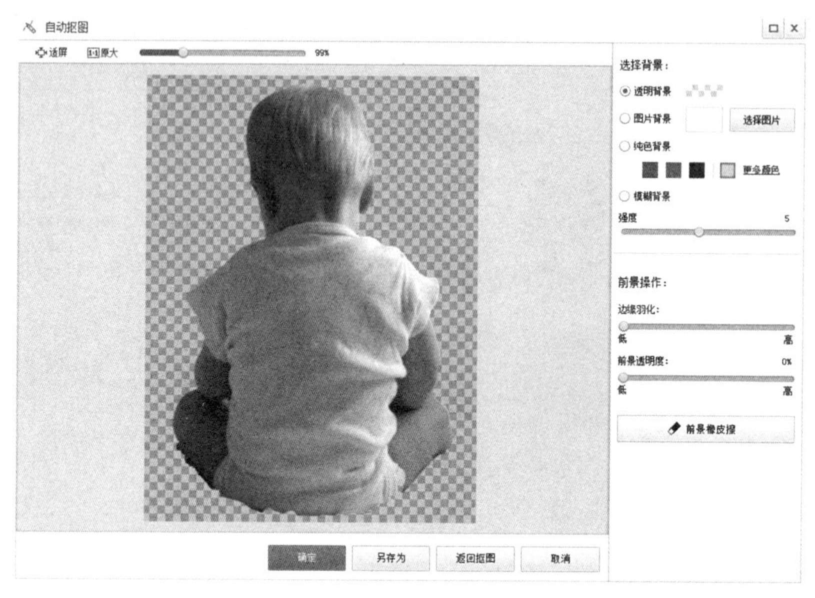

图6–1–7　抠图完成后效果

（8）在窗口右侧单击“图片背景”栏目中的“选择图片”按钮，导入 “图2.jpg” 图片，如图6–1–8所示。

（9）适当调整人物的位置与大小与背景相适合，具体的位置与大小由操作者自己选择。

图6–1–8　抠图导入图片后效果

（10）为了实现前景和背景之间的融合，可以通过调整“前景透明度”和“前景羽化”来实现，具体的边缘羽化程度由操作者自己掌控，完成后效果如图6–1–9所示。

（11）保存图片，文件名为“图3”，文件类型为“jpg”，如图6–1–10所示。

抠图时边缘会剩下毛边，可通过“前景羽化”功能，羽化边缘后更加细化了图片的精致度。

图6-1-9 效果图

图6-1-10 保存图片

如果背景不是纯色的照片，操作方法和过程不变。通过单击“智能排除笔”把背景去除，排除过程中出现误删除，就选择“智能排除笔”再把前景加进去。实际操作中，一定要耐心仔细。

利用“光影魔术手”对图片中的细微部分进行抠图（例如发丝），效果往往不理想，可借助更专业的软件（如PhotoShop等），实现更加细致效果。

二、制作水印

（1）找到并打开图片“请勿盗图.jpg”，效果如图6-1-11所示。

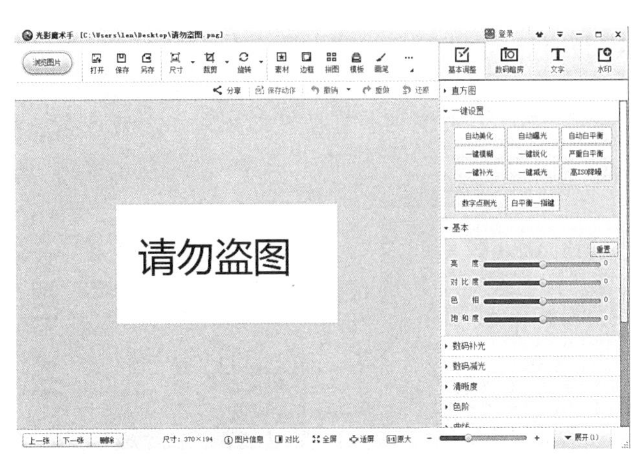

图6-1-11 打开“请勿盗图.jpg”图片

（2）选择右侧工具栏中的“数码暗房”选项，单击“黑白效果”，并设置反差值为“100”，对比值为“10”，单击“确定”按钮，如图6-1-12所示。

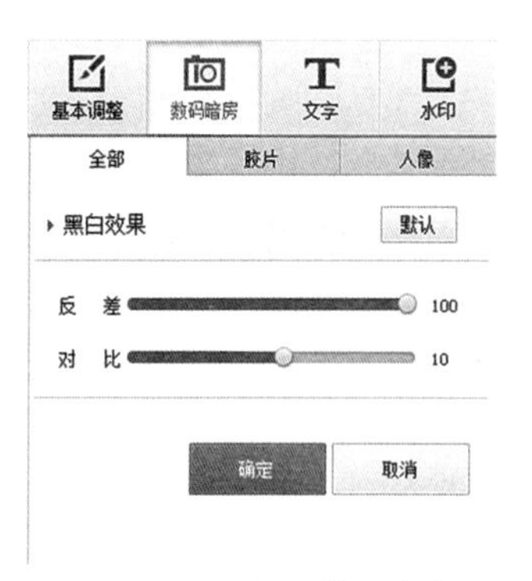

图6-1-12 设置数码暗房

图6-1-13 另存为png格式

（3）单击“另存为”按钮，将文件保存为“请勿盗图.png”，如图6-1-13所示。

（4）打开图片“P3.jpg”，在右侧的工具栏中选择“水印”→“添加水印”选项，如图6-1-14所示。导入“请勿盗图.png”，如图6-1-15所示。

图6-1-14 添加水印

图6-1-15 打开水印图片调整位置

（5）选中水印图片，融合模式设置为“正片叠底”，调节透明度达到需要的效果。

小贴士

水印透明度为30%—70%效果较好，可根据用户需要进行调整，水印也可以调整大小、位置、角度和融合模式。

（6）单击“保存”按钮，最终效果如图6-1-16所示。

图6-1-16 合成效果图

知识链接

水印不一定是黑白的，也可以利用原始图片，通过透明度模式的调节达到很好的效果。

自我评价

评价内容		评价等级		
		好	一般	尚需努力
知识技能评价	1. 掌握图片的导入			
	2. 掌握自动抠图工具的使用			
	3. 掌握背景的替换			
	4. 掌握边缘羽化和透明度的设置			
	5. 掌握透明水印的设置			

任务2 使用“美图秀秀”修饰照片

任务描述

美图秀秀是拥有图片特效、美容、拼图、场景、边框、饰品等功能的图片处理软件。本任务利用美图秀秀的瘦脸瘦身、祛痘祛斑、去黑眼圈等功能完成对一张自画像的修饰。

任务实施

（1）打开美图秀秀软件，如图6-1-17所示。

图6-1-17 美图秀秀界面

（2）单击“人像美容”或者单击“美容”选项卡，打开“人像美容”功能窗口。

（3）单击 “打开一张图片”按钮，打开任务素材图片“人物素材.jpg”，界面如图6-1-18所示。

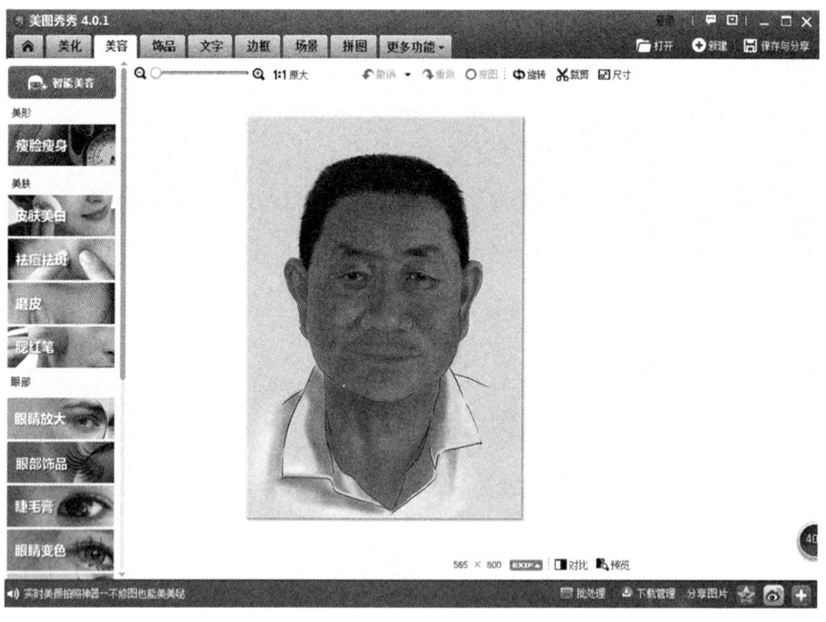

图6-1-18 美容功能界面

（4）单击左侧的“瘦脸瘦身”按钮，在“瘦脸瘦身”选项组中选择“局部瘦身”选项，把瘦身笔大小调节到“100”，把红色的圆圈移动到脸的右侧，拖动窗口中的图标，调整脸部轮廓如图6-1-19所示。脸部调整需要通过多次调整才能达到满意的效果。

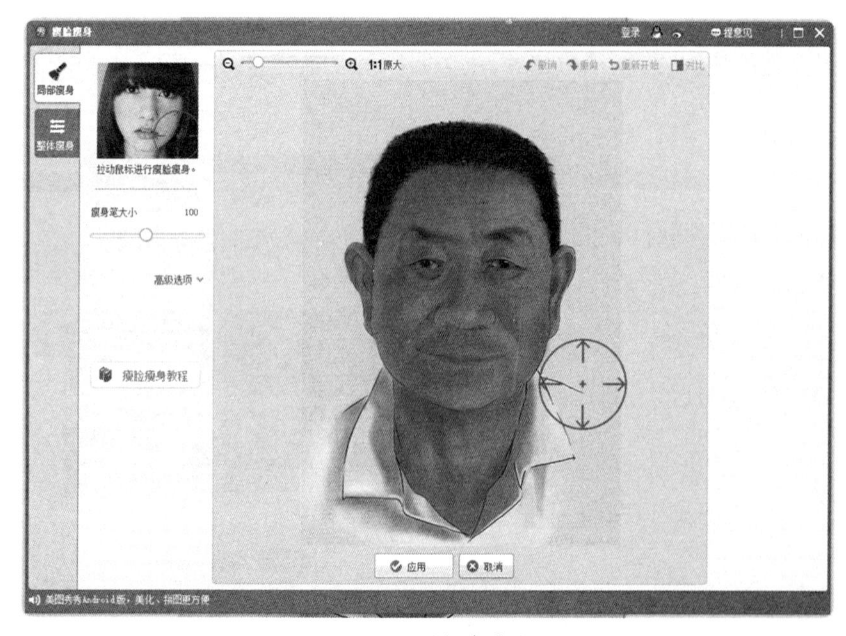

图6-1-19 选择瘦脸功能

(5)如果操作过程中出现问题,可以通过"撤销""重做"来调整,可以通过对比功能查看调整前后的效果,如图6-1-20所示。单击"应用"按钮保存效果,并返回美容界面。

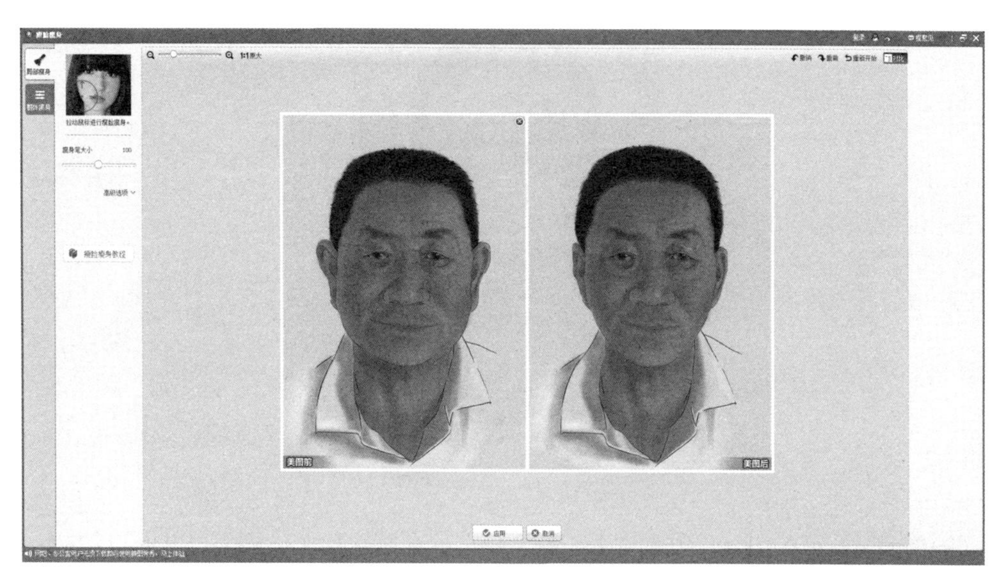

图6-1-20　调整前后效果对比

(6)单击界面左侧的"磨皮"按钮,在"磨皮"界面中,选择"局部磨皮"选项,进行人脸局部美化,鼠标上的红圈为磨皮笔的范围,拖动鼠标对照片进行磨皮。可以通过调整磨皮笔大小和力度,或者调整图像的放大比例更换视野,直到面部没有瑕疵,如图6-1-21所示。

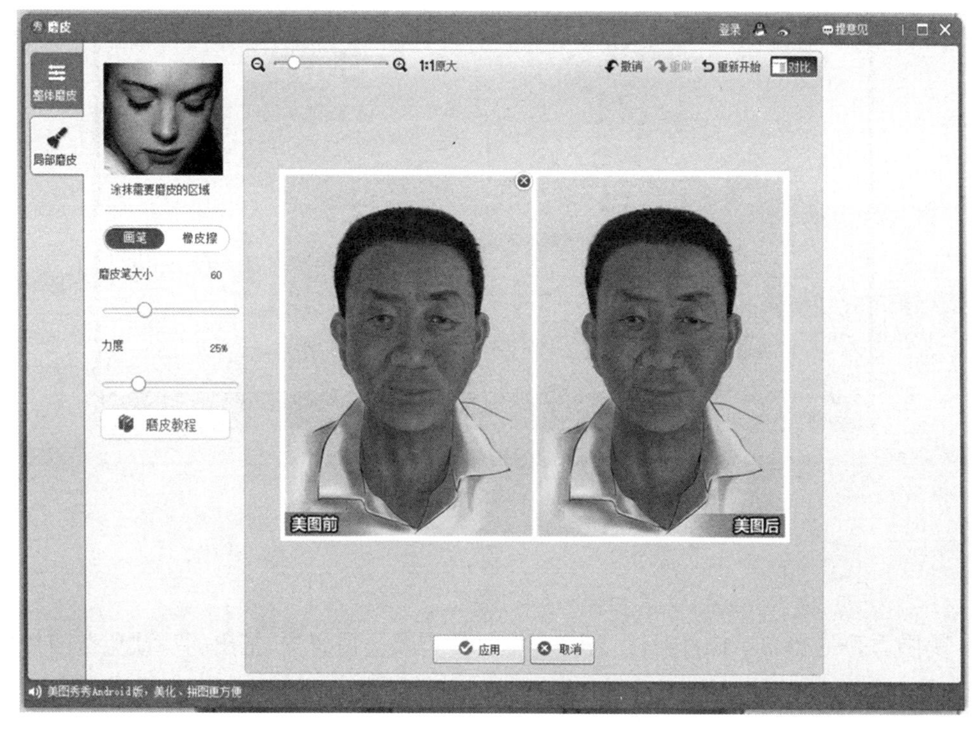

图6-1-21　美化前后效果对比

（7）最终效果如图6-1-22所示。

图6-1-22　最终效果图

（8）单击“保存”按钮，以“P1副本.jpg”的文件名保存到原始文件夹内，如图6-1-23所示。

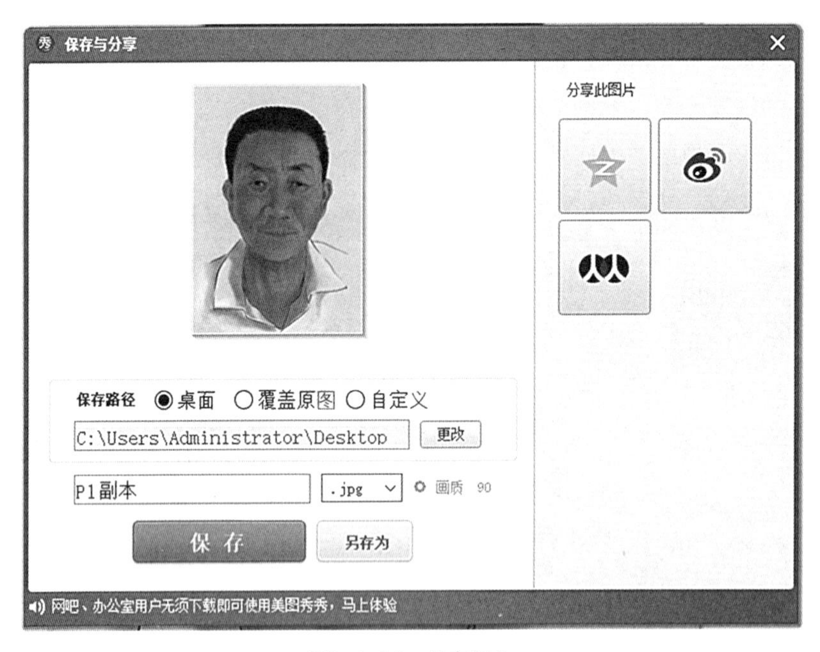

图6-1-23　保存图片

知识链接

美图秀秀是2008年10月8日由厦门美图科技有限公司研发、推出的一款免费图片处理软件，有iPhone版、Android版、PC版、Windows Phone版、iPad版及网页版，致力于为全球用户提供专业智能的拍照、修图服务。

项目 6-2
使用视频处理软件

学习目标

(1)了解"格式工厂"的视频处理功能。

(2)了解"格式工厂"的视频截取功能。

(3)掌握软件的基本操作。

项目描述

"格式工厂(Format Factory)"是一款多媒体编辑软件,可以通过简便的方式,实现视频、音频以及图像的处理。本任务通过视频的转换和编辑来掌握格式工厂的基本使用方法。

任务1　剪辑视频

任务描述

使用"格式工厂"实现视频的编辑,通过设置截取的开始时间和结束时间实现所需视频编辑。

任务实施

(1)启动"格式工厂",界面如图6-2-1所示。本任务是截取视频,提供的素材是mp4格式,视频格式不需要改变。首先,在"视频"选项中选择输出"->mp4"的选项,打开"视频剪辑"窗口,如图6-2-2所示。

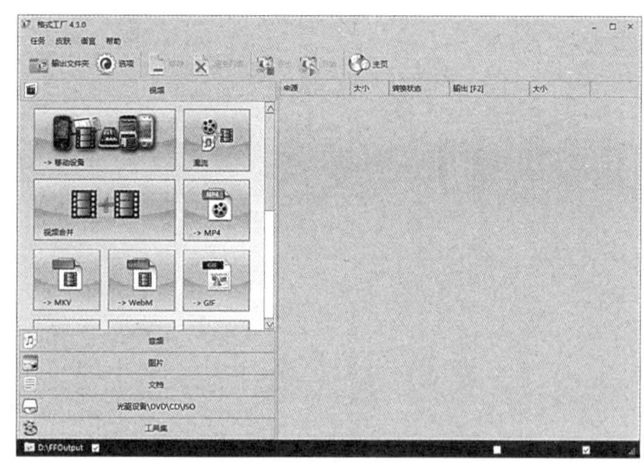
图6-2-1 “格式工厂”界面

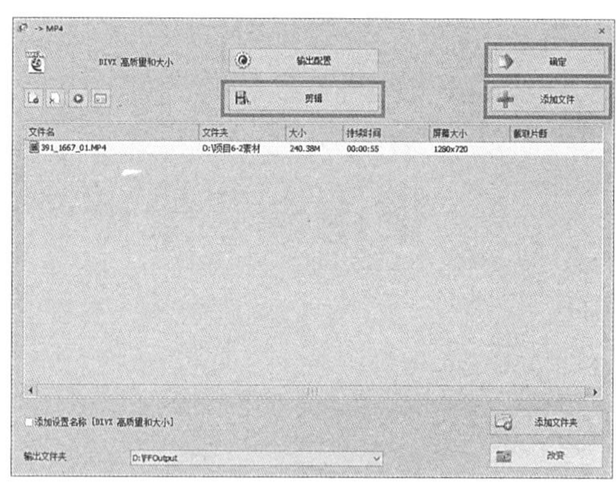
图6-2-2 视频剪辑界面

(2)在如图6-2-2所示的界面中,单击“添加文件”按钮,选择素材文件。单击“编辑”按钮,进入视频截取界面。直接在“开始时间”和“结束时间”的文本框中输入视频的开始和结束时间。也可以通过播放视频文件,在视频播放过程中,单击“开始时间”和“结束时间”的按钮直接设置。界面右侧的“剪裁”复选框,可以截取视频局部画面,如图6-2-3所示。单击“确定”按钮,返回视频剪辑界面。

图6-2-3 设置开始时间和结束时间

(3)在“视频剪辑”窗口,单击“确定”按钮,返回主界面,如图6-2-4所示。

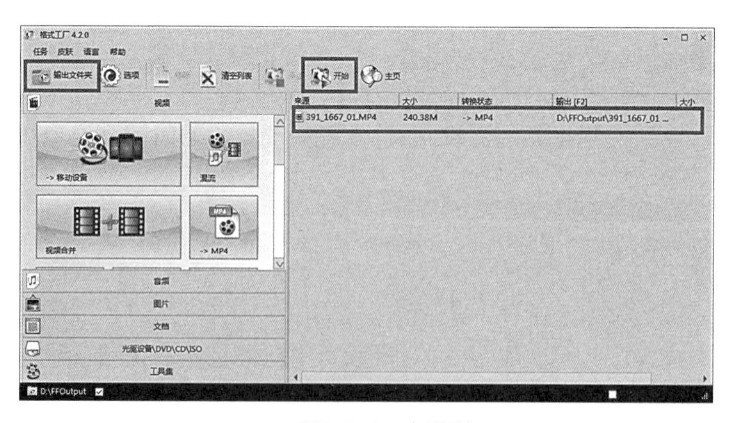
图6-2-4 主界面

小贴士

一般不建议随意转换视频格式,除非播放器不支持。

(4)在主界面中,单击“开始”按钮,软件自动进行截取操作,等完成进度加载到“100%”后,单击“输出文件夹”按钮,即打开输出文件所在目录,如图6-2-5所示。

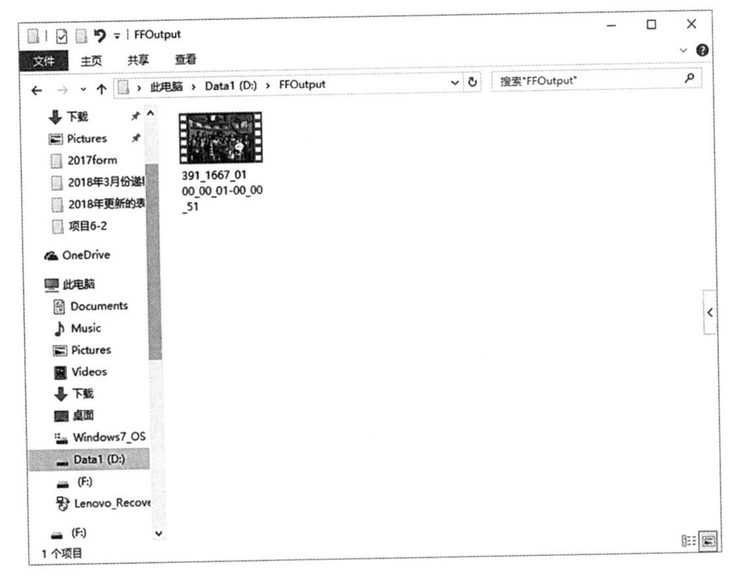

图6-2-5 生成文件

小贴士

“格式工厂”也可以对视频中的声音进行编辑。可以把视频中的声音去除，也可以使用“混流”功能，把另外的音频文件合成到视频文件中。

自我评价

评价内容		评价等级		
		好	一般	尚需努力
知识技能评价	1. 熟悉添加视频			
	2. 熟悉剪切视频			
	3. 熟悉截取视频			
	4. 掌握生成视频			
	5. 掌握保存视频			

任务2　视频转换

将mp4格式的视频素材转换成AVI格式，并在视频中增加一个“技工学校”文字水印标记。

（1）启动“格式工厂”。在“视频”选项中单击“->AVI”图标，如图6-2-6所示。

（2）单击“输出设置”按钮，打开“视频设置”选项，在“预设配置”下拉列表中可以选择视频的质量、大小，在“配置”中设置具体的数值。在本任务中选择“中质量和大小”的预设配置，其他参数不做修改，如图6-2-7所示。

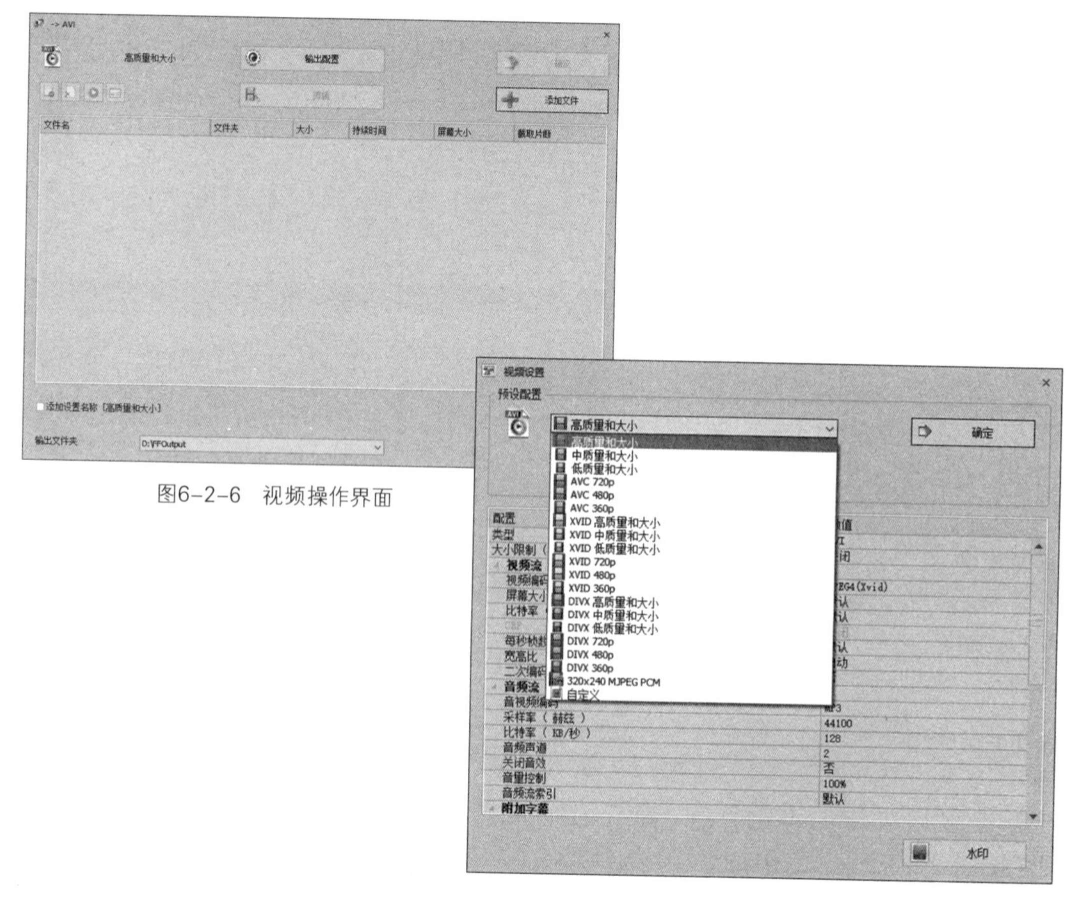

图6-2-6　视频操作界面

图6-2-7　输出视频设置

(3)单击“水印”按钮,打开“水印设置”窗口,如图6-2-8所示。

(4)在“水印设置”窗口单击“添加文本”按钮,打开文字输入框,在文字框中输入“技工学校”,其他参数为默认,如图6-2-9所示。单击“确定”按钮,返回“水印设置”窗口。

图6-2-8 水印设置

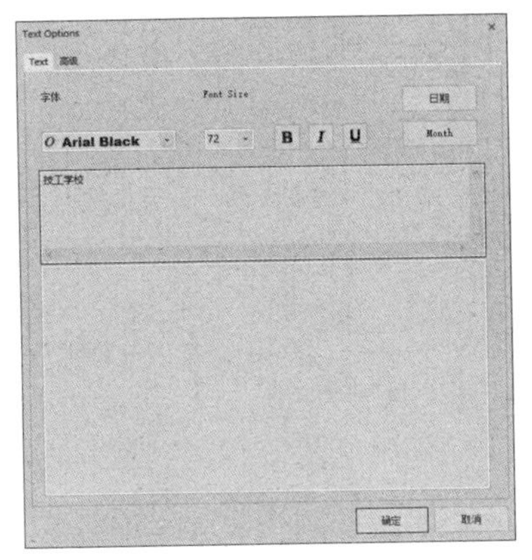

图6-2-9 文本输入

(5)在“水印设置”窗口,通过“技工学校”顶角的4个按钮调整文字的大小、角度等属性,在右侧设置水印的透明度设置为“215”,如图6-2-10所示。单击“确定”按钮,返回“视频设置”窗口,如图6-2-11所示。

图6-2-10 调整水印文字

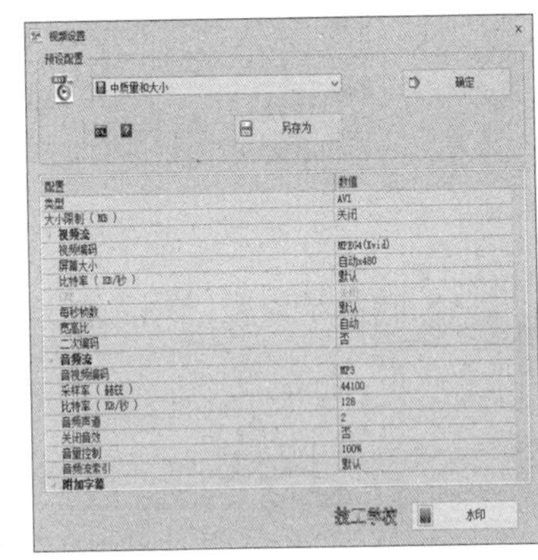

图6-2-11 水印设置效果

(6)转换单个文件时选择“添加文件”按钮,如需转换多个文件,就选择“添加文件夹”按钮,如图6-2-12所示。选择添加素材文件夹中的mp4文件。

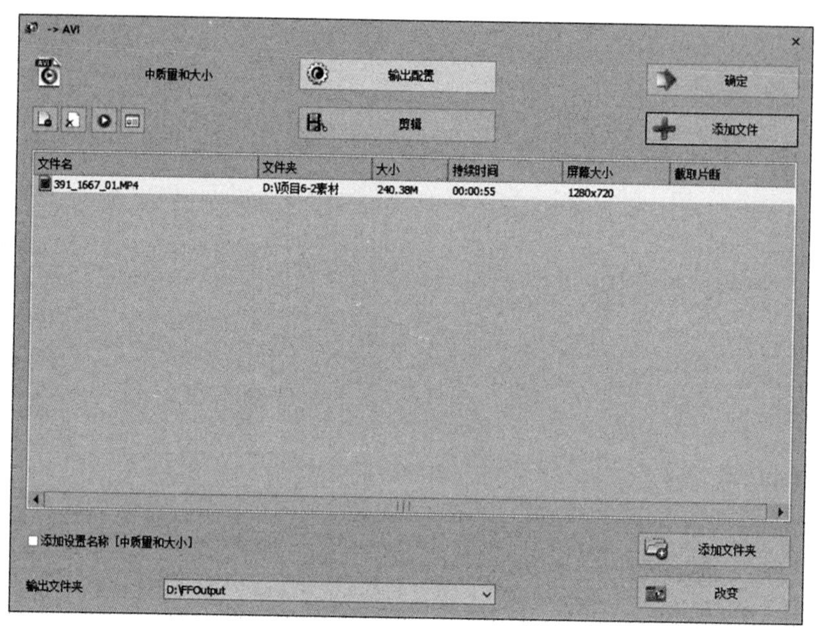

图6-2-12　添加视频文件

（7）单击“开始”按钮，开始转换视频。在转换状态栏中会出现进度条，如图6-2-13所示。

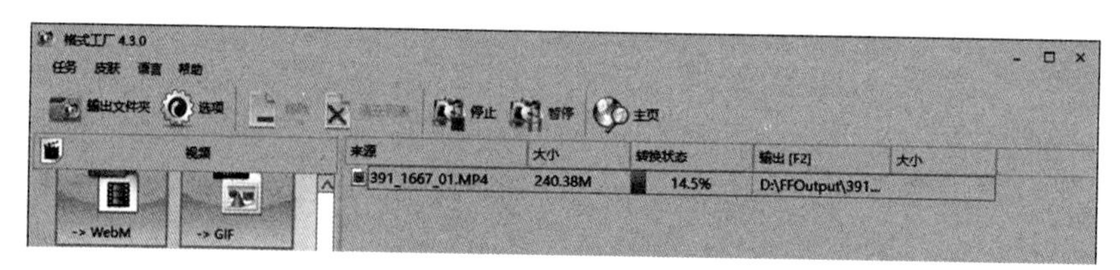

图6-2-13　转换进度

（8）转换结束后，单击“输出文件夹”按钮，播放作品文件，在文件的下方将出现水印。

建议到“格式工厂”官网下载“格式工厂”软件。

自我评价

<table>
<tr><th colspan="2" rowspan="2">评价内容</th><th colspan="3">评价等级</th></tr>
<tr><th>好</th><th>一般</th><th>尚需努力</th></tr>
<tr><td rowspan="5">知识技能评价</td><td>1. 熟悉添加视频</td><td></td><td></td><td></td></tr>
<tr><td>2. 熟悉剪切视频</td><td></td><td></td><td></td></tr>
<tr><td>3. 熟悉水印制作</td><td></td><td></td><td></td></tr>
<tr><td>4. 掌握生成视频</td><td></td><td></td><td></td></tr>
<tr><td>5. 掌握保存视频</td><td></td><td></td><td></td></tr>
</table>

思考与练习

(1)截取视频中一段喜欢的片段。

(2)转换一个mp4格式的音乐。

项目6-3 使用Scratch软件制作交互动画

学习目标

（1）掌握Scratch软件的基本操作方法。

（2）了解使用Scratch软件制作简单的动画。

（3）了解循环语言、判断语言的基本原理。

项目描述

使用Scratch软件制作一个小猫钓鱼的交互动画，基本要求是水中的鱼能够间隔一定时间自动产生，产生后能在水中自由游动，小猫的鱼钩可以随着鼠标的移动在画面中上下移动，如果鱼钩触碰到小鱼，则小鱼能够被钓起。鱼钩离开水面后鱼钩自动变换成空鱼钩，并且成绩自动加1，同时可以继续进行下一次的钓鱼。

任务1 布置动画的场景

任务描述

了解Scratch软件的操作界面，为下面的动画制作搭建好舞台和角色。

任务实施

（1）打开“Scratch 2 Offline Editor”软件，界面如图6-3-1所示。整个界面主要包括六个部分，分别是：

①菜单：主要与文件有关

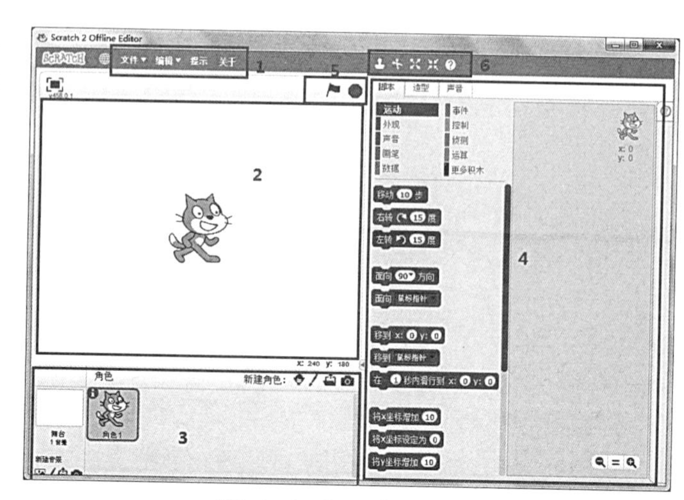

图6-3-1 Scratch 2.0界面

的功能选项。

②舞台区：演员演戏的地方，作品最后呈现出来的地方。

③角色列表区：演员休息室，所有演戏的角色都会呈现在此区域。

④角色属性区：包括脚本窗口、造型（背景）窗口、声音窗口。

⑤控制按钮：控制方案的播放（绿旗）及停止。

⑥工具箱：控制角色大小及复制、删除的工具。

小贴士

如果安装后软件显示为英文，则可以点击左上角的图标，在弹出的语言菜单中选择“简体中文”，软件自动切换到简体中文界面。

（2）系统默认的舞台背景为白色，首先设置舞台背景，在角色列表区中选择“舞台1背景”，在角色属性区中选择“背景”选项卡，在“背景”窗口选择“添加”按钮，如图6-3-2所示。打开系统自带的背景图片库，在背景图片库窗口的左侧主题项中，选择“水下”选项，在窗口图片中选择“underwater3”，如图6-3-3所示。

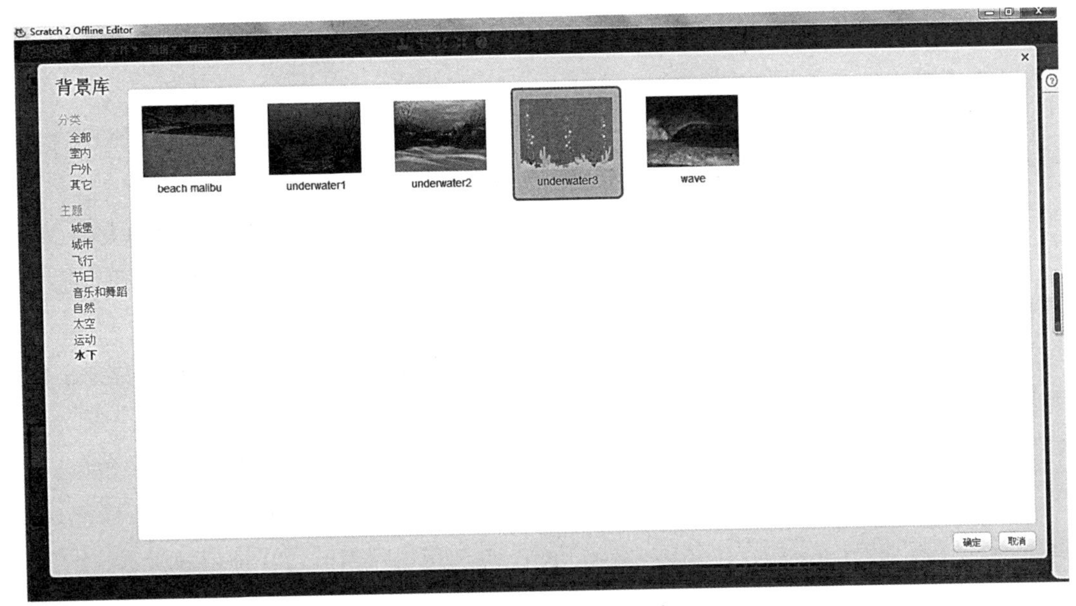

图6-3-2　选择背景图片

（3）选择整个背景图图片四周的8个小点用来调整图片大小，拖动顶端中间的小点，缩小图片使背景图片在顶端空出20%—25%的空白区域。再次单击中间的“背景1”，系统自动对背景进行更新。

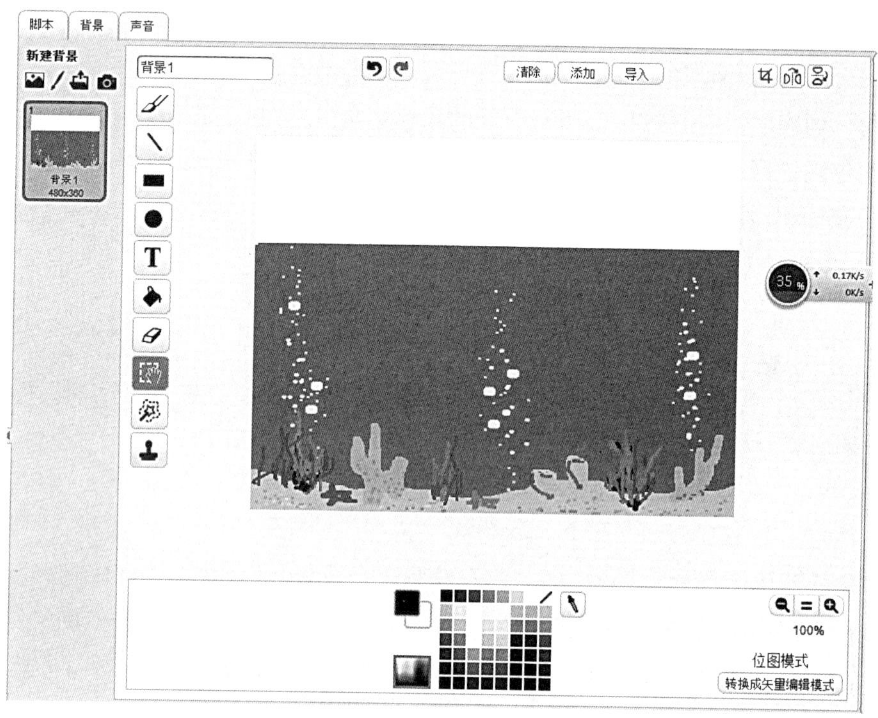

图6-3-3　背景编辑框

(4)系统默认角色为小狗,任务需要更换角色。在角色列表区中选择“角色1”,右键单击,在弹出菜单中选择“删除”选项。

(5)单击角色列表区右上角的图标,打开系统自带的角色库,在左侧的分类中选择“动物”,在右侧的动物图标中选择“fish1”,单击“确定”按钮,导入角色小鱼。

(6)在舞台区,可以看到小鱼的大小和舞台的大小不成比例,需要调整小鱼的大小。在工具箱中选择按钮,用鼠标单击小鱼,每单击一次小鱼就缩小一点,直到调整到合适的比例。

(7)单击角色列表区右上角的图标,打开文件选择窗口,在素材中选择“小猫.jpg”图片,单击“确定”按钮,导入角色小猫。调整小猫的大小,方法如步骤(6)。

(8)手工绘制鱼钩,单击角色列表区右上角的图标,在角色列表框中出现了“角色1”,并打开角色造型窗口,在选择“角色1”右键菜单中选择“info”选项或图标左上角“i”标记。把角色名更改为“鱼钩”,点击左上角的“返回”按钮,返回角色列表框,如图6-3-4所示。

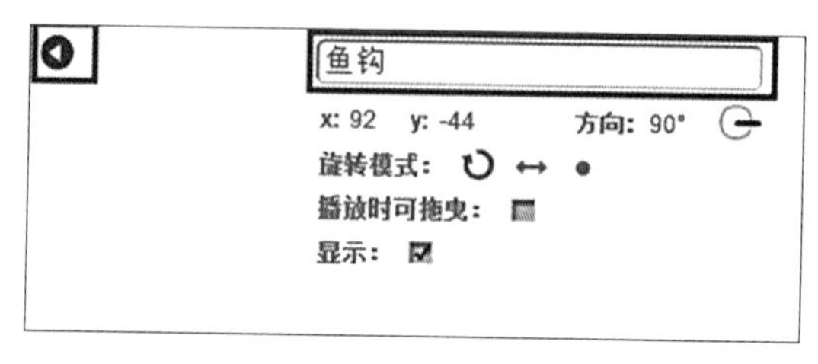

图6-3-4　角色重命名

(9)在角色编辑框中，单击右下角“转换成矢量编辑模式”按钮，切换到矢量图编辑状态。选择“线段”按钮，绘制一个简单的鱼钩。选择“圆形”，选择“实心圆”，在颜色中选择“红色”，在鱼钩中绘制一个鱼饵，如图6-3-5所示。

(10)选择“造型1”，右键单击，在菜单中选择“复制”选项。在“造型1”下面出现“造型2”，“造型1”和“造型2”是一模一样的。选择“造型2”，在“造型”窗口选择“添加”按钮，在角色库中选择“fish1”，单击“确定”按钮，导入图片。

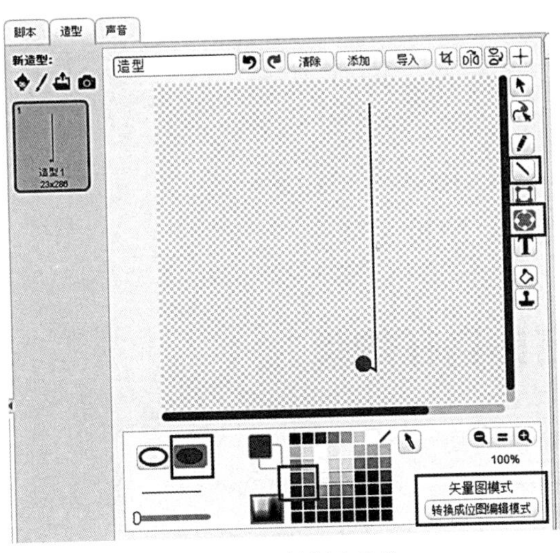

图6-3-5　绘制空鱼钩

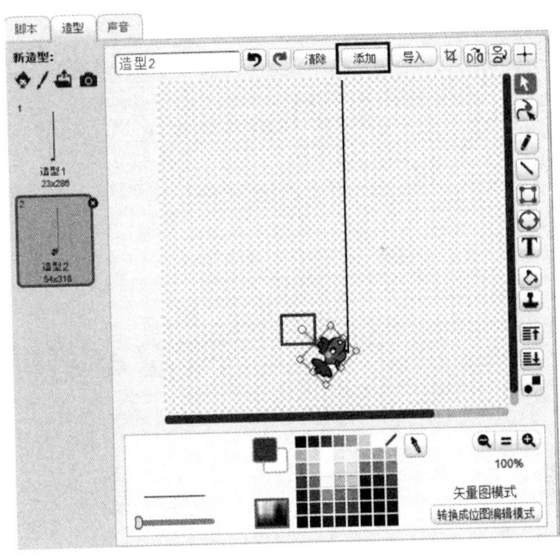

图6-3-6　绘制钓到鱼的鱼钩

(11)用按钮调整小鱼的图片到合适大小，通过旋转图片上面的小圆点，使图片旋转一点角度，如图6-3-6所示。鱼钩的角色有两种状态，一种是没有鱼时漂浮在水面的状态，另一种是钓到鱼的状态。

(12)所有角色都导入舞台后，在舞台上再次调整小猫、鱼钩的相对位置，完成舞台布置，如图6-3-7所示。

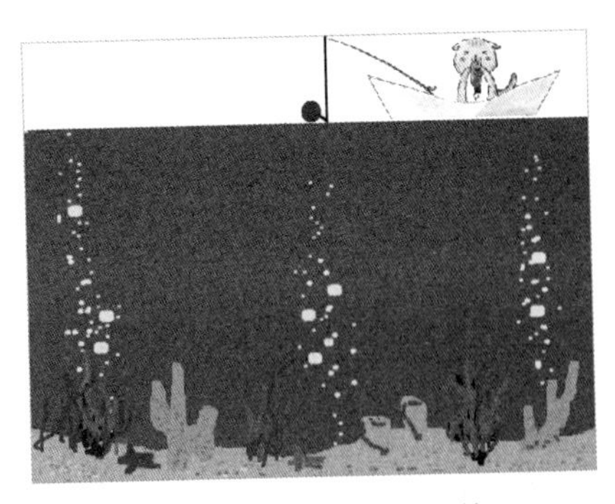

图6-3-7　最终舞台布置效果

(13)选择菜单中的“文件”→“保存”，文件命名为“舞台布置”。

小贴士

添加角色时，图像最好使用透明的背景。如果使用白色背景的图片，会把后面的背景覆盖。当鱼钩有两种状态时，默认显示的是第一种状态。

自我评价

评价内容		评价等级		
		好	一般	尚需努力
知识技能评价	1. 设置背景			
	2. 导入角色			
	3. 制作多重造型的角色			
	4. 调整角色大小			
	5. 布置舞台			

任务2　增加自由自在的鱼

任务描述

每隔一定时间舞台上就增加一条鱼，每条鱼都能够随机地出现在水中，小鱼出现后能在水中随机地游动。

任务实施

（1）双击打开文件名为“舞台布置”的文件。

（2）在角色列表区，选择角色“fish1”，选择“fish1”的脚本选项卡。单击“事件”命令集，在“事件”命令集中选择［当 被点击］命令，拖动此命令到右侧灰色区域，此命令表示当单击［旗帜］图标时执行下面的命令。

（3）在［当 被点击］下面增加“运行”命令集中的［移动 10 步］命令，把［移动 10 步］拖动到“开始”命令下面，［当 被点击 / 移动 10 步］组合成1个脚本。每次点击时，小鱼会向右移动一点距离。

（4）为了使小鱼能在舞台上不停地运动，需要重复执行［移动 10 步］命令。首先拖动［移动 10 步］命令，脚本拆分成2个独立的命令，再选择“控制”命令集中的［重复执行］命令，把它拖动到“开始命令”下面，组合成1个脚本。再次拖动［移动 10 步］命令，把命令放置在重复执行的中间空白处，如图6-3-8所示。

小贴士

重复执行命令的作用就是让框中的内容不断重复，在需要时也可以设置执行的条件或执行的次数，因此在程序中把这样的命令理解为循环语句。

图6-3-8 重复执行脚本

(5)单击图标，验证小鱼的运动情况，舞台上的小鱼开始向右移动。但是速度很快，并且移动到最右边以后不会再返回，单击图标停止脚本的运行。我们首先修改移动的步数，把步数设置为“5”，在步数的下面增加“控制”命令集中的“等待1秒”命令，等待时间设置为“0.5”秒。为了使小鱼能够来回地运动，需要在程序中增加一个转换的条件，选择“控制”命令集中的“如果 那么”命令，放置在移动命令之前。在“运行”命令集中选择“=”命令，推动到“如果”“那么”中间的菱形框中，在拖动“在1到10间随机选一个数”命令到“=”命令的左侧框中，右侧的框中输入数字“5”。

小贴士

“如果…那么…”可以理解为当条件符合的时候运行，如果条件不符合时不运行，因此在程序中把这样的命令理解为判断语句。

(6)在“如果 那么”命令的中间增加“运行”命令集中的“左转15度”命令，角度设置为“180”。

(7)单击图标，验证动画运行情况。我们可以发现小鱼有时候会出现肚子向上的情况。在程序的最上面需要增加旋转模式，在“运行”中选择“将旋转模式设定为 左-右翻转”命令放置到“当 被点击”命令下面。模式设置为“左右翻转”，再次验证动画效果，脚本如图6-3-9所示。

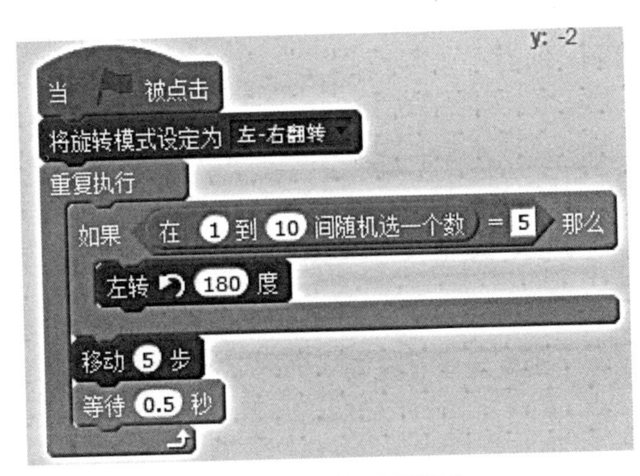

图6-3-9 随机动画脚本

（8）为了能使小鱼重复出现，在这里采用“控制”命令集中的“克隆”命令。拖动 将旋转模式设定为 左-右翻转 命令，打散原来的脚本。在 当 被点击 命令下添加“控制”命令集中的 重复执行 命令，并在“重复执行”的中间添加 等待 1 秒 和 克隆 自己 命令，设置等待时间为“3”秒，克隆的项目为“自己”。在命令上面增加“控制”命令集中的 当作为克隆体启动时 命令，脚本如图6-3-10所示。

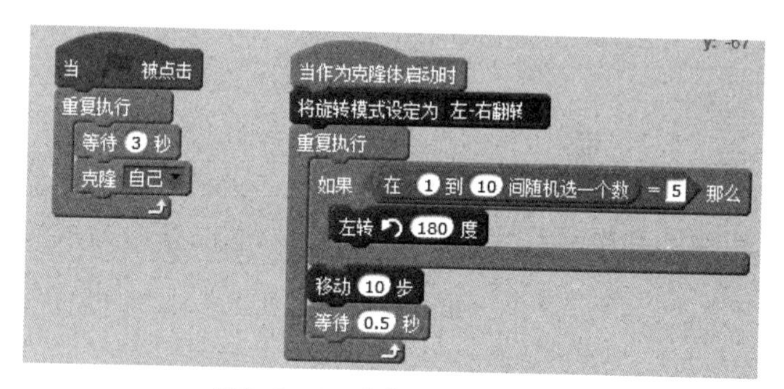

图6-3-10　小鱼运动验证脚本

（9）点击 ⚑ 图标，验证动画运行情况，主要有两个问题：其中有一条小鱼一直不动；发现所有小鱼都沿着一条直线进行运动。为了解决其中一条小鱼不动的情况，可以把小鱼进行隐藏，在克隆体中进行显示，“隐藏”和“显示”命令在“外观”命令集中。

（10）为了解决小鱼在一条直线上运动的问题，在脚本中加上“动作”命令集中的 移到 x: -64 y: 10 命令，并在X坐标值和Y坐标值的数值框中增加一个随机数值命令，脚本如图6-3-11所示。其中Y坐标的数值和海洋的深度有关，调整数值的大小，使小鱼不会离开水面。

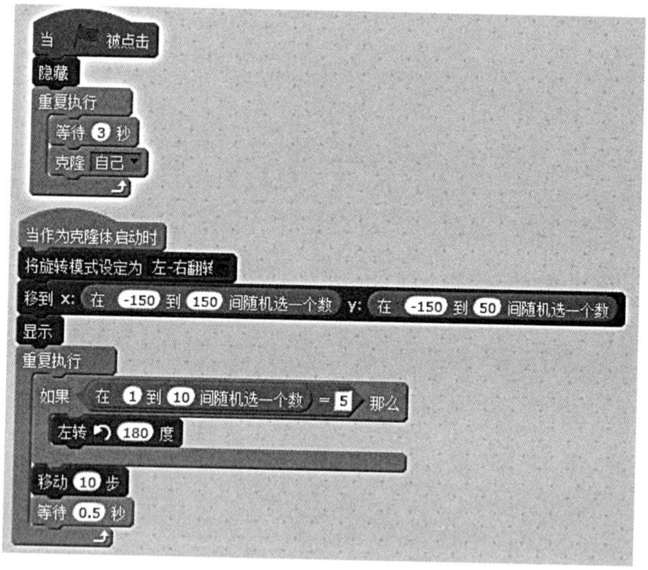

图6-3-11　小鱼运动脚本

（11）点击 ⚑ 图标，验证动画运行情况，如果动画达到要求，以文件名为“小鱼动画”保存文件。

小贴士

想要确定小鱼出现的坐标时，可以拖动小鱼的位置，在舞台的右下角自动会出现小鱼所在的坐标，从而可以方便界定坐标范围。

自我评价

评价内容		评价等级		
		好	一般	尚需努力
知识技能评价	1. 基本脚本的制作			
	2. 脚本的组合或拆分			
	3. 循环命令的应用			
	4. 判断命令的应用			
	5. 判断条件的应用			
	6. 克隆命令的应用			

任务3　钓鱼的小猫

任务描述

小猫的鱼钩随着鼠标的上下移动而移动；当小猫的鱼钩碰到小鱼的时候，可以把小鱼钓出水面；水中的小鱼消失，钓到鱼数量增加一条。

任务实施

（1）制作一个能够随着鼠标上下移动的鱼钩。在角色列表中选择“鱼钩”，在脚本选项卡中设置脚本，如图6-3-12所示。

图6-3-12　跟随鼠标移动的鱼钩

（2）制作鱼钩钓到鱼时，原来的鱼要消失。选择角色“fish1”，脚本修改结果如图6-3-13所示。其中“碰到颜色”是鱼饵的颜色，可以通过单击碰到颜色 ?命令中的颜色框，再单击“鱼饵”选项得到。增加“广播”命令，单击右侧的三角形广播 消息1 消息1 新消息...，在弹出“新信息”对话框中输入“钓到鱼了”，目的是要把信息传送给角色“鱼钩”。

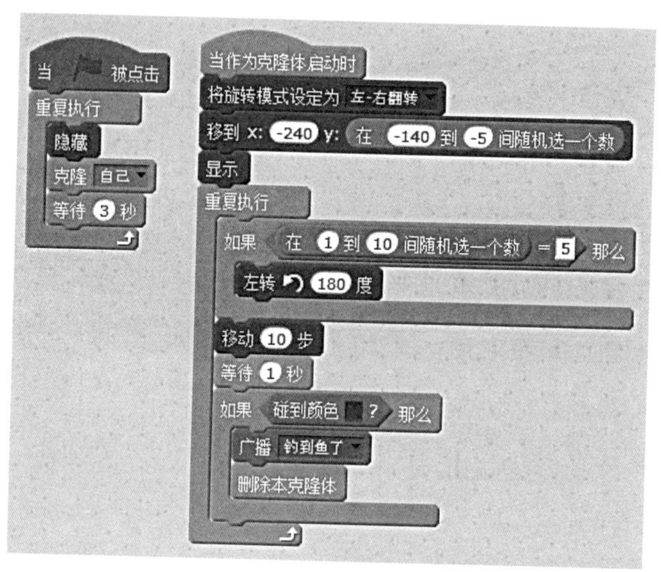

图6-3-13 钓到鱼的设置

（3）选择角色“鱼钩”，在脚本中设置“钓到鱼了”后，鱼钩要切换到有鱼的状态，脚本如图6-3-14所示。

（4）要能进行计数，首先需要增加一个变量。在脚本选项卡中选择“数据”命令集，单击“建立一个变量”，在弹出的对话框中输入“成绩”，选择“仅适用于当前角色”选项，如图6-3-15所示。变量增加后，在“成绩”变量前面的方框中勾选 成绩，舞台中会出现成绩显示框。

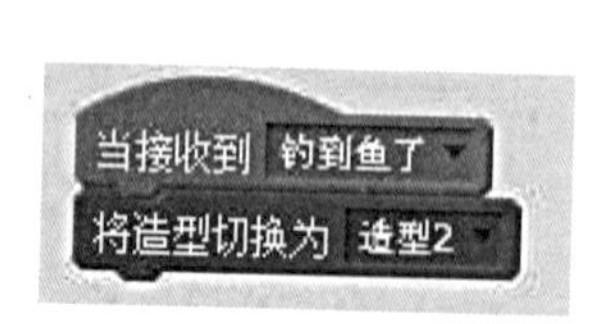

图6-3-14 鱼钩状态

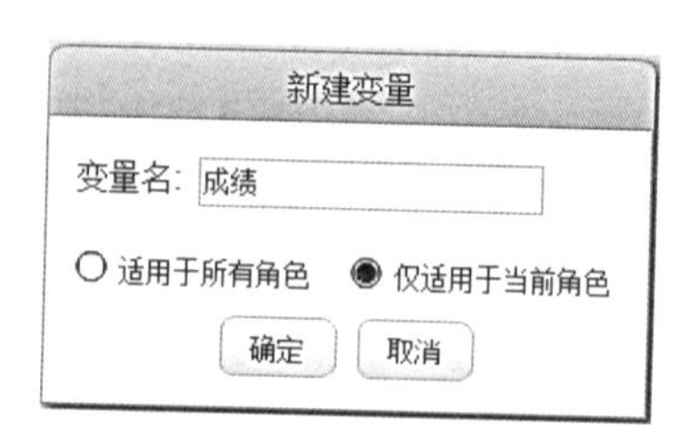

图6-3-15 创建变量

（5）为了使鱼钩不离开舞台，当鼠标的Y坐标超过280和-100的时候，Y分别设置为280和-100。当鼠标Y坐标超过170，并且鱼钩的造型是2时，把鱼钩变成空鱼钩，成绩增加1，脚本如图6-3-16所示。

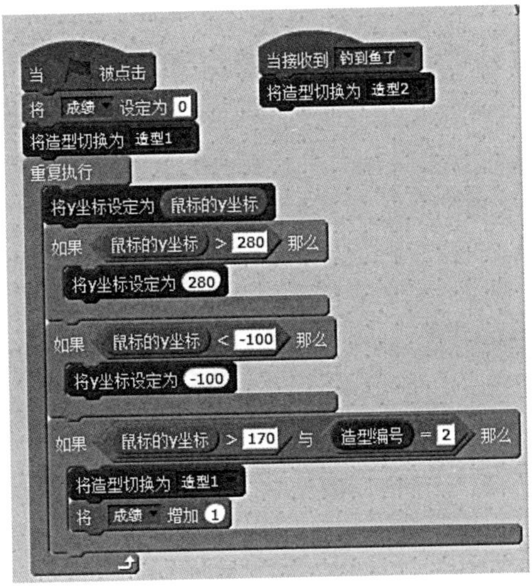

图6-3-16　鱼钩完整脚本

小贴士

在Y坐标的数值上，会因为鱼钩位置的不同而有所不同，所以建议在实际制作过程中，多尝试几遍找到最佳位置。

(6)测试动画，并保存文件。

自我评价

评价内容		评价等级		
		好	一般	尚需努力
知识技能评价	1.多重脚本的信息传递			
	2.变量的应用			
	3.角色造型的切换			
	4.多重判断的应用			

思考与练习

制作下列动画：

(1)让猫说出1–100的数字。

(2)一只球加速下落。

(3)小猫跟随鼠标移动，遇到小老鼠后吃掉小老鼠，小猫长大一点。